Geografia Humana

Derek Gregory, Ron Martin, Graham Smith
(orgs.)

Geografia Humana

Sociedade, Espaço e Ciência Social

Tradução:
Mylan Isaack

Revisão técnica:
Pedro Geiger
Geógrafo/IBGE

Jorge Zahar Editor
Rio de Janeiro

Título original: *Human Geography*
(*Society, Space and Social Science*)

Tradução autorizada da primeira edição inglesa,
publicada em 1994 por The Macmillan Press Ltd,
de Londres, Inglaterra

Capa: Carol Sá

CIP-Brasil. Catalogação-na-fonte
Sindicato Nacional dos Editores de Livros, RJ.

G298 Geografia humana: sociedade, espaço e ciência social / Derek Gregory, Ron Martin, Graham Smith (orgs.); tradução, Mylan Isaack; revisão técnica, Pedro Geiger. — Rio de Janeiro: Jorge Zahar Ed., 1996

Tradução de: Human geography
ISBN 85-7110-362-3

1. Geografia humana. 2. Ciências sociais. I. Gregory, Derek. II. Martin, Ron. III. Smith, Graham.

96-0863 CDD - 304.2
CDU - 911.3

Sumário

Lista de figuras e tabelas

Figuras

Tabelas

Prefácio

Este livro sobre geografia humana e seu relacionamento com outras ciências sociais destina-se fundamentalmente à graduação. Em meados dos anos 80, os três organizadores receberam a incumbência de apresentar a geografia humana aos alunos do primeiro ano de geografia em Cambridge. O que queríamos transmitir aos alunos que se lançavam em suas carreiras de geógrafos não era apenas um senso de que a geografia tinha muito a contribuir para outras ciências sociais, mas que recentes avanços, particularmente em teoria crítica, eram essenciais para dar um sentido ao nosso mundo geográfico. Armados dessa percepção teórica, tentamos transmitir a utilidade dessas abordagens para a compreensão da reestruturação geográfica de nossas economias, políticas e sociedades. Dada a rapidez com que muda a geografia humana, também achamos importante expandir o projeto a fim de incluir geógrafos de renome que atuam em várias subdisciplinas da matéria. Este livro é o produto desse esforço e de nossas tentativas em mostrar o quanto a fertilização cruzada de idéias e conceitos dentro das ciências sociais é essencial para o contínuo processo de reelaboração da geografia humana e da importância de uma imaginação geográfica para uma boa ciência social.

Os organizadores de um livro como este são particularmente gratos a seus colaboradores. Todos eles responderam com entusiasmo ao projeto e produziram seus capítulos dentro do prazo estipulado. Somos gratos também por sua indulgência em aguardar a editoração final deste volume. O mesmo se aplica a nosso editor Steven Kennedy cujos estímulo, interesse e apoio foram mais apreciados do que ele provavelmente se dá conta.

Cambridge

DEREK GREGORY
RON MARTIN
GRAHAM SMITH

Lista de colaboradores

TIM BAYLISS-SMITH é professor de geografia na Universidade de Cambridge e Fellow do St. John's College. Sua área de pesquisa está centrada em população e ambiente nos trópicos, com ênfase especial na Melanésia. É autor de *The Ecology of Agricultural Systems* e co-autor de *Islands, Islanders and the World.*

MORAG BELL é professor de geografia na Universidade de Loughborough com interesse na pesquisa de relações culturais e ambientais na Grã-Bretanha e no sul da África nos períodos colonial e pós-colonial.

DEREK GREGORY é professor-titular de geografia na Universidade de British Columbia e anteriormente lecionava geografia na Universidade de Cambridge, sendo Fellow do Sidney Sussex College. Sua área de pesquisa está centrada, sobretudo, nas relações entre teoria social e geografia humana. Seus principais livros incluem *Ideology, Science and Human Geography, Social Relations and Spatial Structures, Horizons in Human Geography* e *Geographical Imaginations.*

RON MARTIN é professor de geografia na Universidade de Cambridge e Fellow do St. Catharine's College, onde dá conferências sobre geografia econômica e política. Suas principais publicações incluem *Regional Wage Inflation and Unemployment, Geography as Spatial Science, the Geography of De-Industrialisation, Regional Development in the 1990s*, e *Money, Power and Space.* Sua área de pesquisa cobre a geografia de mercados de trabalho, desigualdades no desenvolvimento regional, intervenção do estado e a economia espacial, a geografia do dinheiro, e a economia global.

LINDA MCDOWELL é professora de geografia na Universidade de Cambridge e Fellow do Newnham College. Seus interesses abrangem geografia social/cultural e econômica, e está atualmente trabalhando em um estudo sobre sexualidade e subjetividade. É co-organizadora e co-autora de diversos livros, entre os quais *Landlords and Property, The Transformation of Britain* e *Defining Women.*

SUSAN OWENS é professora de geografia na Universidade de Cambridge e Fellow do Newnham College. Seus interesses estão no campo da política ambiental na Grã-Bretanha e na Europa e sua pesquisa diz respeito a questões de energia e ambiente, planejamento do uso do solo, poluição e impostos ambientais. Também se interessa pelo desenvolvimento político do ambientalismo. Escreveu muitos artigos e informes sobre essas questões e é autora organizadora de vários livros, entre os quais *Energy Planning and Urban Form* e *Environment, Resources and Conservation.*

CHRIS PHILO é professor de geografia no St. David's University College, Lampeter, País de Gales. Sua área de pesquisa abrange a geografia histórica da "loucura", "pessoas estranhas" e instituições destinadas ao tratamento e controle dessas percebidas ameaças sociais. É co-autor de *Approaching Human Geography: An Introduction to Contemporary Theoretical Debates* e co-editor de *Selling Places: The City as Cultural Capital, Past and Present.*

GRAHAM SMITH é professor de geografia na Universidade de Cambridge e Fellow do Sidney Sussex College. Nos seus interesses de pesquisa estão centrados o nacionalismo, relações étnicas e cidadania em repúblicas pós-soviéticas e na Europa centro-oriental, e a geopolítica da era pós-Guerra Fria. Seus livros incluem *Planned Development in the Socialist World, The Nationalities Question in the Soviet Union*, e *The Baltic States: The National Self-Determination of Estonia, Latvia and Lithuania.*

SUSAN J. SMITH é professora-titular de geografia na Universidade de Edimburgo. Sua pesquisa atual está centrada sobre racismo e migração na Grã-Bretanha e no Canadá, oportunidades habitacionais para pessoas com problemas de saúde, e a prevenção de acidentes com crianças em ambiente de comunidade. É autora de *The Politics of "Race" and Residence*, co-autora de *Housing and Social Policy*, e co-organizadora de *Housing for Health.*

NIGEL THRIFT é professor-titular de geografia na Universidade de Bristol. Seus principais interesses concentram-se no sistema financeiro internacional (especialmente a *City* de Londres), os países da Bacia do Pacífico e a teoria social. Trabalha atualmente sobre a importância econômica de redes sociais na *City de Londres e no crescimento de paisagens de luz e de poder.*

Introdução: geografia humana, mudança social e ciência social

DEREK GREGORY, RON MARTIN E GRAHAM SMITH

> Todas as teorias sociais têm algo em comum... é que todas elas, ao longo do tempo, tornam-se obsoletas à medida que os eventos históricos se desenvolvem por caminhos que possivelmente nenhuma teoria poderia ter previsto... Surge então o problema da reconstrução depois que as tentativas de trabalho improvisado empreendidas por teóricos obstinados fracassam.
>
> Stephen Rousseas, *Capitalism and Catastrophe*

> De um lado, a postura preferida é aceitar pelo menos a possibilidade de que nos encontramos no limiar de uma nova época social, cuja característica pode obrigar-nos a introduzir categorias e discursos que perturbarão profundamente o ambiente modernista do marxismo e pluralismo convencionais... Por outro lado, ...não é a substituição decisiva de critérios antiquados por novas percepções que marcará a teoria social para o período vindouro, mas, antes, o embate relativamente inconclusivo de tradições teóricas, a mistura de regras fundamentais para a comparação e avaliação, e a oscilação entre a ruptura pós-modernista e o entrincheiramento modernista.
>
> Gregor McLennan, *Marxism, Pluralism and Beyond*

Mudança de conceitos num mundo em mutação

Estas citações refletem um estado de espírito que, ao longo dos últimos anos, espalhou-se com crescente ímpeto pelas ciências sociais e políticas.

A dupla afirmação expressa por este estado que a sociedade moderna repousa sobre uma "dobradiça da história", no limiar de uma nova realidade, cujo início exige uma reformulação extensa de nossos esquemas teóricos e conceituais, da maneira como enxergamos e compreendemos o mundo, tornou-se o foco de discussões e debates amplamente abrangentes. Evidentemente, pode-se argumentar contra esta posição alegando que cada geração atravessa mudanças econômicas, políticas e sociais e assim, ao contrário do que se afirma, a era atual não é exceção neste sentido; ou que, pela proximidade do término do século XX, existe a irreversível porém equivocada ânsia de acreditar que entramos em uma era particularmente incerta mas formativa, um outro *fin-de-siècle*. Tais objeções acauteladoras, contudo, parecem contar com poucos adeptos. Ao contrário, a crença de que estamos atravessando uma transição primordial na trajetória histórica do desenvolvimento global sócio-econômico e geográfico é agora amplamente aceita. A dramática reviravolta, a reestruturação e a desestabilização do capitalismo mundial; a crescente globalização da produção, das finanças, e até da cultura; o colapso do socialismo de Estado na Europa Oriental e Central; o ressurgimento de regionalismos e localismos étnicos e sócio-políticos; a busca por novos sistemas nacionais e internacionais de regras sócio-econômicas; a ênfase crescente no ambientalismo: estes e outros grandes acontecimentos de nossos tempos são interpretados por muitos como o indício do declínio da velha ordem e a cristalização de uma nova. McLennan sustenta que aceitar a *possibilidade* de que nos encontramos no limiar de uma nova era social nos obriga a, pelo menos, reexaminar nossas ortodoxias e teorias assimiladas. Pois existe de fato um inegável sentimento de desorientação e ruptura nas ciências sociais contemporâneas, uma crescente impaciência de se estar avançando para além dos paradigmas teóricos, metodológicos e epistemológicos do período pós-guerra. Longe de permanecer imune a tais questões, a geografia humana tornou-se inextricavelmente enredada nesta correnteza intelectual, e sob muitos aspectos se colocou na primeira linha quanto à reavaliação e exploração conceitual que se seguiu.

Em certo sentido, é claro, a atual ruptura e reavaliação em geografia humana não é novidade, pois a disciplina tem passado por um processo mais ou menos contínuo de desenvolvimento e "revisão" nas três últimas décadas. Contudo, sem necessariamente endossar qualquer modelo episódico de evolução disciplinar, sejam as "mudanças paradigmáticas" de Kuhnian ou os "programas de pesquisa" de Lakatosian, é possível demonstrar que esta é a terceira vez que uma fase particularmente importante de mutação interrompeu essa continuidade. Hoje relembramos os anos 60 como a década em que a "nova geografia" suplantou com sucesso a antiga tradição de "diferenciação de áreas" como abordagem de vanguarda. Por um tempo, esta nova geografia, baseada em uma união de técnicas quantitativas, da economia liberal neoclássica (marginalista) e do *esprit geometrique* alimentado por prévias "teorias de localização", parecia oferecer uma abordagem racional e lógica ao estudo da organização espacial da sociedade moderna e, de fato, estabelecer as funções de uma "ciência espacial" teoricamente rigorosa e exata (ver Harvey, 1969; Billinge, Gregory e Martin, 1984). Durante os anos 70, no entanto, uma crítica cada vez maior do limitado alcance empírico e da sustentação positivista dessa escola de "análise locacional" estimularam a procura por métodos e perspectivas alternativos (por exemplo, Harvey, 1973; King, 1976; Gregory, 1978).

De significado especial no surgimento da geografia humana "radical" pós-positivista no decorrer desta década foi o que se poderia chamar a "virada marxista". A geografia humana não foi exceção nesse aspecto; de fato, uma (re)descoberta semelhante do marxismo já começara em diversas áreas das ciências sociais e humanas, da economia política (por exemplo, Harry Braverman), passando pela teoria social (Louis Althusser), história social (E.P. Thompson) e crítica literária (Raymond Williams) e, finalmente, até chegar ao campo ainda mais amplo dos estudos culturais (por exemplo, T.J. Clarke e Stuart Hall). No que dizia respeito à geografia humana, a forma dominante do marxismo que foi introduzida derivava, na prática, mais de elementos específicos da economia política marxista (o processo do trabalho e as "leis de movimento" do capitalismo como modo de produção) do que do esquema muito mais ambicioso de Althusser. Contudo, o resultado, especialmente sistematizado e estimulado pelos escritos de David Harvey, foi que a ordem do dia da pesquisa em geografia humana deslocou-se da preocupação com as leis estatísticas da distribuição espacial para os processos históricos e materiais do desenvolvimento desigual urbano e regional inerente às "leis de movimento" e "tendência de crise" do capitalismo. Na verdade, à semelhança de suas predecessoras, a geografia marxista compreendeu um número de variantes, inclusive formas não-estruturalistas e até "humanísticas"; de nenhum modo foi aceita universalmente por toda a disciplina e coexistiu com diversas outras abordagens, inclusive com uma literatura atenuada porém evoluindo na tradição da teoria do localismo teórico. Mas não resta dúvida que, no início dos anos 80, a "virada marxista" influenciara a orientação empírica e teórica de grande parte da geografia humana e expusera o assunto a importantes diálogos entre o marxismo e outros discursos, como a teoria crítica social. Tão logo esta reorientação aparentemente começara, iniciou-se a mais recente onda de debates e reavaliação.

Esta última tendência de repensar já demonstrou ser particularmente significativa, não apenas porque o marxismo como perspectiva tornou-se objeto de exame crítico minucioso e de rejeição, mas porque todo o projeto da geografia humana radical pós-positivista está sendo reavaliado. A primeira impressão que se tem ao penetrar na literatura sobre a geografia humana divulgada durante os últimos poucos anos é de crescente confusão, exploração e debate. Tudo parece estar "pronto para ser arrebatado". Há uma clara falta de consenso — salvo entre os membros da mesma subescola — acerca dos procedimentos apropriados de investigação, as abordagens teóricas mais promissoras, quais os conjuntos de textos de teoria social, política, econômica e cultural a serem considerados, a linguagem e as estratégias textuais a serem empregadas e mesmo quanto à própria natureza do objeto de nossa matéria. Há muitos prós e contras, um verdadeiro excesso de críticas e novas intuições, todas clamando por nossa adesão. Este sentido de agitação e redirecionamento permeia claramente a geografia humana como um todo, seja na proliferação de "novos modelos" (Peet e Thrift, 1989), a busca por "novos horizontes" (Gregory e Walford, 1989) ou a apresentação de novas propostas para "remodelar", "refazer", "abordar" ou "mudar" a geografia humana (Macmillan, 1989; Kobayashi e Mackenzie, 1989; Clocke, Philo e Sadler, 1991; Johnston, 1993). Da mesma maneira, e também como um sinal da natureza incipiente dessa reviravolta, numerosos epítetos têm sido evocados para descrever esses recentes movimentos em geografia humana: pós-marxista, pós-estruturalista, crítico-realista, estruturacionista, feminista e, talvez o mais controverso mas também o mais esquivo de todos, pós-modernista.

As reações à dispersão da geografia humana pós-positivista são tão diversas quanto os próprios debates e alternativas de abordagem. Já nos primórdios alguns se assustavam com o que visualizavam como uma fragmentação emergente da matéria, um esgalhamento "em direção à anarquia" (Johnston, 1983), envolvendo numerosas formulações especializadas, cada uma preocupada apenas com o alcance limitado do fenômeno e usando uma linguagem independente "não geográfica" exclusivamente sua (Stoddart, 1987). Há outros, no entanto, que vislumbraram nessa crescente multiplicidade de abordagens e métodos, "incríveis oportunidades para uma geografia humana renovada" (Ley, 1989), ou os alicerces para a reconstrução pós-moderna da geografia humana, o que a realinha com a "corrente principal da teoria do social" (Dear, 1988). Qualquer que seja a visão adotada, uma coisa é clara, isto é (para usar a frase adequada de McLennan), que o ambiente modernista da matéria foi severamente perturbado e que ingressamos em uma era de relativismo epistemológico e pluralismo metodológico. A questão sobre se alguma coerência pode ou deveria ser imposta sobre esta fragmentação intelectual é, em si, uma questão central de controvérsia.

Mas a atual reviravolta não se restringe apenas à geografia. Por todo o campo das ciências sociais e das humanidades existe um senso intensificado de experimentação intelectual e de auto-avaliação, uma indistinção de limites e estilos e uma tentativa resoluta de ir além dos centralismos e paroquialismos do mundo acadêmico ocidental. Disciplina após outra foram atraídas para esses debates, que se multiplicam sem cessar — tanto que a maioria das "disciplinas" de hoje em dia é, por sua própria natureza, multidisciplinar —, e se tomarmos a visão mais ampla que isto sugere, torna-se possível identificar alguns sinais em meio ao ruído.

Um tema amplamente aceito é o que poderia ser chamado de "rebaixar as maiúsculas": um questionamento rigoroso dos privilégios tão freqüentemente atribuídos à (entre outras) Filosofia, Ciência, Teoria e História. Esses termos, e os conjuntos de pressupostos que eles supostamente carregavam, têm sido escritos com maiúscula na maioria dos trabalhos acadêmicos, e até muito recentemente sua autoridade e pressupostos foram geralmente aceitos como corretos. Contudo, essas convenções normalizantes estão sendo agora diligentemente suspensas. As ciências sociais como um todo têm sido extraordinariamente respeitosas às reivindicações de filósofos e à sua habilidade de adjudicar entre discursos e práticas concorrentes: muito mais, provavelmente, do que as ciências físicas. A geografia humana não é uma exceção, em seus apelos ao positivismo lógico para endossar uma ciência espacial e depois deixar que a fenomenologia e o realismo (entre outros) a solapem. Mas muitos filósofos têm agora uma pretensão muito mais modesta. Enquanto o fim da "Filosofia com F maiúscula", como Rorty certa vez disse, não significa automaticamente o fim da filosofia *tout court*, isso significa que suas augustas reivindicações foram suavizadas. Sua tarefa agora parece ser a de estabelecer um diálogo com outras disciplinas mais do que a instrução das mesmas, produzir tantas complicações quanto simplificações, e emitir confissões de dúvida tão freqüentemente quanto declarações de certeza (Baynes, Bohman e McCarthy, 1987). Do mesmo modo, é cada vez mais inusitado manter a ciência em um pedestal ou armada como um alvo. No passado, as ciências sociais ou se baseavam ou se distanciavam do modelo recebido das ciências naturais. Daí, por exemplo, a cisão entre as abstrações geométricas da ciência espacial — as geometrias vazias de Christaller e Losch — e as evocações animadas do lugar, no seio da geografia humanística. Mas o estereótipo de "ciência" sobre o qual tais argumentos giravam foi há muito abalado por uma história, uma sociologia e uma etnografia fabulosamente ricas e até poéticas da ciência que, em conjunto, promoveram uma observação escrupulosamente cuidadosa da ciência como uma prática totalmente *social*. À semelhança de outras esferas da vida social, ela é varada por redes de poder e pontuada por círculos hermenêuticos que penetram em seus procedimentos e protocolos mais básicos (Latour, 1987; Rouse, 1987).

Isto evidentemente abre um considerável espaço para investigações sobre o que os geógrafos *fazem* (e fizeram) em oposição ao que *asseveravam* estar fazendo. Também a teoria foi reavaliada; embora a crítica ao empirismo permaneça importante como sempre, o imperialismo daquilo que Mills certa vez chamou de "Grande Teoria", indiferente a conteúdo, contexto ou posicionamento, tem sido cada vez mais questionado. O trabalho teórico tornou-se muito mais atento ao transgressivo do que às possibilidades estipulativas que ele torna acessíveis, à sua capacidade de ampliar nossas imaginações críticas, mais do que policiar nossas indagações empíricas, e não é surpreendente que muitos escritores voltassem a descrever a teoria por meio de metáforas de viagem e deslocamentos. Essas metáforas não deixam de ter seus problemas e privilégios, mas a nova sensibilidade que elas ajudaram a introduzir tem sido acompanhada por uma suspeita cada vez mais profunda em relação a metanarrativas auto-suficientes que implicam em acesso não problemático a alguma verdade singular, do qual o "ponto de vantagem histórica" deve ser simultaneamente julgado e criado. Esta dúvida radical anuncia não o "fim da história", que alguns comentaristas conservadores procuram tanto celebrar, mas o fim de uma história que inscreveu, tão sem problemas, "o Ocidente" em seu centro (Young, 1990). Em ambos os registros, a geografia humana tem muito a oferecer e muito a aprender.

Um segundo tema foi identificado por Clifford Geertz (1983) quando escreveu tão eloqüentemente sobre o que chamou de "indistinção dos gêneros". O que ele tinha em mente era a exploração de uma série de metáforas — da vida social como um jogo, um drama, um texto — que, afirmava, refundiu a imaginação crítica e provocou uma "reconfiguração" do pensamento social. Desde então, quaisquer que sejam os méritos (ou a falta de) dessas imagens específicas, o gesto ecumênico mais significante foi, provavelmente, o desmantelamento ainda mais generalizado das barreiras entre as ciências sociais e as humanas. Isto é, em parte, o resultado do exame daquelas outras filosofias com "f — minúsculo" que tratam das relações entre filosofia e literatura e em alguns casos concebem a filosofia como "uma forma de escrever"; e, também, em parte, o resultado do reconhecimento da textualidade do muito que acontece na ciência; de tratar a "teoria" como um discurso de guerrilha que não pode ser mantido dentro dos limites de disciplinas normalmente científicas; e de preocupar-se constantemente quanto às concepções de subjetividade e atuação humanas empregadas na maioria das histórias que o Ocidente conta de si para si mesmo.

Mas é também diretamente ligado à explosão de interesse por estudos culturais. O próprio Geertz sugeriu que o turvamento dos gêneros era avaliado mais visivelmente pelo fato de as ciências sociais estarem elaborando cada vez mais "sobre as tramas do desempenho cultural do que sobre as da manipulação física", e de muitas maneiras o ressurgimento da geografia cultural trata exatamente desse mesmo ponto (e, de fato, com freqüência para a mesma audiência). Mas o fraseado de Geertz ameaçou restaurar a antiga oposição entre cultura e ciência, enquanto que os estudos culturais tinham-se deslocado para tratar dos emaranhados da cultura, da ciência e da tecnologia que entram tão vigorosamente na formação do mundo dos últimos anos do século XX e nas transformações convulsivas da modernidade capitalista (Penley e Ross, 1991). Esses acontecimentos podem ter um interesse especial para a geografia humana, não apenas por estes emaranhados — que Harraway (1991a) chamou de "o circuito integrado" — terem suas próprias geografias altamente desiguais, mas também porque a geografia humana, em virtude de seus envolvimentos com cartografia, percepção remota, ciência espacial e sistemas de informações geográficas, e por vezes tensa associação com a geografia física, provavelmente ainda proporciona uma das arenas mais tecnicamente sofisticadas dentro das ciências sociais e humanas contemporâneas. Isto impõe claramente uma obrigação de refletir cuidadosamente a respeito das políticas culturais das tecnologias em que está envolvida. Mas a indefinição dos gêneros também afeta práticas mais mundanas — embora dificilmente menos complicadas — e não resta dúvida de que a "virada cultural" tenha tido um profundo impacto na leitura e na escrita dentro da academia: na inquirição de textos e imagens, no uso da linguagem e voz(es), nas estratégias de representação que penetram tão fundo no *que* dizemos (Clifford e Marcus, 1986; Spivak, 1988). Isto não se restringe à geografia cultural ou a estudos culturais mais generalizados, mas molda cada vez mais nossas pesquisas.

Esses dois temas se entrelaçam a um terceiro: a espacialização da investigação crítica. Seria errôneo interpretar isto como um assunto puramente disciplinar. À semelhança da história, o discurso da geografia é muito mais amplo do que qualquer disciplina formal, e algumas das mais conseqüentes discussões a respeito da espacialidade e vida social foram conduzidas sem qualquer menção a nossos debates intramuros. Se as metáforas de lugar e espaço, panorama e localização, se tornaram agora lugar-comum, não obstante, uma das contribuições mais significativas da geografia humana poderia ser a insistência na materialidade desses termos. Em seu admirável relato de *La production de l'espace*, publicado pela primeira vez há cerca de vinte anos, o filósofo Henri Lefebvre sugeriu que uma das conseqüências menos percebidas da produção contemporânea de espaço abstrato era um processo de constante "metaforização" através da qual seres vivos são "transportados para fora de si, transferidos e esvaziados como se fosse através dos olhos" (Lefebvre, 1991, p.98). Ele considerava como tarefa de suma importância não celebrar tal processo de descorporização — como tantos escritores pós-modernistas têm exigido desde então — mas, ao contrário, chamar a atenção às suas conseqüências e defender uma materialidade teimosa, até subversiva. As políticas de visão, de contemplação, de panorama como forma de enxergar, dos "regimes escópicos" da modernidade, tiveram um papel particularmente destacado nas respostas críticas esboçadas por Harvey (1989) e Soja (1989) às geografias da pós-modernidade. Essas críticas não deveriam ser subestimadas, mas é a atenção conjunta desses dois autores a ambas as implicações, metafóricas e materiais da espacialidade, do espaço produzido socialmente, que poderá tornar-se uma de suas contribuições mais duradouras.

De fato, Neil Smith (1990) sugeriu que um projeto assim (talvez não exatamente o *mesmo* projeto) poderia tornar possível modelar o que ele chama "diferença espacial, que não é ao mesmo tempo fragmentação". Esta declaração de fé intercepta um quarto tema: o posicionamento do conhecimento. Invocações de "diferença", de processos de "outrorização" e de interseção de posições-sujeito diferentes, às vezes concorrentes, são agora quase normais. Isso não significa, contudo, que estes são simplesmente representações rituais e gestos vazios. Certamente, as políticas de localização situacionais que elas inferem são muitas vezes abandonadas na porta do pós-modernismo, onde seus críticos receiam o ingresso do relativismo e até do niilismo. Mas isso não é bem o que Smith tem em mente, e muitos escritores argumentam que uma sensibilidade a diferenças não ofusca tanto a objetividade quanto transforma seus termos: ela não indica a busca por algum ponto de Arquimedes a partir do qual se possa formular reclamos incontestáveis de verdade, mas, ao contrário, é um claro reconhecimento da parcialidade (inescapável) do ponto de vista e de posicionamento de cada um, e uma escrupulosa inquirição das conseqüências (Harraway, 1991b). Disposto dessa forma, não é difícil ver por que o feminismo e o pós-colonialismo tiveram um impacto tão merecidamente desconcertante sobre o mundo acadêmico ocidental e, de fato, sobre a cultura popular em geral, e por que tantos comentaristas deveriam tentar descartar ambos como indício de uma coercitiva manifestação do "politicamente correto". Porque de fato tocam diretamente a essência das tradicionais concepções ocidentais de investigação intelectual e desafiam alguns dos mais básicos conceitos, pressupostos e práticas que ditaram (literalmente falando) o lugar da academia na vida social. Aqui também a geografia não foi nem imune nem silenciada, como atesta o desenvolvimento do feminismo dentro da geografia, e recentemente a geografia dentro do feminismo. A cumplicidade da geografia no colonialismo, sob várias formas e para finalidades diversas, atrai uma consideração igualmente desconcertante da crítica pós-colonial que está estimulando muitas outras disciplinas, mas também permite, através de um processo que Spivak (1988) chamaria de "desaprender", que muitas *outras* geografias contribuam para esta crítica e ampliem nossos horizontes de sentido e responsabilidade.

Esses quatro temas não são exaustivos, e certamente não constituem uma nova ortodoxia. Cada um pode ser interpretado e desafiado de diferentes maneiras. Mas eles dominam muito da conversação atual, dentro e fora da geografia humana. Também esclarecem e, esperamos, serão esclarecidos pelas contribuições desse livro. Nosso propósito não é, pois, tentar elaborar qualquer estrutura ou conjunto de princípios, nem oferecer mais outro manifesto metodológico ou teórico a ser somado à multiplicidade já existente. Na verdade, o que buscamos é apresentar alguns dos argumentos-chave e alternativas que já foram propostos. A necessidade de algum tipo de opinião ponderada, tanto em termos gerais como dentro das diferentes subdisciplinas da matéria, dos desafios e reações levantadas pela(s) reorientação(ões) atual(ais), se impõe pelo menos por duas razões. Em primeiro lugar, embora haja indubitavelmente uma certa emoção a ser obtida ao abandonar pontos de vista estabelecidos e a exploração de novos, tal entusiasmo deveria sempre ser temperado com cautela. Deveríamos ser tão desconfiados de meras novidades quanto o deveríamos ser da ortodoxia rígida, não por uma simples desconfiança da inovação conceitual mas apenas para assegurar que novas idéias não se transformem sem revisão em novos dogmas. Pois existem indícios de que várias novos dogmas já começaram a emergir, no sentido de que as alegações que foram apresentadas para alguns novos argumentos parecem ser exageradas além do que é realmente justificado pela evidência. As referências agora obrigatórias ao "pós-fordismo" e à "pós-modernidade" são dois casos importantes em exame.

Em segundo lugar, a inovação de novas abordagens, mesmo quando comparada à alegada fraqueza ou irrelevância dos esquemas existentes, não é por si suficiente para proclamar um progresso na especificação ou na compreensão de problemas. É fundamental lembrar que novas idéias podem ser tão problemáticas quanto as ortodoxias que elas procuram derrubar, e que as perspectivas existentes podem ainda conter forças heurísticas e permanentemente válidas. Essa questão é amplamente ilustrada pela "virada pós-modernista" na geografia humana. A virada pós-modernista, com sua crítica mordaz da epistemologia racionalista e fundamentalista, e a sua ênfase quanto ao relativismo de nossas pretensões de conhecimento, certamente revelou um espaço precioso para a investigação criativa e inovadora dentro da geografia humana. Sensibilizou os geógrafos para a importância de microfenômenos amplamente ignorados por nossas (altas) teorias e perspectivas modernistas, e valorizou diferenças, pluralidades e heterogeneidades reprimidas pelos modelos generalizantes e universalizantes que dominaram a geografia humana nas últimas três décadas (ver Soja, 1989). Mas, ao priorizar o levantamento dos fragmentos e diferenças, uma geografia humana pós-moderna corre o risco de ignorar as características mais sistêmicas e as relações de estrutura social, política e econômica: a imaginação geográfica pode muito bem ser ampliada em uma direção mas é simultaneamente encoberta em outra.

Assim como os indivíduos necessitam de mapas cognitivos de suas cidades para transpor seu ambiente espacial, nós precisamos da sociedade para podermos analisar, debater e intervir inteligentemente nos processos sociais. Conceitualização macro ou sinótica são vitais para a elucidação da sociedade contemporânea: sua organização, suas relações de constituição social, práticas, polêmicas e instituições; suas características interdependentes e suas estruturas de poder e modos de opressão e domínio. A teoria social, da qual a geografia humana é parte tão integral, analisa como esses elementos se ajustam e constituem sociedades específicas, e como as sociedades funcionam ou deixam de fazê-lo (Best e Kellner, 1991). Os macromodelos em grande escala e os mapeamentos cognitivos, os "grandes cenários" que a teoria moderna se empenha em construir, continuam desempenhando um papel importante ao capacitar-nos a ver como, por exemplo, a economia, a política, a cultura e as instituições e práticas sociais interagem para produzir um sistema social. À medida que nos movemos pela passagem de uma fase histórica de desenvolvimento sócio-econômico global para outra, ambas as teorias moderna e pós-moderna são necessárias para assimilar as continuidades com o passado e as novas características de um presente em mutação. Nenhuma perspectiva é adequada por si só. A maneira como essas duas abordagens sobre teoria e explanação são articuladas será, acreditamos, o fator principal na formação do curso e conteúdo da geografia humana no decorrer do resto da década atual.

Plano da obra

A tarefa principal dos próximos capítulos é elucidar, de maneira nítida e sistemática, o que uma imaginação enriquecida pelo relacionamento entre a geografia e o restante das ciências sociais pode oferecer. O plano deste livro está organizado de modo a suprir o leitor com coordenadas claras e, esperamos, intelectualmente justificáveis. Os capítulos estão divididos em duas partes principais. A Parte I diz respeito ao cerne de nosso mundo geográfico — a economia, o estado e a sociedade — e a maneira pela qual as teorias desses "mundos" interligados podem ajudar nossas investigações geográficas. Existe, é claro, uma tradição há muito estabelecida dentro das ciências sociais que destacou a economia, o estado e a sociedade como fontes-chave de poder e de relações de poder, de deter a "primazia" nas explicações da condição humana. Afinal de contas, a maneira como nosso mundo geográfico é constituído não pode ser entendida sem recorrer à explicação da maneira pela qual as relações econômicas, políticas e sociais estruturam o próprio tecido tempo-espaço de nossas vidas cotidianas. Como Ron Martin apontou em seu capítulo sobre teoria econômica e geografia humana, desde os anos 70 ocorreu uma série de rupturas na constituição da economia de espaço e no nosso modo de pensar a respeito, como reflete no que tem sido comumente identificado como uma fase nova e qualitativamente diferente do desenvolvimento capitalista, em associação com, entre outras coisas, o advento de novas tecnologias de informação e comunicação, padrões de consumo mais diferenciados e individualizados e a renegociação dos limites e relações entre mercados econômicos e nações-estado, entre esferas públicas e privadas da atividade econômica. Essas mudanças estimularam uma série emaranhada de atividades teóricas que desafiam os modos tradicionais de pensar a respeito da economia de espaço. Ao conduzir o leitor por uma crítica dessa reformulação teórica, incluindo a teoria da regulamentação e o pós-modernismo, este capítulo sustenta que, se devemos compreender a maneira como tais mudanças e alterações estão modificando o significado e o funcionamento da economia capitalista, então, as tarefas-chave devem ser a construção de uma economia contextual e de uma geografia econômica nas quais a interligação sócio-espacial é deslocada para o centro do palco em vez de rebaixada a uma eventual participação secundária.

Interligadas, mas não simplesmente redutíveis à reconstituição da economia do mundo capitalista, foram as importantes mudanças na constituição de políticas e na forma territorial mais poderosa assumida pela política, a nação-estado. Processos de globalização e políticas com base local estão desafiando o significado de soberania, sobre a qual repousa um importante *locus* de poder do estado. Como Graham Smith sustenta em seu capítulo sobre teoria política e geografia humana, tais desafios à soberania do estado significam que, como geógrafos, precisamos repensar nossas teorias de estado-cidadão e como essas noções de identidade-cidadão e direitos-cidadão estão passando por uma redefinição em conseqüência do que ele chama de uma nova espacialidade de política. Ele ilustra esse fato considerando uma variedade de movimentos sociais empenhados na renegociação dos limites sociais e geográficos da cidadania, que vão desde movimentos etno-regionais até movimentos ambientais. Dentro de um contexto global, esses movimentos sociais, ele afirma, são sintomáticos de contextos sócio-espaciais divergentes ligados a determinadas transformações sociais que estão agora em curso no primeiro, segundo e terceiro mundos.

No capítulo final da Parte I, Derek Gregory explora o terreno da teoria social e seu relacionamento com a pesquisa geográfica. Exige-se que nossas pesquisas se desloquem para arenas de pensamento mais ricas e de definição menos estreita de pensamento e de interpretação de nosso mundo e do mundo de outros povos. Isto significa reconhecer a natureza problemática da construção teórica baseada no eurocentrismo, da qual nem a geografia como ciência espacial nem a geografia marxista conseguiram se desvencilhar com êxito. Através da visão geométrica da geografia como ciência espacial, os lugares e sua população eram interpretados dentro de um esquema teórico que enfatizava a generalidade através da abstração homogênea e uma liberação otimizada das lutas e preocupações cotidianas. De fato, o envolvimento dos geógrafos com o marxismo foi, em parte, uma resposta a uma ciência espacial incapaz de enfrentar um mundo de injustiça social. Mas a tendência de recorrer ao marxismo clássico, aquele que analisava cenários de acumulação de capital produzido por processos sociais em espaços materiais, refletia, em parte, um envolvimento com o marxismo que parecia insensível às ricas tradições intelectuais que enfatizavam a importância da cultura, da moralidade e da política. O que isto significa é que precisamos reformular nossa teoria social onde os envolvimentos com o materialismo histórico, a teoria da estruturação e a teoria feminista oferecem, de diferentes maneiras e em graus variados, blocos de construção mais ricos para geografias mais envolventes e compromissadas.

Na Parte II deste livro faz-se um exame sistemático de perspectivas selecionadas sobre geografia que cruzam fontes de poder econômico, político e social. Dessas perspectivas geográficas, é o ambiente físico o mais explicitamente preocupado com as condições materiais que ancoram o poder econômico, político e social. A geografia, evidentemente, teve uma preocupação longamente estabelecida, muito embora nem sempre sem percalços, quanto ao relacionamento entre o mundo natural e a sociedade. Mas, como Tim Bayliss-Smith e Susan Owens sustentam em sua contribuição, devido a sua situação especial na interface das ciências físicas e sociais a geografia acadêmica está bem posicionada para reivindicar um lugar de destaque dentro das ciências sociais para pesquisas baseadas no ambiente. Vários debates ambientais dentro das ciências sociais foram retomados. Define-se, em primeiro lugar, o que se quer dizer por "o ambiente". Segue-se com o exame do ambientalismo como movimento social, cujas origens modernas, que remontam ao século XIX, têm se tornado cada vez mais uma característica do que Inglehart chama de cultura pós-materialista, uma cultura que, como o assinala Smith em seu capítulo, é sintomática de uma miríade de novas formas de oposição social, sendo a mais recente "aja localmente, pense globalmente". Os problemas ambientais e os conflitos que os cercam não podem, contudo, ser tratados de uma maneira geograficamente não-diferenciada, uma pretensão que os autores ilustram com respeito a dois exemplos importantes do "primeiro" e "terceiro" mundos. Finalmente, o papel de técnicas formais em pesquisas baseadas no ambiente, mais notadamente a determinação do impacto ambiental, é considerado e sua utilidade examinada.

As duas contribuições seguintes focalizam o inter-relacionamento entre a distribuição diferenciada de poder econômico, político e social e as questões de cultura e desenvolvimento. No primeiro destes capítulos Lina McDowell examina um dos ramos de crescimento mais acelerado de nossa subdisciplina, a geografia cultural. Começa examinando o legado de um dos decanos na matéria, Carl Sauer, e do impacto continuado de suas obras relativas à leitura e interpretação de paisagens em termos de um conceito material da cultura. Contudo, as paisagens culturais são também impregnadas por uma variedade de ricos significados que se prestam à interpretação da cultura e dos lugares que representam como significados simbólicos e como textos a serem interpretados. A explosão de interesse dos geógrafos pelos estudos culturais também foi acompanhada pelo enfoque no lugar e nos significados e imagens partilhadas, que uma associação com o lugar representa para as comunidades como uma variedade de escalas geográficas, da vizinhança local até a nação-estado. Este capítulo também explica, dentro das sociedades industrializadas do Ocidente, como novos costumes sócio-econômicos tais como novos estilos de vida, formas de trabalho e padrões de consumo romperam os significados tradicionais de lugar, causando a reconstituição do senso de identidade do indivíduo com a comunidade e o lugar, e o surgimento de novas políticas culturais, reflexo daquilo que alguns comentaristas designaram como valores pós-materialistas.

Com seu interesse por estudos de desenvolvimento, Morag Bell apega-se à maneira pela qual a geografia e as outras ciências sociais tenderam a conceber e a teorizar o terceiro mundo através da perspectiva do eurocentrismo, onde o terceiro mundo foi impregnado por uma homogeneidade equivocada, apreendida em dualismos espaciais como norte-sul, núcleo-periferia e desenvolvido-em desenvolvimento. O que uma crítica pós-colonialista de tais sociedades deve ter, sustenta Bell, é uma sensibilidade para diferenciar, evitando tratar o terceiro mundo em termos estereotipados de raça, cultura, economia ou política. Se estamos dispostos a contribuir para a compreensão dos difundidos problemas de pobreza e de catástrofe ambiental, então, como geógrafos, precisamos ser suscetíveis ao fato de que as pessoas e os lugares em que vivem divergem em seus costumes culturais, econômicos e políticos, produzem suas próprias geografias localizadas e se valem freqüentemente de estratégias radicalmente diferentes para melhorar suas condições materiais. Como este capítulo também aponta, as políticas de capacitação do terceiro mundo, refletidas no surgimento de uma multiplicidade de novos movimentos sociais, notadamente o ambientalismo e o feminismo, convidam os geógrafos a abraçar programas de pesquisa social que ampliam e refundem nossos conceitos sobre os outros.

Os dois capítulos seguintes — sobre "a região" e "o urbano" — tomam como ponto de partida a importância da diferenciação geográfica no mapeamento da constituição das relações humanas. O argumento desenvolvido no primeiro destes capítulos assinala que a geografia regional é central ao hábito de fazer geografia humana, não apenas porque propõe questões acerca do mundo de uma maneira que nos permite, como geógrafos, sermos suscetíveis aos contextos diferenciados em que as pessoas passam suas vidas e interagem com o ambiente. Nigel Thrift estrutura seu capítulo em torno das idéias de três importantes pensadores sociais, começando por Vidal de La Blache e Karl Marx, que tiveram um forte impacto no pensamento geográfico acerca das regiões. Valendo-se também das idéias de Fredric Jameson e seu comprometimento com o pós-modernismo, este capítulo destaca as ligações entre uma determinada linha do pensamento atual sobre espaço e localidade e situa essas idéias em relação a Vidal e Marx. Isso permite a Thrift estudar como construir uma geografia regional de nossos tempos, uma tarefa que, ele afirma, deve ser sensível a um mundo onde as regiões estão em mudança contínua através de processos diferentes aos da França ou da Inglaterra do século XIX. Nossas geografias regionais do "presente", sustenta, devem ser particularmente sensíveis às maneiras pelas quais lugares são associados com o deslocamento de espaços demarcados como conseqüência da globalização, de como a imaginação de comunidade e senso de lugar estão sendo reestruturados, onde a mídia tem um papel essencial de mediação, e ao problema da compreensão dos significados que se encontram por trás de "comunidade".

Em seu capítulo sobre "o urbano", Susan J. Smith defende um lugar para os estudos urbanos, mas um lugar que precisa reconhecer que como a maioria das sociedades agora são sociedades urbanizadas, a cidade é uma parte inter-relacionada de uma teia complexa, cujos limites conceituais e espaciais não são facilmente discerníveis. Todavia, como campo para o questionamento intelectual, o urbanismo permanece como objeto de diferentes concepções e interpretações a respeito do que é a cidade e do que deveria ser. Isto, ela considera em relação a duas abordagens normativas distintas para compreender a cidade. Primeiro, considerando a cidade sob a perspectiva neomarxista, ela argumenta que precisamos ir além das simples abordagens "orientadas para a produção" e "baseadas no consumo", reconhecendo também que a vida urbana, além disso, apresenta também aspectos de gênero e de raça em formas que não podem ser simplesmente lidas, seja pela diferenciação espacial da acumulação de capital, seja pelo enfoque de políticas urbanas de consumo baseadas em classes. Segundo, ao examinar o impacto da Nova Direita, ela observa, que por causa da posição vantajosa dessa ideologia há uma tendência muito maior de retratar os problemas urbanos como distintamente urbanos e controláveis como, por exemplo, descrevê-los como um sintoma de intervenção estatal ou como uma conseqüência apenas dos padrões de vida em declínio. Para a Nova Direita, corrigir problemas urbanos acarreta políticas de liberalização do mercado ao mesmo tempo que enfatiza a centralidade do policiamento como um meio de controle social. Todavia, essas polêmicas em estudos urbanos foram mais recentemente usurpadas de considerações sobre o impacto do pós-modernismo e a maneira através da qual ele encontrou expressão nas formas construídas, de como o consumo é organizado e a vida social conduzida, e no modo pelo qual nossas identidades pessoais — o "eu" — estão sendo renegociadas.

O que os capítulos a seguir sinalizam é uma sensibilidade à "história" e a importância de trazer a "história de volta" aos nossos estudos geográficos. Embora a maioria das "boas" geografias do "contemporâneo" tomem conhecimento da maneira pela qual os processos históricos ilustram "o presente", isso não quer dizer que não haja lugar para uma subdisciplina distinta que se concentre em estudos geográficos do passado. Porém, como Chris Philo argumenta em seu capítulo final, a geografia histórica, ou o que ele preferiria chamar de "história geográfica", sofreu uma agradável transformação. Em vez de apenas focalizar a materialidade dos "fatos geográficos", ou sobre os objetos do "panorama visível", a geografia histórica avançou cada vez mais em direção ao que diz respeito à imaterialidade dos fenômenos históricos como, por exemplo, no interesse por movimentos de protesto urbano e rural, pelo funcionamento dos estados central e local e pela difusão espacial das inovações. Por conseguinte, o projeto central da geografia histórica deveria ser o de trazer aos estudos de acontecimentos históricos uma suscetibilidade ao lugar, espaço, distância, localidade e região. Ao centrar sua atenção em um exemplo importante, as geografias do "negócio dos loucos" — as instituições do século XIX que abrigavam os que eram chamados de "loucos" e a profissão de "médico de loucos" responsável por seu tratamento —, Philo exemplifica a complexidade das geografias na localização e desenho de "casa dos loucos" e na formação e organização dessa profissão. Essa abordagem particular na "história geográfica" levanta questões acerca da natureza do conhecimento e do poder, que este capítulo dá continuidade ao investigar a preocupação de Michel Foucault de destacar "a espacialização da história" ou história geográfica.

Referências bibliográficas

Baynes, K., J.Bohman e T. McCarthy (1987) *After Philosophy: End or Transformation?* (Cambridge, Mass.: MIT Press).

Best, S. e D. Kellner (1991) *Postmodern Theory: Critical Interrogations* (Londres: Macmillan).

Billinge, M., D.J. Gregory e R. L. Martin (orgs.) (1984) *Recollections of a Revolution: Geography as Spatial Science* (Londres: Macmillan).

Clifford, J. e G. Marcus (1986) *Writing Culture: The Poetics and Politcs of Ethnography* (Berkeley: University of California Press).

Cloke, P., C. Philo e D. Sadler (1991) *Approaching Human Geography: An Introduction to Contemporary Theoretical Debates* (Londres: Chapman).

Dear, M. (1988) 'The Postmodern Challenge: Reconstructing Human Geography, *Transactions of the Institute of British Geographers, NS*, vol.13, p.262-74.

Geertz, C. (1983) *Local Knowledge: Further Essays in Interpretive Anthropology* (Nova York: Basic Books).

Gregory, D.J (1978) *Ideology, Science and Human Geography* (Londres: Macmillan).

Gregory, D.J. e R. Walford (orgs.) (1989) *Horizons in Human Geography* (Londres: Macmillan).

Harraway, D. (1991a) 'A Cyborg Manifesto: Science, Technology e Socialist-Feminism in the Late Twentieth Century' em D. Harraway, *Simians, Cyborgs and Women: The Reinvention of Nature* (Londres: Routledge e Kegan Paul), p.149-82.

Harraway, D. (191b) 'Situated Knowledges: The Science Question in Feminism and the Privilege of Partial Perspective', em D. Harraway, *Simians, Cyborgs and Women: The Reinvention of Nature* (Londres: Routledge e Kegan Paul), p.183-220.

Harvey, D. (1969) *Explanation in Geography* (Londres: Edward Arnold).

Harvey, D. (1973) *Social Justice and the City* (Londres: Edward Arnold).

Harvey, D. (1989) *The Condition of Postmodernity: An Enquiry into the Origins of Cultural Change* (Oxford: Basil Blackwell).

Johnston, R.J. (1983) *Geography and Geographers: Anglo-American Geography Since 1945* (Londres: Edward Arnold).

Johnston, R.J. (org.) (1993) *The Challenge for Geography: A Changing World: A Changing Discipline* (Oxford: Basil Blackwell).

King, L. (1976) 'Alternatives to a Positive Economic Geography', *Annals of the Association of American Geographers*, vol.66, nº 2, p.293-308.

Kobayashi, A. e S. Mackenzie (orgs.) (1989) *Remaking Human Geography* (Londres: Unwin Hyman).

Latour, S. (1987) *Science in Action* (Milton Keynes: Open University Press).

Lefebvre, H. (1991) *The Production of Space* (Oxford: Basil Blackwell).

Ley, D. (1989) 'Fragmentation, Coherence and Limits to Theory in Human Geography', em A. Kobayashi e S. Mackenzie (orgs.), *Remaking Human Geography* (Londres: Unwin Hyman), p.227-44.

Macmillan, B.(org.) (1989) *Remodelling Geography* (Oxford: Basil Blackwell).

McLennan, G. (1989) *Marxism, Pluralism and Beyond: Classic Debates and New Departures* (Cambridge: Polity).

Peet, R. e N.J.Thrift (orgs.) (1989) *New Models in Geography*, vols. 1 e 2 (Londres: Unwin Hyman).

Penley, C. e A. Ross (orgs.) (1991) *Technoculture* (Minneapolis: University of Minnesota Press).

Rouse, J. (1987) *Knowledge and Power: Toward a Political Philosophy of Science* (Ithaca: Cornell University Press).

Rousseas, S. (1979) *Capitalism and Catastrophe: A Critical Appraisal of the Limits to Capitalism* (Cambridge University Press).

Smith, N. (1990) "Afterword: The Beginning of Geography', em N. Smith, *Uneven Development: Nature, Capital and the Production of Space*, 2ª ed. (Oxford: Basil Blackwell), p.160-78.

Soja, E. (1989) *Postmodern Geographies: The Reassertion of Space in Critical Social Theory* (Londres:Verso).

Spivak, G.C. (1988) *In Other Words: Essays in Cultural Politics* (Londres: Routledge e Kegan Paul).

Stoddart, D.R. (1987) 'To Claim the high Ground: Geography for The End of the Century', *Transactions of the Institute of British Geographers, NS*, vol.12, p.327-36.

Young, R. (1990) *White Mythologies: Writing History and the West* (Londres: Routledge e Kegan Paul).

Parte I

O Núcleo da Geografia Humana

1

Teoria econômica e geografia humana

RON MARTIN

> Nenhuma teoria existente explica os principais acontecimentos econômicos (desde) 1979.... Nem poderia tê-los previsto. A realidade superou as teorias existentes.... Para que tenhamos uma teoria econômica que funcione, precisamos de uma nova síntese que simplifique. Mas até agora nem sinal dela. E, se essa síntese não surgir, podemos estar no fim da *teoria* econômica. Poderá haver, então, apenas *teoremas* econômicos, isto é, fórmulas e formulações que descrevam esse ou aquele problema em vez de apresentar a economia como um sistema coerente.
>
> P. Drucker, *The New Realities*

Preâmbulo: A geografia humana na encruzilhada

Muito embora a geografia econômica tenha existido como subdisciplina identificável por quase um século, somente a partir da Segunda Guerra Mundial é que sua história intelectual foi mais cuidadosamente modelada pela economia. Não obstante, em meados dos anos 80 a geografia econômica dava a impressão de ter amadurecido em um campo de realização acadêmica estável e bem estruturada, organizada em torno de dois *programas de pesquisa* básicos e interligados, enfocando respectivamente a dinâmica da localização industrial e o processo de desenvolvimento regional desigual, e utilizando conceitos e teorias da economia neoclássica, de Keynes e de Marx. Não é de surpreender que, dadas as "visões de mundo" bastante diferentes que caracterizam essas três principais escolas concorrentes do moderno pensamento econômico (ver

Wolff e Resnick, 1987; Cole, Cameron e Edwards, 1991), essa trigemonia teórica dentro da geografia econômica produziu análises contrastantes e conflitantes da economia espacial. No entanto, por baixo destes cômputos diversos e contrastantes, havia certos princípios, pressupostos e aspirações compartilhados que, mesmo raramente admitidos, serviam para dar uma unidade subjacente à geografia econômica à medida que ela evoluía dos meados dos anos 50 à metade dos anos 80.

A economia capitalista moderna era vista, acima de tudo, como um sistema *industrial* com padrões e trajetórias de localização industrial e desenvolvimento regional que parecia ser, e certamente era, bem-comportado e previsível. Essa ordem observada proporcionava a justificativa para interpretações essencialistas ou de "lógicas profundas" do panorama econômico onde os processos que formavam a economia espacial eram atribuídos a mecanismos comportamentais arraigados ou a forças irresistíveis de desenvolvimento. Esse essencialismo econômico, por sua vez, ajudou a ambição muito difundida de elaborar leis genéricas e universais de localização industrial e de desenvolvimento regional. Dessa maneira, a moderna geografia econômica tornou-se claramente objetivista em orientação, acarretando a priorização do conhecimento "científico" em detrimento do conhecimento subjetivo baseado em introspecção, percepção e intuição. E, ao dar continuidade a esses pressupostos e aspirações, a geografia econômica tendia a estruturar-se de acordo com os mesmos princípios que ela procurava retratar no panorama econômico.

Nos últimos anos, entretanto, as teorias, premissas e princípios da moderna geografia econômica foram progressivamente questionados. Uma percepção distinta de reavaliação, de incerteza e de exploração veio impregnar a disciplina e seus dois principais programas de pesquisa estão sofrendo reformulações. O que quero discutir neste capítulo é que esta reviravolta pode ser rastreada a três principais fontes interligadas de ruptura. A primeira é substantiva e de natureza paratônica, e tem a ver com o que muitos acreditam ser a chegada de uma fase nova e qualitativamente diferente do desenvolvimento econômico capitalista, a chegada de "novas realidades econômicas" (ver, por exemplo, Hall e Jacques, 1989; Drucker, 1989; Reich, 1991). Essas mudanças colocam alguns problemas importantes para as teorias sobre a economia espacial aceitas por nós, e para o que uma geografia econômica reestruturada deveria parecer. A segunda, para potencializar a questão, é que a economia propriamente dita se encontra igualmente em um redemoinho, em grande parte pela mesma razão. Há uma crise *na* e *em* economia (Willes e

Routh, 1984; Drucker, 1989). Nenhuma das principais escolas de economia — neoclássica, keynesiana ou marxista — explica adequadamente os acontecimentos e mudanças das últimas duas décadas, e, à medida que esses principais paradigmas ficaram como que sitiados, houve um avanço nas revisões, reformulações e perspectivas alternativas propostas. Mas, em terceiro lugar, como se estes desafios não bastassem, em alguns redutos, tanto da economia como da geografia econômica, as bases epistemológicas e ontológicas propriamente ditas da investigação teórica estão sendo contestadas. Examinado através de uma assim chamada crítica "pós-moderna", estamos assistindo não apenas a um movimento de uma fase do desenvolvimento econômico capitalista para outra, mas também a um movimento associado que vai de uma tradição epistemológica para outra. No cerne desse desafio está a questão geral de como vemos e simbolizamos o mundo, do relacionamento entre nossos conceitos e a "realidade", seja qual for o sentido com que esta última é tomada.

O impacto dessas rupturas foi o de esclarecer não só importantes investigações sobre o sentido e a importância das atuais mudanças e tendências na economia, como também acerca das abordagens teóricas, metodologias de pesquisa e categorias conceituais usadas por nós e até sobre a própria matéria de nosso objeto. De muitas maneiras, a moderna geografia econômica encontra-se em uma encruzilhada decisiva com relação, tanto ao seu modo de teorizar, quanto a seu conteúdo empírico. Meu objetivo no restante deste capítulo é explorar alguns dos contornos e implicações desta *methodenstreit* mais detalhadamente, no sentido de prover uma leitura crítica de algumas das placas indicativas, como se existissem.

A economia em mutação

É agora amplamente aceito que algo de dramático tem acontecido às economias capitalistas avançadas desde o início dos anos 70, para não dizer, é claro, às (antigas) economias socialistas. Tem havido muito menos consenso, entretanto, quanto à natureza precisa e importância das mudanças que ocorreram e continuam acontecendo. O problema é que, em um período de mudança rápida e abrangente, não há maneira direta de determinar em que estágio do processo nos encontramos, de identificar as tendências e mudanças envolvidas e separar o fundamental do efêmero. Como conseqüência, muitas opiniões diferentes têm surgido sobre o que são essas mudanças fundamentais, como também diferentes interpretações das mesmas.

Sem dúvida, uma das mudanças mais profundas é o advento de um novo "paradigma tecno-econômico" baseado em informação (Schiller, 1986; Dosi *et al.*, 1988). Enquanto o paradigma do pós-guerra era baseado em petróleo de baixo custo, maquinaria elétrica, materiais intensivamente baseados em energia e produção e consumo de massa, as bases do novo paradigma são a tecnologia da informação e da comunicação, microeletrônica, computadorização, produtos intensivamente baseados em conhecimento e padrões de consumo que são muito mais diferenciados e individualizados. Esse novo sistema tecnológico está transformando, tanto a organização técnica, corporativa e social da produção, como também os padrões de demanda, consumo e distribuição. A segunda mudança foi a aceleração na "terciarização" do desenvolvimento econômico. Muito embora em muitos países capitalistas avançados, os serviços tenham ultrapassado a indústria em termos de produção e emprego já nos anos 50 e 60, a velocidade dessa mudança estrutural aumentou drasticamente desde os anos 70. Serviços de setor privado, o produtor, o consumidor, o setor financeiro, o setor cultural e de lazer, e o pessoal, todos se expandiram ao mesmo tempo que a manufatura estagnou ou, em muitos casos, desindustrializou-se (Petit, 1986). As estruturas de produção e consumo e as divisões sociais, de classe, gênero e de espaço do trabalho estão sendo reformuladas como conseqüência. Um terceiro desenvolvimento significativo é a tendência para o que tem sido chamado "hiperconsumismo" ou mesmo "superconsumismo". A cultura de consumo de massa do período pós-guerra explodiu em uma nova cultura de consumo que é simultaneamente mais individualizada, internacionalizada e multidimensional. A introdução da "economia do crédito instantâneo", a crescente agressividade e propensão ao consumo da nova classe média, as mudanças nos gostos e nos estilos de vida, a revolução na informação tecnológica, a mídia e a publicidade, a crescente diferenciação de produtos e o surgimento de toda uma nova "indústria da cultura" baseada na mercantilização do visual, da estética e do simbólico, tudo isso estimulou novos padrões e cenários de consumo (especialmente os fenômenos das alamedas comerciais) nos quais a gratificação instantânea, posicionamento e imagem são agora tão importantes quanto o valor de uso (Zukin, 1991). A quarta grande mudança é a da globalização. Desde os primeiros anos da década de 70, a internacionalização da indústria, dos serviços e do capital intensificou-se drasticamente. Sob certos aspectos, a economia mundial está-se tornando verdadeiramente transnacional ou global (Simai, 1990). A empresa dinâmica e bem-sucedida está-se tornando cada vez mais uma "teia empresarial" globalmente descentralizada de centros de lucro, unidades de negócios, subsidiárias, franquias, fornecedores e distribuidores. Da mesma maneira, mais e mais produtos são agora compostos tipicamente internacionais, e tanto a posse quanto o controle corporativo estão-se tornando globalmente difusos. Mais marcante ainda, todavia, foi o surgimento dos negócios bancários globais e os mercados monetários globalmente integrados de uma economia supranacional de "moeda sem pátria" que têm dinâmicas próprias (Wachter, 1986; Ohmae, 1990; O'Brien, 1992). Finalmente, um novo método de regulamentação econômica varreu os países desenvolvidos e em desenvolvimento de modo semelhante durante a última década e meia, engendrando uma renegociação fundamental dos vínculos e fronteiras entre estados e mercados, entre as esferas pública e privada da economia. Países em diversos estágios de desenvolvimento econômico procuraram liberalizar e privatizar suas economias na tentativa de aumentar sua capacidade de competir e sua flexibilidade dentro do novo mercado global (Letwin, 1988; Rosow, 1988).

Esses e outros desenvolvimentos formativos não apareceram, é claro, de repente, da noite para o dia, mas foram evoluindo por algum tempo. A questão, no entanto, é que essas tendências ganharam muito em velocidade nas últimas duas décadas, reestruturando e reformando o panorama econômico ao longo do processo. Muito embora essas mudanças tenham, em parte, sido induzidas por crises estimuladas por uma redução na atividade da economia mundial desde o início dos anos 70, as novas realidades estão igualmente se desestabilizando à medida que as antigas estruturas de acumulação econômica e de regulamentação são derrubadas e tornadas obsoletas pelas novas estruturas. Pode até ser que esta instabilidade não seja simplesmente um fenômeno transitório associado à reestruturação, mas sim, de fato, uma característica central da nova era; que a desordem, as rápidas mudanças e a incerteza sejam agora as marcas do desenvolvimento econômico capitalista adiantado, e mesmo da economia global como um todo. Geograficamente o panorama econômico tem, com certeza, mudado radicalmente. Antigos espaços industriais entraram em declínio e estão sendo reestruturados enquanto novos espaços industriais assumiram a liderança como centros de crescimento econômico (ver, por exemplo, Martin e Rowthorn, 1986; Henderson e Castells, 1987; Peet, 1987; Massey e Allen, 1988; Scott, 1988; Harvey, 1989a; Rodwin e Sazanami, 1989, 1991). Enquanto algumas indústrias e serviços parecem estar passando por uma dispersão espacial e descentralização locacional, outras parecem estar se concentrando ou reconcentrando geograficamente. Da mesma maneira, em muitas cidades grandes e mais antigas, ao mesmo tempo em que áreas selecionadas por estarem abandonadas economicamente foram transformadas em novos espaços recém-construídos de consumo, espetáculo e comércio, as persistentes dificuldades econômicas e sociais de outros bairros ficaram ainda mais evidentes. Além disso, à medida que as economias nacionais, regionais e locais são cada vez mais internacionalizadas e integradas em redes globais e transnacionais de produção, concorrência, investimento e de estratégia empresarial, elas também se tornam progressivamente desarticuladas em seu funcionamento interno (Castells, 1989). Se a economia espacial capitalista do pós-guerra era relativamente estável e previsível, ela é agora muito mais *in*stável e *im*previsível e, sem sombra de dúvida, muito menos administrável politicamente.

Tudo isso expõe a economia e a geografia econômica a grandes desafios. Ao longo dos últimos anos saiu à luz uma vasta literatura dedicada ao minucioso mapeamento das novas realidades e novas especialidades aplicadas proliferaram em ambas as disciplinas. Por exemplo, dentro da reestruturação industrial da geografia econômica, o desenvolvimento de novas e pequenas empresas, organização corporativa, multinacionalização, atividade de alta tecnologia, crescimento do setor de serviços e as novas divisões sociais e espaciais do trabalho, receberam todos uma considerável atenção empírica. Mas o desafio vai muito além disso: não é meramente uma questão de documentar e descrever o novo panorama econômico, embora esta seja uma tarefa importante. A questão-chave é como explicamos e respondemos às novas realidades.

Meu argumento aqui é que *as alterações e mudanças em andamento estão modificando o sentido e o funcionamento da economia capitalista.* Assim, a convergência de tecnologias distintas, especialmente computação, telecomunicações e processamento da informação, está ampliando a flexibilização organizacional e produtiva de negócios de todos os tipos e tamanhos. As tecnologias da informação e das comunicações oferecem agora o denominador comum para uma participação sempre crescente da produção de bens e serviços e, como conseqüência, estão redefinindo as bases sociais, culturais e institucionais da economia. Além do mais, a produção dos meios de comunicação adquiriu uma importância bastante nova em relação à produção em geral, e a todo o processo de desenvolvimento desigual. Ao mesmo tempo, o crescimento do setor de serviços alterou as normas de consumo e, conseqüentemente, os vínculos tradicionais entre produção e consumo. E, dada a geralmente menor produtividade dos serviços, a terciarização tem importantes implicações para o crescimento econômico nacional e para toda a ligação de produtividade-salário-consumo, como também para a distribuição social dos ganhos de produtividade. Não se trata apenas de que os serviços tenham agora mais peso do que a indústria na economia; é também que em alguns casos a distinção entre os dois está ficando cada vez mais turva enquanto que, em outros, os serviços se tornaram uma fonte autônoma de crescimento, demanda, acumulação de capital e regulação econômica, não mais simplesmente vinculados ao crescimento industrial ou dependente deste, mas possuindo sua própria dinâmica estrutural. O conceito de economia industrial que, por tanto tempo, difundiu-se na economia e na geografia econômica não fornece mais uma resposta adequada para a realidade vigente. O novo capitalismo é, acima de tudo, um capitalismo em que a economia "simbólica" da moeda e crédito domina agora a verdadeira economia de bens e serviços. O dinheiro e as finanças ficaram "protegidos", negociados e especulados em busca de lucro, sem estarem vinculados à produção de bens e serviços, exercendo, não obstante, uma influência fundamental sobre a produção. Esse novo sistema de "capitalismo administrador-de-dinheiro" (Minsky, 1989) é agora, possivelmente, a força individual mais importante a moldar a natureza e estrutura do desenvolvimento desigual. E, como quase todo fator de produção — tecnologia, dinheiro, investimento, informação — atravessa cada vez mais rapidamente as fronteiras, o verdadeiro significado e papel da economia "nacional", para não falar da economia "regional" e "local", está sendo redefinido.

Esta não é a primeira vez que o capitalismo foi submetido a uma reviravolta de grandes proporções. Periodicamente a realidade econômica tem superado as teorias dominantes, lançando estas últimas em confusão e estimulando debates e reavaliações de longo alcance. O problema que se apresenta então é de reconstrução, para verificar se os programas de pesquisas dominantes demonstram ser "progressistas", respondendo com novas teorias e conceitos mais apropriados às condições e instituições modificadas; ou se a resposta é mais uma outra tentativa de resgatar e reavivar programas "degenerativos" por meio de correções, revisões e acréscimos *ad hoc*. Momento crítico igual a este ocorreu (pelo menos) duas vezes antes em economia. As "revoluções econômicas" dos anos 1870 (da economia clássica à neoclássica) e dos anos 1930 (da economia neoclássica à keynesiana) foram ambas, em parte, respostas progressistas ao surgimento de novas condições e circunstâncias que tornaram obsoleta a ortodoxia predominante. Tendo sido a geografia econômica relativamente subdesenvolvida, esta não foi afetada nessas ocasiões. A atual conjuntura lançou, uma vez mais, a economia em desordem, e desta vez a geografia econômica também. Todas as três principais escolas da teoria econômica reconheceram que a realidade mudou, muito embora, é claro, elas não concordem nem quanto à natureza específica e o alcance das mudanças percebidas, nem com sua importância para o futuro do capitalismo. Todas reexaminaram a adequação de suas formulações tradicionais e cada uma está em busca de uma explicação para a nova economia de acordo com o seu próprio prisma ideológico.

Evidentemente, é de se esperar que haja defensores da fé que rejeitam a idéia de que novas circunstâncias exigem novas teorias. Os principais expoentes do uso da economia política marxista na geografia exemplificam esta reação. Embora inteiramente conscientes de que sua perspectiva teórica está sendo desafiada pelo novo capitalismo, estes teóricos têm se oposto, com dificuldades, a esta ofensiva. Eles reconhecem que o capitalismo está mudando de modo fundamental e inesperado, não previsto pela teoria marxista, mas insistem ao mesmo tempo que, a despeito destas mudanças, a validade daquela teoria permanece ilibada. Assim, David Harvey argumentou que as variadas mudanças ora em andamento são restritas à "aparência de superfície" do capitalismo e não deveriam, portanto, ser confundidas com uma alteração básica de suas "leis estruturais de movimento" subjacentes que "ainda continuam atuando como verdades imutáveis em meio às confusas fragmentações e desconcertantes reviravoltas da atual conjuntura" (Harvey, 1989a; ver também Harvey 1989b). O argumento é de que as novas realidades representam mais uma das periódicas tentativas do capitalismo de conseguir um novo "arranjo" espacial e tecnológico e, visto que ainda vivemos em um mundo dominado pelo capitalismo — de fato, em um mundo que está presenciando a confirmação e a extensão do "imperativo capitalista" (Storper e Walker, 1989) —, os princípios fundamentais da economia política marxista não são nem negados nem enfraquecidos pelas mudanças e alterações de "superfície" que estão ocorrendo.

Mas o ressurgimento e a extensão do capitalismo não traz por si só um apoio automático à continuada pertinência e superioridade das perspectivas econômicas das principais correntes, sejam elas marxista, neoclássica, keynesiana ou qualquer outra. Como geógrafos, nos defrontamos com um quebra-cabeça básico. De um lado estamos interessados em formular teorias de desenvolvimento regional desigual que tenham uma orientação explicitamente histórica, que tentem revelar os mecanismos e processos que formam a evolução da economia espacial ao longo do tempo histórico. Mas, por outro lado, à medida que a economia se desnvolve e muda historicamente, o mesmo acontece com o seu modo específico de funcionamento, o que, assim, põe em dúvida a plausibilidade de construir teorias que permaneçam válidas por um extenso período de tempo. O que está em questão, em outras palavras, é a "historicidade de conceitos" (Sayer, 1987). À medida que a natureza e a organização do capitalismo mudam, o mesmo acontece com o conteúdo de conceitos como "mercados", "capital", "trabalho", "empresa", "concorrência", "demanda", "dinheiro", "desenvolvimento regional" e assim por diante. Querer que os mesmos conceitos e teorias se apliquem a diferentes épocas do desenvolvimento econômico é andar em um círculo encantado de excessiva abstração, é agredir as próprias realidades que nossos conceitos e teorias deveriam ajudar-nos a entender. O novo capitalismo não pode ser adequadamente representado e explicado pelas categorias conceituais e estruturas teóricas ora existentes. No mínimo, as novas realidades expuseram sérias falhas e lacunas em nossas teorias e, portanto, a necessidade de uma substancial reconsideração.

Novas perspectivas para novas realidades

Apesar de seus arquidefensores, à medida que as perspectivas das principais correntes vieram a ser assediadas, ocorreram também movimentos correspondentes para a sua revisão e reformulação. Surgiu uma coleção completamente nova de obras sobre a economia pós-keynesiana (ver, por exemplo, Eichner, 1986; Sawyer, 1988; Lavoie, 1992) que dão uma ênfase maior ao dinheiro, à história, à incerteza e às instituições na formação do desenvolvimento econômico juntamente com uma microeconomia neokeynesiana que se concentra em concorrência imperfeita e a inflexibilidade dos mercados (Gordon, 1990; Mankiw e Romer, 1992). Enquanto isto ocorria, do lado neoclássico houve uma combinação de uma renovada microeconomia de expectativas racionais e de uma nova macroeconomia da oferta com os elementos da teoria da escolha pública para formar uma nova escola clássica (Phelps, 1990), uma apologia para o capitalismo de livre mercado que provou ser popular com recentes governos neoliberais em muitos países. Da mesma maneira, há no campo marxista reconstruções ricardianas que utilizam a economia sraffiana, em um esforço para obter uma teoria baseada no excedente que contorne a teoria marxista de valor do trabalho e os conceitos associados de luta de classe e exploração (como exemplo, Pack, 1985; Steedman, 1988); e versões da teoria de jogos e da escolha racional que tentam reconstruir a teoria marxista em uma base de individualismo metodológico (Roemer, 1981; Elster, 1985; Roemer, 1986). E além dessas diferentes reformulações, diversas outras escolas de economia apareceram ou reapareceram incluindo as economias neo-sraffiana (Schefold, 1989; Bharadwaj e Schefold, 1992), organizacional (Williamson, 1985, 1986), evolucionária (Clark e Juma, 1987; Hodgson, 1993), neo-schumpeteriana (Oakley, 1990), neo-institucional (Tool, 1988; Hodgson, 1988; Eggertsson, 1990), e uma nova economia sociológica (Block, 1990; Zukin e DiMaggio, 1990).

Geógrafos econômicos começaram a se utilizar e aderir a algumas dessas novas abordagens, especialmente elementos das escolas pós-keynesiana, Sraffia, marxista da linha da escolha racional e organizacional (para ter uma idéia desses desenvolvimentos ver, respectivamente, Clark, Gertler e Whiteman, 1986; Sunley, 1992; Sheppard e Barnes, 1990; *Economic Geography*, 1992; Scott, 1988). No entanto, o enfoque básico foi o de obter uma teorização sinótica geral das novas realidades, um novo conceito mestre de larga escala da economia espacial capitalista que identifique os "grandes processos e estruturas" em operação e demonstre a interconexão de padrões diversos, não relacionados ostensivamente, de mudança e transformação. Algumas dessas macrointerpretações penetraram sorrateiramente na literatura dos últimos anos sob a forma de modelos de "época" ou "transição". A maioria delas considera as principais alterações no desenvolvimento capitalista como o sinal de mudança para um novo sistema de produção: "neofordismo" (Aglietta, 1979), "pós-fordismo" (Murray, 1989; Elam, 1990), "especialização flexível" (Piore e Sabel, 1984), "a nova concorrência" (Best, 1990), "produção magra" (Womack *et al.*, 1990) e "clientelismo de massa" (Pine, 1992) são os principais conceitos mobilizados para expor essa caracterização de mudança econômica contemporânea. Outros vêem isto mais como uma transição na estrutura e organização da acumulação econômica em um sentido geral: "capitalismo desorganizado" (Offe, 1986; Lash e Urry, 1987), "sociedade pós-industrial" (Hirschorn, 1984; Block, 1990; Rose, 1991), "acumulação flexível" (Harvey, 1989a, 1989b), "pós-modernismo" (Jameson, 1991; Crook *et al.*, 1992), "capitalismo de gestão do dinheiro" (Minsky, 1989) e "sociedade pós-capitalista" (Drucker, 1993) estão entre os principais modelos que adotam esta interpretação. Muito embora esses modelos difiram entre si de várias maneiras, todos reivindicam terem não apenas desnudado as características-chave das novas realidades, como também fornecido uma explicação para sua lógica subjacente.

Não há dúvida de que esses modelos contribuíram para entendermos a recente e contemporânea mudança econômica e que eles acrescentaram um léxico conceitual e empírico totalmente novo à geografia econômica. Todavia, as próprias atrações e aspirações dessa busca por uma "abrangente" estrutura interpretativa expuseram simultaneamente as principais fraquezas de tal ambição (Martin, 1989; Thrift, 1989; Sayer, 1989a, 1989b). Todos os modelos tendem a um excesso de generalizações, seja reduzindo uma complexa variedade de tendências e alterações a simples conceitos ou lógicas, ou projetando sinedoquicamente o que são certas dimensões-chave de uma nova economia em uma afirmação de totalidade. O resultado tende a ser uma estrutura interpretativa em que tanto as antigas como as novas realidades são altamente estilizadas e idealizadas, um problema reforçado pelo uso de "tipologias opostas" para distinguir as novas formas de organização econômica das antigas e pelo floreado de retórica negativa incorporada em prefixos como "pós-" e "des-" que são arrolados para descrever o novo sistema econômico. Esses modelos, portanto, tendem a impor uma fachada de coerência sobre o que de fato é uma realidade muito mais confusa, complexa e desestruturada. No âmbito da geografia, uma séria questão adicional tem sido a enorme ânsia de "extrair" estereótipos espaciais dessas macrocaracterizações, de modo que um processo ou forma particular de desenvolvimento regional realçado ou insinuado por um determinado modelo foi com demasiada freqüência tomado como se fosse *o* símbolo espacial do novo panorama econômico em todo o mundo capitalista. De fato, mesmo quando usados e adaptados pelos geógrafos econômicos, a maioria desses modelos de transição dizem, na verdade, surpreendentemente muito pouco acerca da constituição geográfica das novas realidades em escala global, nacional, regional e local.

Estes problemas são bem exemplificados pelos relatos pós-fordistas e de especialização flexível, atualmente os dois mais influentes das novas estruturas cognitivas na geografia econômica. A perspectiva pós-fordista, valendo-se da teoria de regulação francesa, examina a reestruturação contemporânea da economia capitalista do espaço em termos de uma mudança a partir de um "regime de acumulação", associado a um "modo de regulação", chamado fordismo, para um outro (não muito originalmente) chamado pós-fordismo (para um visão geral, ver Boyer, 1990; Dunford, 1990; Jessop, 1990a; Lipietz, 1992). De maneira semelhante, a escola de especialização flexível argumenta que estamos atravessando uma segunda "era industrial" para entrar numa nova lógica de produção e organização econômica em que a flexibilidade é o imperativo-chave e os novos "distritos industriais" especializados sendo a expressão primordial de espaço (ver Piore e Sabel, 1984; Scott, 1988; Sabel, 1989; Storper e Scott, 1989; Pyke, Becattini e Sengenberger, 1990; Scott e Storper, 1992). Todavia, ainda que altamente sugestiva, nenhuma abordagem foi até agora capaz de oferecer uma economia política regional viável.

No caso da teoria da regulação, tanto a sua precisão histórica relativa à natureza e ao colapso do "fordismo" como a sua alegação de que a acumulação flexível está substituindo a produção de massa são questionáveis (Brenner e Glick, 1992; Sayer, 1989a, b). Em segundo lugar, muito embora a teoria da regulação funcione com o conceito da "economia integral", a abordagem é essencialmente produtivista e deixa de tratar seriamente do papel dos serviços nos processos de acumulação e de regulação do capitalismo moderno. Em terceiro lugar, não obstante o papel essencial atribuído às formas institucionais em manter simultaneamente sistemas simétricos de produção e consumo, elas não são a rigor examinadas em nenhum detalhe: até aqui a abordagem não teve sucesso em teorizar o "modo de regulação" e sua evolução histórica, ou como o modo de regulação realmente une consumo e produção (Tickell e Peck, 1992). Particularmente, os teóricos da regulação ainda não trataram adequadamente o problema do estado, um dos elementos mais importantes do modo de regulação e, ao invés disso, tenderam a "desvincular" o estado da natureza do regime de acumulação (para uma crítica, ver Jessop, 1990b). Em quarto lugar, a teoria da regulação possui orientação claramente macroeconômica, um modelo em que a economia nacional é priorizada como unidade-chave da análise e ambos os processos econômicos regulatórios, local e global, são subordinados àqueles das nações-estado individualizadas. Muito embora a teoria da regulação procure, supostamente, atacar a questão central de "como a dinâmica econômica e social varia no espaço e no tempo" (Boyer, 1990, p. 29), a constituição e integração da acumulação e da regulação em diferentes escalas de espaço permanece amplamente não teorizada. Finalmente, apesar de seus protestos em contrário, a abordagem permanece presa ao funcionalismo que se espalha nas suas fundações marxistas em crise teórica. Existem, portanto, defeitos, inconsistências e omissões em demasia para que a abordagem da regulação seja considerada uma matéria corrente da teoria econômica, ou um novo paradigma para a geografia econômica. É, ao contrário, um "andaime normativo de conhecimentos" em que o propósito é menos oferecer uma teoria precisa e mais uma teoria de elaboração de tipos ideais ou estruturas a serem usados para avaliar e investigar os "fatos estilizados" da organização e do desenvolvimento econômico (Teague, 1990).

A teoria da especialização flexível, no ponto em que se encontra atualmente, tampouco se saiu melhor (Jessop, 1992). Num exame cuidadoso, a sustentaçãao teórica da tese da especialização flexível é mesmo surpreendentemente ortodoxa em sua orientação. Com efeito, a teoria da especialização flexível representa uma versão exumada e retrabalhada da noção de Marshall das "economias de aglomeração" atualizadas pelo emprego de conceitos acerca de custos de transações da economia organizacional de Williamson (1985, 1986). Estas duas correntes teóricas seguem a lógica neoclássica padrão ao conceituar economias locais como conjunções de concorrentes atomísticos, enquanto o que é exigido é uma abordagem fundada em uma análise conceitual da empresa como entidade estratégica. Da mesma forma, muito embora os analistas dos distritos industriais repetidamente salientem a importância contextual das instituições comunais não-econômicas e sistemas de colaboração, confiança e cooperação, estas permaneceram amplamente não teorizadas (Harrison, 1992). Além do mais, à semelhança de sua contraparte da regulação, a teoria da especialização flexível tem várias lacunas fundamentais. Em primeiro lugar, não existem exemplos concretos suficientes para apoiar as proposições gerais apresentadas pela teoria. Não se trata apenas que a generalização empírica de novos distritos industriais da produção flexível especializada seja muito exagerada, eles diferem consideravelmente em estrutura, organização, inserção nas divisões nacional e internacional do trabalho, e assim por diante: em alguns casos, por exemplo, a especialização é setorial, enquanto que em outros é funcional. O quanto é possível generalizar sobre tantos tipos diferentes é questão aberta a debate (Amin e Robinson, 1990). Em segundo lugar, a teoria combina estratégias industriais e comerciais essencialmente distintas: há vários caminhos e formas que levam à "flexibilidade", e nem todos são necessariamente incompatíveis com a produção em massa, nem necessariamente tão difundidos, inovadores ou progressivos quanto a teoria alega (Gertler, 1988; Pollert, 199l). Em terceiro lugar, ao concentrar-se nos assim chamados "novos" espaços industriais, a teoria tende a suprimir e ignorar os desenvolvimentos e dinâmicas igualmente cruciais dos "antigos" espaços industriais (Martin, 1991; Gertler, 1992),.e mal reconheceu as economias regionais baseadas em serviços. E, em quarto lugar, a teoria negligencia o contexto internacional mais amplo do desenvolvimento econômico local e regional (Gertler, 1992), especialmente as poderosas tendências à integração acelerada de capital e mercado à escala global, o que se opõe à noção de economias auto-suficientes e localmente integradas.

Problemas e limitações semelhantes caracterizam os outros modelos e abordagens. Nenhum deles é suficientemente desenvolvido para oferecer uma nova fundamentação teórica convincente para a geografia econômica. Em vez disso, eles produzem *tipos ideais* que devem ser resgatados seja por uma "severa estilização dos fatos" ou pelo delineamento de formas híbridas *ad hoc* que se encaixam na presente experiência empírica. Isto não tem o intuito de sugerir, como alguns o fizeram (por exemplo, Callinicos, 1989), que o panorama econômico que estes novos conceitos-mestre e metanarrativas procuram explicar é meramente uma ficção de sua própria criação. Ao contrário, é para mostrar o fato de que eles deixam de oferecer qualquer aquisição teórica efetiva sobre os processos-chave e realidades envolvidas, sobre mudança tecnológica e sua assimilação, sobre serviços e seu papel na acumulação, sobre globalização, ou sobre intervenção e regulação do estado. Estas questões são precisamente aquelas sobre as quais a economia ainda tem relativamente pouco a dizer.

Tomemos, por exemplo, a questão da globalização. Muito embora algumas formulações iniciais de uma nova "economia política global" (Gill e Law, 1988; Wallace, 1990) e uma nova "economia internacional" (Krugman, 1986; Porter, 1990) comecem a aparecer, não existe até o momento nenhuma estrutura teórica coerente que integre adequadamente os diversos processos de transnacionalização e internacionalização que estão reconfigurando as geografias de capital, dinheiro, produção, comércio e tecnologias por toda a economia mundial. Na verdade, todas as três principais escolas de teoria econômica procuraram acomodar o desafio da globalização. Deste modo, a economia política marxista considera o sistema econômico global em termos de dinâmica, leis de movimento e tendências de crise desenvolvimentista iguais aos que caracterizam a economia capitalista nacional. Este modelo de "capitalismo global" alcança sua mais totalizante expressão, certamente não a mais convincente, na "teoria dos sistemas mundiais" (Wallerstein, 1979, 1984, 1991). Da mesma forma, um novo "neoclassicismo global" ignora a nação-estado por completo e vê a economia global em termos do equilíbrio competitivo de mercados financeiros e de produtos integrados mundialmente; enquanto o novo "keynesianismo internacional" concebe a economia global como um sistema de economias nacionais interdependentes entre as quais a demanda, renda e investimento agregados são mal distribuídos e mal regulados, em detrimento do sistema como um todo. Mas pretender, como o fazem estas formas de economia "global", que os mesmos conceitos usados para analisar a economia nacional possam simplesmente ser projetados sobre o sistema global, é pretender que este último não é essencialmente diferente em complexidade estrutural e funcionamento do que o anterior, que conceitos e teorias são independentes de escalas. De sua parte, os geógrafos trataram, recentemente, muito da interação local-global (para exemplo, Cooke, 1986; Dunford e Kafkalas, 1992) mas, paradoxalmente, até eles falharam, até agora, em articular um quadro analítico coerente ou convincente que ligasse as diferentes escalas conceitual e materialmente. Esta ausência é particularmente visível na era atual, à medida que a transnacionalização e a internacionalização rompem rapidamente nossas noções convencionais de escala geográfica, tornando qualquer simples divisão hierárquica da economia espacial em níveis local, regional, nacional e internacional cada vez mais ambígua.

Do mesmo modo, há uma evidente necessidade de dedicar-se uma atenção teórica muito maior aos serviços tanto em economia, como em geografia econômica. Apesar do papel central que estes serviços desempenham agora na economia capitalista, muitos economistas e geógrafos continuam a negar que a enorme mudança em direção aos serviços tenha alterado qualquer das forças e categorias fundamentais ao industrialismo. Ou a centralidade dos serviços é rejeitada como sendo um mito (Cohen e Zysman, 1987), ou, se sua importância empírica é reconhecida, presume-se que os serviços funcionem de acordo com as mesmas lógicas e leis econômicas que caracterizam a indústria e podem portanto ser explicados usando as mesmas teorias e conceitos (posição adotada por muitos geógrafos econômicos). Nenhuma das duas posturas se evidencia como verdadeira. A natureza e as forças de produção, a forma da relação capital-trabalho e a relação entre trabalho e produto, a materialidade e a fungibilidade do produto, e o relacionamento entre produção e consumo, são todos suficientemente diferentes — não apenas em grau mas também em tipo — da indústria como definida convencionalmente, que a maioria dos serviços não pode simplesmente ser varrida por debaixo do tapete do "industrialismo". Os serviços não só modificaram a natureza da acumulação capitalista, eles alteraram também o processo e o modo da regulação econômica. Nem a economia nem a geografia econômica parecem ter compreendido este fato totalmente. Todavia, elaborar uma nova economia e uma nova geografia econômica que dêem importância à conceitualização dos serviços está longe de ser simples. A mera diversidade das atividades de serviço, que vão desde os serviços públicos em uma ponta, passam pelo amplo espectro de serviços pessoais, de consumidor, de distribuidor e de produtor, para os serviços financeiros globais na outra, devem suscitar questões fundamentais acerca da aplicabilidade de um único corpo de teoria econômica ou geográfica.

Existem, também, importantes lacunas com respeito à mudança tecnológica e o papel do estado. Tanto em economia como em geografia econômica, a mudança tecnológica e o estado não são geralmente tratados como forças sócio-institucionais endógenas dentro do processo de desenvolvimento capitalista, mas como variáveis exógenas. Não obstante a recente profusão de literatura documentando a história da mudança tecnológica e seu relacionamento com o crescimento nacional e regional, esta permaneceu essencialmente fora de qualquer corpo teórico formal. Algumas tentativas feitas para teorizar as dinâmicas histórica e espacial da mudança tecnológica fluíram principalmente das economias marxista, schumpeteriana ou de ciclo de vida do produto. Muito embora estas perspectivas certamente reconheçam a centralidade da mudança tecnológica, elas a tratam de forma um tanto mecânica, por exemplo, como o inevitável desfecho da competição capitalista, ou como um fenômeno tipo onda, estimulado pelo agrupamento periódico de inovações-chave, e não captam a verdadeira natureza e dinâmica da tecnologia como processo social, institucional e cultural. Em relação ao estado, na maioria das vezes, seu papel na formação do panorama econômico é ignorado ou marginalizado, ficando subordinado aos imperativos estruturais do desenvolvimento capitalista. Nas ocasiões em que a intervenção do estado é abordada, a tendência é mais em termos do impacto desta ou daquela política específica do que o papel do estado em um sentido sistêmico mais fundamental. Dada a importância do estado como regulador, produtor, comprador e redistribuidor, qualquer tentativa de elaborar uma teoria regional realista deve trazer o estado para o primeiro plano. A reestruturação contemporânea da intervenção do estado na mudança para um novo capitalismo reforça esta necessidade. Pois, ao contrário da crença em voga em determinados círculos, o estado não está simplesmente "se esvaindo", abalado por dentro pela descentralização espacial e econômica e pela globalização por fora, mas, ao contrário, continua exercendo sua forte influência na natureza, evolução e geografia do capitalismo global (Hirst e Thompson, 1992; Martin, 1993).

Estes exemplos são suficientes para enfatizar a necessidade que os geógrafos têm de ampliar seus interesses empíricos e analíticos além de sua preocupação, há muito existente, com o desenvolvimento industrial. De fato, apesar de toda reavaliação e reformulação dos últimos anos, a geografia econômica continua sendo preponderantemente uma geografia *industrial*. Como conseqüência, na maioria das vezes as interpretações das novas realidades econômicas têm sido examinadas por uma ótica particular e um tanto restrita: o pós-fordismo e as teses da especialização flexível ilustram amplamente esta miopia. As novas realidades se estendem muito além do domínio da produção industrial, e é pouco provável que os conceitos, teorias e perspectivas criados para explicá-la sejam apropriados para compreender totalmente a complexidade daquelas. Nem é persuasivo argumentar que, apesar da recente marcha dos acontecimentos e das mudanças, o setor industrial continua sendo a fonte suprema de propulsão da economia capitalista. As geografias de dinheiro, informação, tecnologia, consumo, serviços e regulação estatal são todas de igual importância; e cada uma suscita seus próprios problemas e questões.

A epistemologia pós-modernista e o panorama econômico

O desafio, no entanto, não é apenas achar novas estruturas teóricas mais apropriadas para as realidades econômicas em mutação, qualquer que seja a orientação destas novas abordagens. É, também, o de confrontar a crítica pós-modernista que diz respeito à natureza das explicações "adequadas", às limitações de todos os esquemas conceituais e teóricos. Se a natureza mutante da economia capitalista abalou a relevância da teoria econômica e geográfica estabelecida, o pós-modernismo ameaça as próprias fundações epistemológicas sobre as quais essa teoria está baseada. O que está em questão em determinados setores, tanto da economia como da geografia econômica, não é simplesmente *qual* teoria, mas a própria *idéia* de teoria em si.

O modernismo repousa na crença de que o mundo pode ser compreendido e controlado pela aplicação da ciência e da razão, que por debaixo do aparente caos e caprichos da vida econômica e social, percebem-se tendências universais e pontos em comum. O papel da ciência social é desnudar esta subjacente realidade externa: desta maneira, o funcionamento da sociedade e da economia pode ser racionalizado e administrado. O pós-modernismo contesta estas suposições e ambições. Em vez disso, somos incitados a ver o mundo mais como uma pluralidade de espaços e temporalidades heterogêneas, de diferenças e contingências do que semelhanças e necessidades: complexidade, indeterminância, contextualidade e incerteza são as novas senhas. Dada a sua visão anti-essencialista do mundo, a epistemologia pós-modernista envolve a rejeição de categorias totalizantes, teorias grandiosas, "meta-narrativas" e explicações racionalistas em favor de micro-narrativas ricas em contexto, conhecimento local e explicações particulares. Isto significa, por sua vez, abandonar o cânone modernista de que a verdade objetiva é um princípio acessível; ao contrário, para os pós-modernistas não existe uma verdade única e absoluta, mas "verdades" e "histórias" múltiplas (ver Pignansi e Lawson, 1988). A tarefa de explicar, portanto, torna-se uma análise de discurso e desconstrução, de revelar as estruturas discursivas, as convicções ideológicas e estratégias textuais que usamos, consciente ou inconscientemente, para estabelecer o conteúdo e a capacidade persuasiva de nossas diversas alegações de conhecimento.

Juntos, estes motivos pareceriam atacar o próprio edifício da moderna economia e da geografia econômica (ver McCloskey, 1986, 1988; Klamer *et al.*, 1988; Phelps, 1990; Samuels, 1990; Ruccio, 1991). De um lado, o pós-modernismo foi usado para erigir as críticas metodológicas e epistemológicas dos cânones e teorias das correntes principais modernistas, e atacar suas fundações científicas, essencialistas e verificacionistas. Em segundo lugar, promoveu um interesse considerável pela economia como discurso, pelos sistemas de linguagem, retórica e persuasão que os economistas empregam em seus modelos, teorias e paradigmas. Em terceiro lugar, ele começou a desafiar o conteúdo e as categorias centrais da matéria. Quanto à geografia econômica, existe igualmente um interesse crescente pelos tropos metafóricos e pelas práticas discursivas que permeiam as diversas teorias e explicações da paisagem econômica. Além disso, a virada pós-modernista na geografia econômica é também fundamentada na convicção de que um dos grandes sinais do novo capitalismo é a maior diversidade econômica, social e espacial, uma fragmentação generalizada que supostamente solapa o escopo da teorização genérica. O elogio pós-modernista ao sincrônico e espacial em detrimento do diacrônico e temporal e a sua priorização do fragmentário sobre o geral foram aproveitados por alguns geógrafos para trazer o local e o singular (de volta) à agenda da pesquisa. A particularidade espacial, o contexto local e a especificidade do lugar assumiram proeminência como referências analíticas, o que, na verdade, é uma nova maneira de focalizar a "diferenciação de área" (ver Barnes, 1989; Cooke, 1986, 1989; Gregory, 1987; Soja, 1989; *Society and Space*, 1987).

Deve-se dizer, no entanto, que grande parte do "pensamento pós-modernista" em economia e geografia econômica foi mais um exercício de doxografia — a citação litúrgica das opiniões e idéias dos filósofos "quentes" pós-modernistas e desconstrucionistas franceses (Foucault, Derrida, Lyotard e assim por diante) e os outrora "frios" mas agora redescobertos e igualmente "quentes" Wittgenstein e Nietzche — do que a construção de uma economia pós-moderna identificável (Dow, 1990, 1991) ou geografia econômica pós-moderna (Barnes e Curry, 1992). Isto talvez não seja surpresa, uma vez que não há teoria social ou paradigma "pós-moderno" coerente ou consistente ao qual se possa recorrer (Best e Kellner, 1991; Rose, 1991). Alguns teóricos pós-modernos como Lyotard e Foucault se concentram em desenvolver novas categorias de conhecimento e novos modos radicais de pensamento e discurso. Outros consideram o projeto epistemológico pós-moderno como sendo essencialmente desconstrucionista, de revelar as deficiências das teorias e práticas modernistas. Outros ainda, como Jameson e Harvey, utilizam a teoria modernista (essencialmente marxista) para analisar e explicar os aspectos econômicos, sociais e culturais pós-modernos. Muito embora os teóricos pós-modernos tenham lançado valiosa luz sobre as novas tecnologias, sobre o hiperconsumo e sobre a mercantilização cultural e informacional que caracterizam o novo capitalismo de nossos tempos, até agora nenhum ofereceu uma análise ou conceitualização adequada da economia ou de seu relacionamento com o estado e a globalização. Na verdade, a maioria dos teóricos quer descentrar totalmente a economia, a fim de concentrar-se nos fenômenos micropolíticos e microculturais. Não é surpresa, portanto, que a virada pós-moderna na economia e na geografia econômica não tenham ficado sem contestações (para o caso da economia, ver Coats, 1988; Maki, 1988; Rappaport, 1988; Rosenberg, 1988; em geografia, ver Harvey, 1987; Harvey e Scott, 1989). Mas, embora as perspectivas de uma metodologia ou teoria integrada pós-moderna em economia ou geografia econômica pós-moderna pareçam limitadas, senão autocontraditórias, existem, contudo, questões que emanam do debate pós-modernista que se chocam com a conduta e o conteúdo da economia e da geografia econômica e que impedem uma rejeição fácil ou incorporação tranqüila aos paradigmas existentes. Três questões inter-relacionadas merecem discussão específica.

A primeira é que o desafio pós-moderno nos obriga a um exame crítico muito mais apurado quanto ao significado de "realidade econômica" e seu relacionamento com os vários modelos teóricos e modos de discurso usados por nós. Como modo de discurso, a geografia econômica, à semelhança da economia à qual ela recorre, está inextricavelmente ligada à estrutura e ao conteúdo da linguagem por ela usada e pelas visões de mundo e ideologias que sustentam os diferentes sistemas discursivos. A economia espacial é caracterizada por enorme complexidade, heterogeneidade e variabilidade. Esta diversidade permite uma multiplicidade de interpretações e explicações. Como conseqüência, existem múltiplas especificações de "realidade" das quais escolher, e nossas escolhas são profundamente influenciadas por disposições ideológicas e formações lingüísticas. As ideologias, os sistemas de convicções pelos quais percebemos e interpretamos os planos que ordenam nossas vidas são "construções sociais" de realidade. Elas são as estruturas conceituais pelas quais se impõe a ordem e se outorga legitimidade moral à matéria bruta da qual o entendimento social é moldado (Heilbroner, 1990). A economia e a geografia econômica são, pois, inescapavelmente ideológicas. Teorias diferentes são baseadas em diferentes sistemas de convicções, e como tal, constroem imagens ou "leituras" diferentes da "economia". As diferentes abordagens usadas pelos geógrafos econômicos incorporam diferentes visões de mundo com relação ao funcionamento da economia capitalista, a natureza do desenvolvimento desigual, o papel da localização na tomada de decisão econômica e daí por diante. Grande parte do conteúdo "conceitual" de explicações diferentes são, na verdade, estratégias metafóricas e retóricas pelas quais determinados aspectos e representações da realidade são selecionados enquanto outros são rejeitados. Ademais, nossa escolha de uma teoria é influenciada por nossa própria ideologia que, por sua vez, depende de nossa própria integração social dentro da mesma estrutura que estamos tentando conceitualizar.

O reconhecimento de um conteúdo inextricavelmente ideológico para a geografia econômica desafia a realidade "objetiva" da economia espacial. Obriga-nos a admitir a ambigüidade de nosso objetivo de pesquisa: que embora a "economia espacial" seja existencialmente independente de qualquer pesquisador individual, nosso conhecimento dela é necessariamente constituído de forma ideológica e discursiva. Fatos são específicos do discurso. Mesmo que todos os economistas e geógrafos econômicos fossem realistas filosóficos, acreditando que o real existe independente de nossa idéia dele, ainda há a inevitável necessidade de ter que escolher entre especificações alternativas e concorrentes do "real", e essas escolhas são profundamente influenciadas por nossas predisposições ideológicas. Isto também sugere que disputas entre explicações e abordagens alternativas não podem simplesmente ser decididas por meio da demonstração racional, visto que cada teoria predetermina, em conformidade com sua própria interpretação da realidade, as categorias empíricas, ou "fatos", ou critérios de teste, que serão usados para aferir a sua validade. A escolha entre escolas concorrentes de pensamento é assim inerentemente retórica e ideológica, e esses aspectos de nossas teorias devem ser revelados e criticamente examinados. Construída como discurso, a geografia econômica adquire, então, um elemento interpretativo ou *hermenêutico* essencial. Todavia, tudo isto não significa um recuo para a confusão pós-modernista de teorias ou afirmações conflitantes e irreconciliáveis quanto à natureza da economia espacial e sua explicação "correta". Uma coisa é revelar o papel central (e freqüentemente ofuscante) que a ideologia e a metáfora desempenham em nossas explicações; mas não resulta, como McCloskey (1986) incorretamente sustenta no caso da economia, que isto é tudo que existe e que devemos abandonar por completo a epistemologia e a metodologia. O reconhecimento da geografia econômica como discurso, como ideologia, deveria conferir à disciplina uma autoconscientização e não uma autodestrutibilidade.

A segunda questão é que o pós-modernismo dirige nossa atenção para a inconclusividade e o relativismo de nossas explicações e análises. O relativismo expõe a perspectiva de que a verdade é dependente de paradigmas ou teoria. Para o relativista não há uma estrutura explanatória abrangente única ou monismo teórico mas, ao contrário, uma pluralidade não redutível de esquemas e paradigmas conceituais. Os pós-modernistas, porém, vão ainda mais longe e lançam o relativismo a seus extremos: não existe capacidade decisória quanto ao significado, e tudo que é possível são multiplicidades de conhecimentos fragmentados, parciais e igualmente válidos. Dentro da geografia econômica, esta ênfase no relativismo e pluralismo veio à tona no ataque à teorização realista e no foco agora conferido à particularidade espacial e à unicidade do lugar (ver Hudson, 1988). O problema com este enfoque é que o que começa como um interesse legítimo pela diversidade e a diferença pode, facilmente, transformar-se em um pluralismo niilístico que substitua a causação por contingência e o sistemático pelo específico. Embora seja correto realçar a importância da diferença e da especificidade na economia espacial, não se deduz daí que a generalização e a síntese não estão por isso excluídas. Aceitar o contrário carrega em si o perigo de um recuo retroprogressivo da teoria para o detalhamento descritivo empiricista de características específicas de lugar, para um realismo de "ontologia vazia" (Bhaskar, 1990) do tipo que tanto caracteriza a "pesquisa de localidade" nos últimos anos e que Harvey (1987) critica com razão.

É ilusória a impressão, dada pela "reviravolta relativista radical" na geografia econômica, de que atribuir proeminência à especificidade, particularidade e diferença espaciais impõe uma séria, senão fatal, coerção sobre as probabilidades e a conveniência de se recorrer a conceitos explanatórios integrativos. Uma posição pós-moderna extrema que negasse qualquer possibilidade de elaboração ou uso de conceitos gerais para explicar os variados processos de espacialidade no desenvolvimento econômico seria contraditória. Pois este quadro seria por si equivalente a uma "supernarrativa" alternativa, ou, a uma concepção geral de lógicas localmente específicas da acumulação e produção econômica e implicaria, portanto, uma certa visão de como e por que essa diversidade e especificidade espacial existe. Negar qualquer papel da teoria e conceitos generalizantes, como Hudson e outros parecem querer fazer, é argumentar que todos os eventos locais e mudanças na economia espacial são, em última análise, totalmente contingentes e únicos; ou seja, é argumentar a favor do *excepcionalismo espacial*. Mas, além da mera afirmação, sem alguma prévia identificação e teorização de estruturas e processos de grande escala, por mais vaga que essa prévia teorização possa ser, não há meios de saber o que constitui instância local espacial à qual se aplicam processos específicos, ou quando e que contingências particulares devem ser tomadas a sério.

Por conseguinte, embora o novo relativismo certamente coloque algumas rigorosas questões para o realismo, é incorreto considerar essas duas epistêmicas como irreconciliavelmente opostas. Enquanto as abordagens realistas à análise da paisagem econômica envolve uma conceituação estrutural dos mecanismos e poderes causais, não pode haver tentativa definitiva de determinar a natureza destes mecanismos e poderes de uma vez por todas. Ao contrário, os argumentos realistas são transcendentes em caráter, tendo a ver com o que a realidade deve ser para que determinadas características gerais de experiência e aspectos da atuação humana sejam possíveis. Os realistas têm que aceitar ambas, a relatividade de todo conhecimento e a natureza *diferenciada* dos processos reais. Os processos econômicos operam numa variedade de diferentes níveis de abstração, o que do ponto de vista geográfico, também significa em diferentes escalas espaciais. Portanto, uma abordagem realista tem de sustentar a idéia de que uma pluralidade de níveis funciona no campo sócio-econômico, e que em cada nível uma quantidade de fatores, processos e mecanismos estão geralmente em jogo (Lawson,

1989). Os eventos econômicos locais devem, portanto, ser explicados em termos do encaixe e da interação de ambos, as estruturas específicas locais e as estruturas mais gerais, nacional e internacional, com a importância relativa e interação desses diferentes campos espaciais de poderes causais variando de área para área. A pluralidade real deste tipo necessita do pluralismo conceitual, dada a natureza da economia e da relatividade epistêmica: não se deve nem deveria se esperar que uma única teoria "revelasse" a complexa totalidade. Em princípio, esta abordagem evita tanto as ciladas do grosseiro determinismo totalizante do tipo reducionista econômico como o pluralismo sem restrições do pós-modernismo: ela combina a busca de explicações de estruturas profundas com o reconhecimento de que essas explicações são, contudo, diferenciadas de lugar para lugar. Epistemologicamente falando, o relativismo deve ser adotado abertamente pelos teóricos realistas.

Uma terceira implicação também estreitamente ligada ao debate pós-modernista é que os eventos econômicos são necessariamente contextuais, isto é, encravados em estruturas espaciais de relações sociais e que nossas explicações deveriam explicitamente procurar incorporar este fato. As principais escolas da teoria econômica não tratam adequadamente, se é que o fazem, da questão do contexto social e de sua implementação. Na verdade, os pressupostos predominantes têm sido que o comportamento econômico tem se tornado mais autônomo com a marcha da industrialização e modernização (ver Granovetter, 1985). A teoria neoclássica apresenta um modelo distinto de produção e distribuição econômica subcontextualizado, baseado em um conceito de comportamento econômico de ator-atomizado. A política econômica marxista, por outro lado, interpreta a ação econômica em termos de conflitos de classe mecânicos, macro-estruturais, quando relega os complexos aspectos específicos do sócio-institucional à condição de meros epifenômenos. E, como já apontamos, mesmo a teoria de regulação com sua ênfase no modo de regulação deixa de oferecer uma conceitualização adequada dos processos e estruturas institucionais. Na medida em que se tentou sensibilizar essas perspectivas teóricas para as relações sociais e condições institucionais, essas últimas são encaradas meramente como sendo originárias da lógica econômica subjacente e dos imperativos do sistema e facilitando-os.

Entre as diversas abordagens alternativas recentemente sugeridas por geógrafos econômicos para tratar com o contexto na paisagem econômica, o mais proeminente é o modelo neo-ricardiano de Sraffia de produção de utilidades (ver Barnes, 1989). Afirma-se que a atração desta forma de economia é oferecer uma teoria econômica de reprodução sem valor e não-essencialista. Retrata-se a economia como um sistema circular em que, a cada estágio, bens são produzidos por outros bens, de modo que nunca há uma fonte final de valor. Conseqüentemente, "devemos esperar para aprender como se atribui valor às coisas em diferentes lugares e em tempos diferentes; devemos examinar o contexto" (Barnes, 1989, p.145). De acordo com seus expoentes, a economia de Sraffia permite aos geógrafos econômicos examinar em que contexto geográfico específico as condições técnicas, sociais e institucionais da produção estão embutidas. Esta dependência do contexto, continua a argumentação, significa que o modelo econômico de Sraffia é compatível com o pluralismo metodológico: em determinado contexto, uma abordagem estruturalista pode ser pertinente; em outro, enfatizar o agenciamento humano pode ser mais relevante, enquanto que em outro, ainda, tanto a estrutura quanto o agenciamento podem ser importantes. Contudo, embora louvável em suas intenções, a geografia econômica de Sraffia não oferece o avanço reivindicado por seus protagonistas. Argumentar que a força da perspectiva de Sraffia deriva mais do que ela omite do que propriamente diz, pode compreensivelmente parecer estranho. Além de suas diversas deficiências como teorização da produção econômica (sua carência de mecanismos econômicos, seu tratamento simplista da tecnologia, sua carência de dinâmica histórica, apenas para citar algumas), e o fato que ela *tem* uma teoria de valor (isto é, um conceito de custo de produção), o fato é que ela ilumina o contexto sócio-espacial apenas invocando o mesmo como um acessório explicativo extra-econômico.

Portanto, elaborar uma economia contextual e uma geografia econômica em que o embutimento sócio-espacial é movido mais para o centro do palco do que rebaixado para um eventual papel secundário, subsiste como tarefa básica. A recente renovação e reformulação da economia evolucionária institucional de Veblen pode muito bem oferecer uma oportunidade nesta direção (ver Tool, 1988; Wisman e Rozansky, 1991; North, 1992). A economia evolucionária institucional — não confundir com "nova economia institucional de inspiração neoclássica e orientada pela eficiência" (ver Williamson, 1985; Eggertsson, 1990) busca explicitamente integrar a análise institucional no estudo da economia e seu desempenho. Em seu nível mais geral, a economia institucional neovebliana postula uma visão sistêmica, holística e evolucionária da economia, em que a tecnologia é a força motriz da mudança econômica evolucionária, o comportamento humano é um produto social, as instituições são a unidade básica de análise e onde o contexto social é caracterizado por poder, conflito e interesses dissimulados. Ela está centrada sobre o processo de mudança inerente ao conjunto de instituições que chamamos de sistema econômico, onde por instituições se designa aquelas formas de organização social que, através da ação do hábito, tradição e repressão legal, tendem a criar e reproduzir padrões rotineiros e duráveis de comportamento. Metodológica e conceitualmente, a economia institucional é forçosamente contextual, realista e relativista: as estruturas institucionais funcionam em uma variedade de níveis e variam e interagem de maneiras diferentes no tempo e no espaço. Deste modo, não poderá haver uma teoria universal de estruturas institucionais e de evolução, de comportamento econômico e desempenho: ao contrário, as explicações serão relativas à época e ao lugar. Alguns foram tão longe a ponto de afirmar que, dados esses atributos, a economia institucionalista é, na verdade, intrinsecamente "pós-moderna" em seu caráter (Brown, 1991). Seja este ponto de vista aceito ou não, o fato é que a geografia econômica poderia beneficiar-se notavelmente ao incorporar e adaptar os desenvolvimentos que ora ocorrem na evolucionária economia política institucional.

Restará pouca dúvida, portanto, que, de várias maneiras, o "desafio pós-moderno" está fazendo com que os geógrafos econômicos examinem com mais afinco sua maneira de explicar e teorizar. Embora isto não ofereça por si só uma visão satisfatória da economia, nem uma orientação programática quanto à elaboração ou conteúdo da teoria econômica ou geográfica, obriga-nos a atribuir uma maior importância epistemológica ao caráter pluralístico da economia espacial contemporânea, não apenas no sentido de reconhecer a diversidade de suas formas de superfície, como também no sentido de incorporar esta diversidade explicitamente em nossas categorias conceituais e modos de explicação. Também nos obriga a questionar a autoridade e o posicionamento de nossas pretensões de conhecimento. Todo pensamento econômico é um processo saturado de poder que é usado para explicar, intervir e perpetuar a esfera da atividade social que é por si só um sistema de relações de poder. Devemos, portanto, ser sensíveis às políticas de inclusão, exclusão e centrismo que impregnam nossas tentativas de moldar e retratar os modos de vida de outros. Tanto a economia como a geografia econômica, por exemplo, continuam a ser dominadas por uma visão anglo-americana, e centrada no masculino, do desenvolvimento capitalista. Neste e em outros aspectos deveríamos procurar descentrar nossas estruturas conceituais e teóricas.

Poslúdio: em direção a uma geografia econômica de múltiplas dimensões, perspectivas e vozes

Meu propósito neste capítulo foi indicar um caminho seletivo mas, esperamos, suficientemente representativo dos desafios e mudanças que atualmente afetam a geografia econômica. Não é minha intenção proferir, à guisa de conclusão, declarações detalhadas ou promissoras sobre para onde devemos seguir a partir daqui. É apropriado, contudo, apontar para um ou dois aspectos do tipo de programa de trabalho envolvidos na discussão anterior. À medida que ingressamos em novo campo histórico do desenvolvimento capitalista, há uma evidência cada vez maior de que precisamos de novos conceitos e teorias para que as novas realidades façam sentido. Não é nem suficiente nem convincente tentar forçar as novas realidades nas perspectivas dos esquemas conceituais das principais correntes econômicas, esquemas que, de qualquer modo, não seriam particularmente relevantes mesmo para as "antigas" realidades. As diversas tentativas de revisar e reformular as teorias dessas principais correntes, em resposta a circunstâncias em mutação, não provaram ser adequadas à tarefa. Na verdade, essas revisões não são destituídas de valor. Mas representam mais um sinal da deterioração dos paradigmas centrais do que uma bem-sucedida adaptação às circunstâncias empíricas em mutação. Precisamos desesperadamente de novos mapas cognitivos da paisagem econômica, para não falar em novas estratégias políticas de intervenção nessa paisagem. Não queremos com isto defender o estabelecimento de um novo conceito-mestre ou narrativa da dinâmica da localização industrial ou do desenvolvimento regional. Em vez disso, o programa de trabalho deveria ser o da reconstrução de geografia econômica que é muito mais *multidimensional, multivocal e de múltiplas perspectivas.*

Uma geografia econômica multidimensional procuraria oferecer uma análise dos diferentes níveis ou campos do processo econômico e as maneiras pelas quais estes campos interagem para produzir uma configuração específica de desenvolvimento desigual. Teria que considerar pelo menos quatro desses níveis: a microeconomia de indivíduos e empresas; a macroeconomia da nação-estado; a economia do capital e finanças transnacionais; e a economia global ou mundial. Cada uma dessas esferas ou níveis é uma variável parcialmente dependente. Nenhuma controla completamente as outras, e nenhuma é tampouco totalmente independente de outras. A geografia econômica deve, portanto, abranger todas as quatro; deve procurar conceitualizar as conexões entre esses níveis, e como e por que sua interação e importância relativa variam de lugar a lugar, e modela as diferenças entre diferentes regiões e localidades: como, em outras palavras, o significado de eventos econômicos varia com a escala geográfica, e como esta última, ela própria um artefato sócio-econômico, é feita e refeita. Uma geografia econômica multidimensional é, portanto, não-redutiva e contextual: a integrabilidade sócio-institucional de processos econômicos significa que a "economia espacial" é tanto *artefato complexo* quanto *contexto estrutural*. Não pode haver uma teoria única unificadora ou princípio totalizante para integrar ou sintetizar esta complexidade. Uma geografia econômica multidimensional também tem múltiplas perspectivas, aberta a uma vasta gama de teorias e perspectivas sobre os campos da realidade da economia espacial e como elas se constituem e interagem. Qualquer perspectiva dada ou posição teórica vantajosa é seletiva, e inevitavelmente mediada por nossa própria preexistente visão de mundo, pressupostos, valores e interesses (ou o que Schumpeter uma vez se referiu como "cognição pré-analítica"). A geografia econômica de múltiplas perspectivas é, portanto, relativista e hermenêutica. Deve, por conseguinte, também ser multivocal: isto é, preocupar-se em reconhecer e atribuir substancial importância teórica explícita aos diferentes grupos sociais que constituem a "economia", de incorporar as experiências e papéis específicos de determinados grupos ou comunidades ao invés de os ocultar ou agrupar sob categorias supostamente "neutras" e tipos "gerais". A necessidade de introduzir um corretivo de gênero em nossa lente analítica é um ponto básico em questão (Seitz, 1992).

Isto não é, porém, sancionar uma multiplicidade de fragmentadas microperspectivas e interpretações pós-modernistas. O tipo de microexplicações e planejamentos patrocinados por alguns teóricos pós-modernos oferecem, inquestionavelmente, um corretivo para as tendências totalizantes e ultrageneralizantes da moderna economia e geografia econômica. Mas eles próprios não oferecem uma estrutura viável para entender a economia e sua organização espacial. Precisamos ainda de teorias que se empenhem em conceitualizar, descrever e interpretar os processos macro-sócio-econômicos, particularmente aqueles que são centrais à derivada trajetória do desenvolvimento capitalista (por exemplo, mudança tecnológica, terciarização, mercantilização cultural, regulamentação estatal, globalização, e daí em diante). Sem estas macroteorias, perdemos o sentido das características sistêmicas e relações que estruturam a economia espacial contemporânea, e de como os diferentes grupos sociais e comunidades se relacionam com e são afetados pelo sistema mais amplo. Uma geografia econômica reorganizada não pode, portanto, abandonar o macro pelo micro, mas deve procurar integrar os dois. Por "integrar" eu não quero dizer aqui a busca por algum texto magistral ou síntese superabrangente, do tipo cuja perda é deplorada por Drucker na nota introdutória deste capítulo, mas *articulação*. Isto é, um método de investigação e explicação que reconheça que as características complexas e mutáveis da economia espacial não são determináveis dentro dos parâmetros de uma singular estrutura teórica altamente abrangente, mas que, ao contrário, envolve a articulação diferencial de conceitos, suposições e princípios em variados graus de abstração situados em diferentes planos de análise e retirados de diferentes sistemas teóricos e perspectivas analíticas. Uma orientação como essa criaria o espaço muito necessário para uma abordagem mais antropológica, interpretativa e contextual da geografia econômica, e evitaria o empirismo que deriva de uma exclusiva ênfase nas aparências, o essencialismo e o reducionismo que derivam de uma ênfase exclusiva em uma forma específica de economia de estrutura profunda, e a subsunção do "particular" *versus* o "geral".

Agradecimentos

Versões anteriores deste capítulo foram apresentadas como seminários nos Departamentos de Geografia nas Universidades de Cambridge e Oxford. Tentei incorporar a grande quantidade de comentários úteis feitos naquelas ocasiões. Desejo também agradecer a Peter Sunley (Geografia, Universidade de Edimburgo) e a Tony Lawson (Economia, Universidade de Cambridge) por suas críticas construtivas.

Referências bibliográficas

Aglietta, M. (1979) *A Theory of Capitalist Regulation: The US Experience* (Nova York: Basic Books)

Amin, A. e F. Robinson (1990) 'Industrial Districts and Regional Development: Limits and Possibilities', em F. Pike, G. Becattini e W. Sengenberger (orgs.), *Industrial Districts and Inter-Firm Cooperation in Italy* (Genebra: Institute for Labour Studies), p.185- 219.

Barnes, T.J. (1989) 'Place, Space and Theories of Economic Value: Contextualism and Essentialism in Economic Geography', *Transactions, Institute of British Geographers, NS*, vol.14, p.299-316.

Barnes, T.J. (1992) 'Postmodernism in Economic Geography: Metaphor and the Construction of Alterity', *Society and Space*, vol.10, p.57-68.

Best, M.H. (1990) *The New Competition: Institutions of Industrial Restructuring* (Cambridge: Polity).

Best, S. e D. Kellner (1991) *Postmodern Theory: Critical Interrogations* (Londres: Macmillan).

Bharadwaj, K. e B. Schefold (orgs.) (1992) *Essays on Piero Sraffa: Critical Perspectives on the Revival of Classical Theory* (Londres: Routledge e Kegan Paul).

Bhaskar, R. (1990) *Reclaiming Reality: A Critical Introduction to Contemporary Philosophy* (Londres: Verso).

Block, F. (1990) *Postindustrial Possibilities: A Critique of Economic Discourse* (Berkeley: University of California Press).

Boyer, R. (1990) *The Regulation School: A Critical Introduction* (Nova York: Columbia University Press).

Brenner, R. e M. Glick (1992) 'The Regulation Approach: Theory and History', *New Left Review*, vol.192, p.45-119.

Brown, D. (1991) 'An Institutionalist Look at Postmodernism', *Journal of Economic Issues*, vol.25, p.1089-103.

Callinicos, A. (1989) *Against Postmodernism: A Marxist Critique* (Cambridge: Polity).

Castells, M. (1989) *The Informational City: Information Technology, Economic Restructuring and the Urban-Regional Process* (Oxford: Basil Blackwell).

Clark, G.L., M.S. Gertler e J. Whiteman (1986) *Regional Dynamics: Studies in Adjustment Theory* (Londres: Allen e Unwin).

Clark, N. e C. Juma (1987) *Long-run Economics: An Evolutionary Approach to Economic Change* (Londres: Pinter).

Coats, A.W. (1988) 'Economic Rhetoric: The Social and Historical Context', em A. Klamer, D. McCloskey e R.M. Solow (orgs.), *The Consequences of Economic Rhetoric* (Nova York: Cambridge University Press).

Cohen, e Zysman (1987) *Manufacturing Matters: The Myth of the Post-industrial Economy* (Nova York: Basic Books)

Cole, K., J. Cameron e C. Edwards (1991) *Why Economists Disagree: The Political Economy of Economics* (Londres: Longman).

Cooke, P. (1986) *Global Restructuring: Local Response* (Londres: ESRC).

Cooke, P. (1989) *Localities* (Londres: Unwin-Hyman).

Crook, S., J. Pakulski e M. Waters (1992) *Postmodernization: Change in Advanced Society* (Londres: Sage).

Dosi, R., C. Freeman, R. Nelson, S. Silverberg e L. Soete (orgs.) (1988) *Technical Change and Economic Theory* (Londres: Frances Pinter).

Dow, S. (1990) 'Is There Such a Thing as Postmodern Economics?', mimeografado, Department of Economics, University of Stirling.

Dow, S. (1991) 'Postmodernism and Economics', em J. Doherty, E. Graham e M. Malek (orgs.), *Postmodernism and the Social Sciences* (Londres: Macmillan).

Drucker, P. (1989) *The New Realities* (Oxford: Heinemann). [Ed. bras.: *As novas realidades*. São Paulo: Editora Pioneira, 1993.]

Drucker, P. (1993) *Post-capitalist Society* (Oxford: Butterworths). [Ed. bras.: *Sociedade pós-capitalista*. São Paulo: Pioneira, 1994.]

Dunford, M. (1990) 'Theories of Regulation', *Society and Space*, vol.8, p.297-322.

Dunford, M. e G. Kafkalas (orgs.) (1992) *Cities and Regions in the New Europe* (Londres: Bellhaven).

Economic Geography (1992) 'Rational Choice, Collective Action and Technological Learning', *Economic Geography*, vol.68, nº 1 (exemplar temático).

Eggertsson, T. (1990) *Economic Behaviour and Institutions* (Cambridge University Press).

Eichner, A.S. (1986) *Towards a New Economics* (Londres: Macmillan).

Elam, M. (1990) 'Puzzling out the Post-Fordist Debate: Technology, Markets and Institutions', *Economic and Industrial Democracy*, vol.11 p.9-37.

Elster, J. (1985) *Making Sense of Marx* (Cambridge University Press).

Gertler, M. (1988) 'The Limits to Flexibility: Comments on the Post-Fordist Vision of Production and its Geography', *Transactions, Institute of British Geographers, NS*, vol.13, p.419-32.

Gertler, M. (1992) 'Flexibility Revisited: Districts, Nation-States and the Forces of Production', *Transactions, Institute of British Geographers, NS*, vol.17, p.259-78.

Gill, S. e D. Law (1988) *The Global Polictical Economy* (Londres: Harvester Wheatsheaf).

Gordon, R.J. (1990) 'What Is New-Keynesian Economics?', *Journal of Economic Literature*, vol.28, p.1115-71.

Granovetter, M. (1985) 'Economic Action and Social Structure: The Problem of Embeddedness', *American Journal of Sociology*, vol.91, p.481-510.

Gregory, D.J. (1987) 'Areal Differentiation and Postmodern Human Geography', em D.J. Gregory e R. Walford (orgs.), *Horizons in Human Geography* (Londres: Macmillan), p.67-96.

Hall, S. e M. Jacques (1989) *New Times: The Changing Face of Politics in the 1990s* (Londres: Lawrence e Wishart).

Harrison, B. (1992) 'Industrial Districts: Olde Wine in New Bottles?' *Regional Studies*, vol.26, p.469-84.

Harvey, D. (1987) 'Three Myths in Search of a Reality in Urban Studies', *Society and Space*, vol.5, nº 4, p.53-65.

Harvey, D. (1989a) 'The Geographical e Geopolitical Consequences of the Transition from Fordism to Flexible Accumulation', em G. Sternlieb (org.), *The New American Economic Geography* (Nova York: Rutgers University Press).

Harvey, D. (1989b) *The Condition of Postmodernity* (Oxford: Basil Blackwell).

Harvey, D. e A.J. Scott (1989) 'The Practice of Human Geography: Theory and Empirical Specificity in the Transition from Fordism to Flexible Accumulation', em B. Macmillan (org.), *Remodelling Geography* (Oxford: Basil Blackwell, p.217-30).

Heilbroner, R. (1990) 'Economics as Ideology', em W.J. Samuels (org.), *Economics as Discourse: An Analysis of the Language of Economics* (Boston: Kluwer), p.101-16.

Henderson, J. e M. Castells (orgs.) (1987) *Global Restructuring and Territorial Development* (Londres: Sage).

Hirschorn, (1984) *Beyond Mechanization: Work and Technology in a Postindustrial Age* (Cambridge, Mass: MIT Press).

Hirst, P. e G. Thompson (1992) 'The Problem of Globalization: International Economic Relations, National Economic Management, and the Formation of Trading Blocs', *Economy and Society*, vol.21, nº 4, pp.357-96.

Hodgson, G. (1988) *Economics and Institutions: A Manifesto for a Modern Institutional Economics* (Cambridge: Polity).

Hodgson, G. (1993) *Economics and Evolution: Bringing Life Back into Economics* (Cambridge: Polity).

Hudson, R. (1988) 'Uneven Development in Capitalist Societies : Changing Spatial Division of Labour, Forms of Spatial Organization of Production and Service Provision, and their Impact on Localities', *Transactions of the Institute of British Geographers*, vol.13, p.484-96.

Jameson, F. (1991) *Postmodernism, or The Cultural Logic of Late Capitalism* (Londres: Verso).

Jessop, B. (1990) 'Regulation Theories in Retrospect and Prospect', *Economy and Society*, vol.19, p.153-216.

Jessop, B. (1990b) *State Theory: Putting Capitalist States in Their Place* (Cambridge: Polity).

Jessop, B. (1992) 'Post-Fordism and Flexible Specialisation: Incommensurable, Contradictory, Complementary, or Just Plain Different Perspectives?' em Ernst, H. e Meir, V (orgs.), *Regional Development and Contemporary Industrial Response* (Londres: Belhaven), p.25-43.

Klamer, A., D. McCloskey e R.M. Solow (orgs.) (1988) *The Consequences of Economic Rhetoric* (Nova York: Cambridge University Press).

Krugman, P. (org.) (1986) *Strategic Trade Policy and the New International Economics* (Cambridge, Mass: MIT Press).

Lash, S. e J. Urry (1987) *The End of Organised Capitalism* (Cambridge: Polity).

Lavoie, M. (1992) *Foundations of Post-Keynesian Economic Analysis* (Londres: Edward Elgar).

Lawson, T. (1989) 'Abstraction, Tendencies and Stylized Facts: A Realist Approach to Economic Analysis', *Cambridge Journal of Economics*, vol.13, nº 1, p.59- 78.

Letwin, O. (1988) *Privatising the World: A Study of International Privatisation in Theory and Practice* (Londres: Cassell).

Lipietz, A. (1992) *Towards a New Economic Order: PostFordism, Ecology and Democracy* (Cambridge: Polity).

Maki, U. (1988) 'How to Combine Rhetoric and Realism in the Methodology of Economics', *Economics and Philosophy*, vol.4, p.89-109).

Mankiw, N.G. e D. Romer (orgs.) (1992) *New Keynesian Economics* (2 vols.) (Londres).

Martin, R.L. (1989) 'The Reorganization of Regional Theory: Alternative Perspectives on the Changing Capitalist Space Economy', *Geoforum*, vol.20, p.187-201.

Martin, R.L. (1991) 'Flexible Futures and Post-Fordist Places' *Environment and Planning*, vol.22, p.1276-80.

Martin, R.L. (1993) 'Stateless Monies, Global Financial Integration and National Autonomy: The End of Geography?', em S. Corbridge, R.L.Martin e N.J. Thrift (orgs.) *Money, Power and Space* (Oxford: Basil Blackwell), p.253-78.

Martin, R.L. e R.E. Rowthorn (orgs.) (1986) *The Geography of Desindustrialisation* (Londres: Macmillan).

Massey, D. e J. Allen (orgs.) (1988) *Uneven Re-Development: Cities and Regions in Transition* (Londres: Hodder e Stoughton).

McCloskey, D. (1986) *The Rhetoric of Economics* (Brighton: Wheatsheaf).

McCloskey, D. (1988) 'The Consequences of Rhetoric', em A. Klamer, D. McCloskey e R.M. Solow (orgs.), *The Consequences of Economic Rhetic* (Nova York: Cambridge University Press).

Minsky, H.P. (1989) 'Financial Crises and the Evolution of Capitalism: The Crash of '87 — What Does it Mean?, em M. Gottdiener e N. Komninos (orgs.), *Capitalist Development and Crisis Theory: Accumulation, Regulation and Spatial Restructuring* (Londres: Macmillan), p.391- 403.

Murray, R. (1989) 'Fordism and PostFordism', em S. Hall e M. Jacques, *New Times: The Changing Face of Politics in the 1990s* (Londres: Lawrence e Wishart), p.38-53.

North, D.C. (1992) *Institutions, Institutional Change and Economic Performance* (Cambridge University Press).

Oakley, A. (1990) *Schumpeter's Theory of Capitalist Motion: A Critical Assessment and Exploration* (Londres: Edward Elgar).

O'Brien, R. (1992) *Global Financial Integration: The End of Geography* (Londres: Pinter Publishers).

Offe, C. (1986) *Disorganized Capitalism: Contemporary Transformations of Work and Politics* (Cambridge: Polity).

Ohmae, K. (1990) *The Borderless World* (Nova York: Harper Business).

Pack, S.J. (1985) *Reconstructing Marxian Economics: Marx Based upon a Sraffian Commodity Theory of Value* (Nova York: Praeger).

Peet, R. (1987) *International Capitalism and Industrial Restructuring* (Londres: Allen e Unwin).

Petit, P. (1986) *Slow Growth and the Service Economy* (Londres: Frances Pinter).

Phelps, E.S. (1990) *Seven Schools of Macroeconomic Thought* (Oxford University Press).

Pignansi, L.A. e H. Lawson (orgs.) (1988) *Dismantling Truth: Reality and Science in Postmodern Times* (Londres: Weidenfeld e Nicolson).

Pine, J. (1992) *Mass Customisation* (Cambridge Mass.: Harvard University Press).

Piore, M. e C. Sabel (1984) *The Second Industrial Divide* (Nova York: Basic Books).

Pollert, A. (org.) (1991) *Farewell to Flexibility?* (Oxford: Basil Blackwell).

Porter, M.E. (1990) *The Competitive Advantage of Nations* (Londres: Macmillan). [Ed. bras.: *A Vantagem Competitiva das Nações*. Rio de Janeiro: Editora Campus, 1993.]

Pyke, F., G. Becattini e W. Sengenberger (orgs.) (1990) *Industrial Districts and Inter-Firm Co-operation in Italy* (Genebra: Institute for Labour Studies).

Rappoport, S. (1988) 'Economic Methodology: Rhetoric or Epistemology?', *Economics and Philosophy*, vol.4, p.129-49.

Reich, R.B. (1991) *The Work of Nations: Preparing Ourselves for Twentieth Century Capitalism* (Londres: Simon e Schuster).
Rodwin, L. e H. Sazanami (orgs.) (1989) *Deindustrialization and Regional Economic Transformation* (Boston: Unwin Hyman).
Rodwin, L. e H. Sazanami (orgs.) (1991) *Industrial Change and Regional Economic Transformation* (Londres: Harper Collins).
Roemer, J. (1981) *Analytical Foundations of Marxian Economic Theory* (Cambridge University Press).
Roemer, J. (org.) (1986) *Analytical Marxism* (Cambridge University Press).
Rose, M.A. (1991) *The Post-Modern and the Post-Industrial* (Cambridge University Press).
Rosenberg, A. (1988) 'Economics is Too Important to be Left to the Rhetoricians', *Economics and Philosophy*, vol.4, pp.129-49.
Rosow, J.M. (org.) (1988) *The Global Market Place* (Nova York: Facts on File).
Ruccio, D.F. (1991) 'Postmodernism and Economics', *Journal of Post-Keynesian Economics*, vol.13, p.495-510.
Sabel, C. (1989) 'Flexible Specialization and the Re-emergence of Regional Economies', em P. Hirst e J. Zeitkin (orgs.), *Reversing Industrial Decline?* (Oxford: Berg), p.17-70.
Samuels, W.J. (org.) (1990) *Economics as Discourse: An Analysis of the Language of Economics* (Boston: Kluwer).
Sawyer, M. (org.) (1988) *Post-Keynesian Economics* (Aldershot: Edward Elgar).
Sayer, A. (1989a) 'PostFordism in Question', *International Journal of Urban and Regional Research*, vol.13, p.666-95.
Sayer, A. (1988b) 'Dualistic Thinking and Rhetoric in Geography', *Area*, vol.21, nº 4, p.301-5.
Sayer, D. (1987) *The Violence of Abstraction: The Analytical Foundations of Historical Materialism* (Oxford: Basil Blackwell).
Shefold, B. (1989) *Mr. Sraffa on Joint Production, and Other Essays* (Londres: Unwin-Hyman).
Schiller, H. (1986) *Information and the Crisis Economy* (Oxford University Press).
Scott, A.J. e Storper, M. (1992) 'Regional Development Reconsidered', em Ernste, H. e Meier, V. (orgs.), *Regional Development and Contemporary Industrial Response* (Londres: Belhaven), p.2-24.
Scott, A.J. (1988) *New Industrial Spaces* (Londres: Pion).
Seitz, J.A. (1992) 'Gender and Economic Analysis', em N. De Marchi (org.) *The Methodology of Economics* (Boston: Kluwer).
Sheppard, E. e T. Barnes (1990) *The Capitalist Space Economy: Geographical Analysis after Ricard, Marx and Sraffa* (Londres: Unwin Hyman).
Simai, M. (1990) *Global Power Structure, Technology and World Economy in the Late Twentieth Century* (Londres: Pinter).
Society and Space (1987) 'Reconsidering Social Theory', *Society and Space*, vol.5, nº 4 (edição especial).
Soja, E. (1989) *Postmodern Geographies: The Reassertion of Space in Critical Social Theory* (Londres: Pion).
Steedman, I. (org.) (1988) *Sraffian Economics* (Aldershot: Edward Elgar).

Storper, M. e A. Scott (1989) 'The Geographical Foundations and Social Regulation of Flexible Production Complexes', em J. Wolch e M. Dear (orgs.), *The Power of Geography: How Territory Shapes Social Life* (Boston: Unwin-Hyman).

Storper, M. e R. Walker (1989) *The Capitalist Imperative: Territory, Technology and Industrial Growth* (Oxford: Basil Blackwell).

Sunley, P. (1992) 'An Uncertain Future: A Critique of Post-Keynesian Economic Geographies', *Progress in Human Geography*, vol.16, nº 1, p.58-70.

Teague, P. (1990) 'The Political Economy of the Regulation School and the Flexible Specialization Scenario', *Journal of Economic Studies*, vol.17, nº 5, p.32-54.

Thrift, N.J. (1989) 'New Times and New Spaces? The Perils of Transition Models', *Society and Space*, vol.7, p.127-9.

Tickell, A. e J.A. Peck (1992) 'Accumulation, Regulation and the Geographies of Post-Fordism: Missing links in Regulationalist Research', *Progress in Human Geography*, vol.16, p.190-218.

Tool, M. (org.) (1988) *Evolutionary Economics: Foundations of Institutionalist Thought* (Londres: Sharp).

Wachter, H.M. (1986) *The Money Mandarins: The Making of a Supranational Economic Order* (Nova York: Pantheon Books).

Wallace, I. (1990) *The Global Economic System* (Londres: Unwin-Hyman).

Wallerstein, I. (1979) *The Capitalist World Economy* (Cambridge University Press).

Wallerstein, I. (1984) *The Politics of the World Economy: The States, the Movements, the Civilizations* (Cambridge University Press).

Wallerstein, I. (1991) *Geopolitics and Geoculture: Essays on the Changing World System* (Cambridge University Press).

Wiles, P. e G. Routh (1984) *Economics in Disarray* (Oxford: Basil Blackwell).

Williamson, O.E. (1985) *The Economic Institutions of Capitalism: Firms, Markets, Relational Contracting* (Londres: Macmillan).

Williamson, O.E. (1986) *Economic Organization: Firms, Markets and Policy Control* (Brighton: Wheatsheaf).

Wisman, J.D. e J. Rozansky (1991) 'The Methodology of Institucionalism Revisited', *Journal of Economic Issues*, vol.25, p.709-37.

Wolff, R. e S. Resnick (1987) *Economics: Marxian versus Neoclassical* (Baltimore: Johns Hopkins University Press).

Womack, J., D. Jones e D. Roos (1990) *The Machine that Changed the World* (Nova York: Rawson). [Ed. bras.: A Máquina que Mudou o Mundo. Rio de Janeiro: Editora Campus, 1993.]

Zukin, S. (1991) *Landscapes of Power: From Detroit to Disneyland* (Berkeley: University of California Press).

Zukin, S. e P. DiMaggio (orgs.) (1990) *Structures of Capital: The Social Organization of the Economy* (Cambridge University Press).

2

Teoria política e geografia humana

GRAHAM SMITH

Desde os anos 70, assistimos a um renovado interesse pela teoria política na geografia. No âmago deste renascimento está a preocupação acerca do caráter subjacente da vida política moderna e a maneira pela qual o espaço é importante para como a política é estabelecida e praticada. Como conseqüência, a geografia política, aquele ramo da geografia cuja legitimidade reside em sua pretensão de ser a mais preocupada com "o político", passou por uma saudável transformação. Isto não sugere que a geografia política tradicional tenha sido desinteressada pela teoria política. Basta recordar as obras desses influentes teóricos políticos da virada do século como Halford Mackinder (teoria "*heartland*", terra coração), Friedrich Ratzel (idealizador do *lebensraum*, espaço vital) e Peter Kropotkin (idéia de comunidades descentralizadas, auto-suficientes e ecologicamente equilibradas) para que lembremos da rica, influente e diversificada herança desta matéria. Comparando, porém, com o passado recente mais introspectivo da disciplina, em que havia pouco interesse na teoria política ou no seu progresso, a atual geografia política reconhece como essencial, para entender nosso mundo moderno, uma matéria teoricamente informada que reconheça a centralidade do poder e das relações de poder para compreender nosso mundo político (Driver, 1991; Smith, 1985). Como um dos co-editores de *New Models in Geography* afirma: "Se a geografia política era outrora 'uma água parada agonizante'..., vinte anos depois é um ativo redemoinho na corrente da economia política" (Peet, 1989, p.262-3). O argumento sustentado por este capítulo é que a empreitada central com que esta "nova geografia política" se defronta agora é dedicar-se às até então relegadas maneiras pelas quais as atuais transformações afetam a nação-estado, reconhecido como o agente político individualmente mais importante na organização territorial do mundo, e que está passando por desafios mais profundos do que em qualquer época da história moderna. Isto não deverá apenas trazer importantes implicações para a configuração futura da geografia política mas também para o estudo mais geral da geografia humana.

Mapeando a condição política

No âmago deste desafio à nação-estado está a noção de soberania política e o seu relacionamento com a idéia de comunidade política. Nós nos acostumamos a mapear e interpretar nosso mundo político com base na teoria da soberania, que sustenta ser a comunidade política do estado a que exerce autoridade suprema sobre uma determinada jurisdição territorial e que é a imagem mais apropriada de como o espaço político deveria ser organizado, demarcado e, para grande parte da geografia política, teorizado (para exemplo, ver Johnston, 1989). Naturalmente, não é tão simples definir quem exerce poder sobre a jurisdição territorial do estado, mas, de modo geral, as teorias de soberania sustentam que é o estado e seus órgãos. Este conceito de soberania, argumenta-se, é reforçado pelo relacionamento simbiótico que um estado tem com seus cidadãos nacionais e o sentido de comunidade política que este relacionamento reflete. Ademais, de acordo com a teoria da soberania, em adição aos limites territoriais e identificadores da nação-estado, o mundo é compartimentalizado em outros estados soberanos em que o estado deve aceitar que será um entre muitos estados com, em princípio, iguais direitos à autodeterminação. O que atraiu a atenção de alguns teóricos políticos, mas que até agora pouca consideração mereceu por parte dos geógrafos, é a maneira pela qual esses conceitos de soberania e a sua associação com a nação-estado são desafiados (ver, por exemplo, Camilleri e Falk, 1992; Held, 1991; McGrew e Lewis, 1992; Walker e Mendlovitz, 1990; White, 1991).

Estes desafios à soberania da nação-estado emanam tanto "de cima" (de processos globais) quanto "de baixo" (no seio da sociedade civil, de formas localizadas de ação coletiva, descentralizadas e baseadas na comunidade). Por um lado, há a impressão de que o mundo está-se tornando cada vez mais interligado em conseqüência do impacto transformador, sobre as localidades, de novas formas de produção global e da maior hipermobilidade do capital, de avanços na tecnologia da informação e comunicação global, e do surgimento de divisões de trabalho mais internacionalizadas. Um dos impactos desses processos globalizantes foi questionar e desgastar mais os poderes autônomos da nação-estado. Isso é mais marcante na maneira pela qual os poderes da soberania da nação-estado estão passando para novas organizações supra-regionais e instituições transnacionais. Parece que o destino das localidades está sendo cada vez mais determinado não pela nação-estado, mas por decisões, atividades e eventos além da jurisdição territorial do estado.

Por outro lado, uma série de desafios à nação-estado emana das próprias localidades sobre as quais ela reivindica soberania política. Esses desafios são ainda mais evidentes na recente erupção de nacionalismo étnico baseado no mesmo princípio de autodeterminação nacional que legitimiza as mesmas formações políticas a partir das quais muitas regiões étnicas desejam renegociar suas relações geopolíticas. A "soberania" como um princípio de autoridade do estado vem sendo desafiada também, particularmente nas modernas democracias tardias, por uma ampla gama de formas coletivizadas de ação social, se bem que freqüentemente de maneira mais sutil e indireta. Estes desafios estão fundamentados em um sentimento de que o "bem político comum", no qual se fundamenta a autoridade do estado democrático soberano, não deveria simplesmente ser interpretado como a prerrogativa da nação-estado. Em outras palavras, os conceitos do que é a democracia não são simplesmente encarados por esses desafiantes politizados como conterminantes com a nação-estado, e a nação-estado não chega, necessariamente, a ser considerada o veículo mais indicado para lidar com a variedade de questões locais e globais que influenciam nosso cotidiano. Em parte, este questionamento quanto à relevância da nação-estado está ligado à combinação de muitas questões "globais" e "locais" abarcadas pelo *slogan* "pense globalmente, aja localmente". Uma conscientização global cada vez maior pelo ambiente, paz mundial e a pobreza no terceiro mundo levou ao desenvolvimento de movimentos sociais transnacionais, tais como Greenpeace, Live Aid e o movimento pela paz mundial, sendo que todos eles transcendem e ignoram a nação-estado. Dentro de nossas cidades e comunidades locais surgiram novas classes de movimentos sociais associados com as políticas sobre ecologia, mulheres, homossexuais, e uma gama de grupamentos de contracultura para os quais a política não está, primeiramente, centrada no que um estado assistencial pode oferecer, ou ligada a questões de distribuição, mas sim na defesa de vidas ameaçadas e no patrocínio de modos alternativos de dar voz a seus direitos como cidadãos por meio de novas formas de ações de grupo e de comunidade local, que tanto ignoram como negam os canais usuais da política institucional do estado.

A tese que desejo desenvolver pode, por enquanto, ser resumida da seguinte forma: de que estes desafios "de cima" e "de baixo" não estão apenas questionando se a nação-estado é apropriada como comunidade política mas também refletem o que quero denominar de uma nova espacialidade à política. Estes processos locais e globais de reforma espaço-política podem ser conceitualizados de uma maneira que passo a expor em seguida.

Em primeiro lugar, os processos de globalização estão permitindo maior integração e capacidade de interconexão entre estados e localidades. Estes processos refletem uma multiplicidade de ligações e interconexões nas quais eventos, decisões e atividades em uma parte do globo podem acarretar importantes conseqüências em lugares bastante distantes dessas ações. O que, no entanto, torna estes processos inusitados historicamente é o impacto de seu alcance geográfico (processos que abrangem uma grande área do globo e atuam em escala mundial) e a sua intensidade espacial (em que os níveis de interação, interdependência e capacidade de interconexão entre estados e lugares está aumentando). Interpretada dessa maneira, a globalização está desafiando tanto a soberania da nação-estado como a habilidade da nação-estado de tomar decisões autonomamente tanto em relação ao seu lugar dentro da economia mundial como sobre o cotidiano social, político e cultural da vida das localidades.

Em segundo lugar, formas localizadas de ação política coletiva também estão desafiando a nação-estado. Em alguns casos, estas ações políticas estão estreitamente ligadas ao impacto dos processos de globalização e a maneira pela qual as localidades estão cada vez mais sujeitas à uma inexorável porém desigual globalização. Portanto, embora os sentimentos localizados de identidade comunal estejam, em conseqüência, passando por intensa mudança social, não estão necessariamente levando ao que Appadurai (1990), um tanto desajeitadamente, chama de "desterritorialização" da vida sócio-política local. Ao contrário, surgiram várias formas de resistência cultural e política, algumas das quais representam novidades em termos de escopo.

Em terceiro lugar, este duplo desafio à nação-estado formula questões fundamentais quanto à nação-estado ser a forma mais apropriada de "comunidade política" no mundo moderno. Em particular, questiona uma teoria de soberania que há muito vem afirmando que o significado de cidadania e dos direitos, obrigações e identidade que a cidadania assume é mais apropriado quando estreitamente ligado à nação-estado. A cidadania, resumindo, e as questões que ela coloca através de diversos movimentos sociais, parece cada vez menos apropriada e capaz de refletir o princípio da soberania como simplesmente inerente e espacialmente ligado à nação-estado. Vemos isto dentro das modernas democracias tardias, na maneira como as comunidades estão reexaminando a melhor forma de localmente prover segurança, autonomia, direitos e identidade a seus cidadãos. Estes acontecimentos também refletem a maneira pela qual os assim chamados novos movimentos sociais estão empenhados na criação de novos espaços políticos para novas geografias ligadas ao elogio de identidades de diferença.

O restante deste capítulo esboça esta nova espacialidade em relação à política. Valendo-se da teoria de sistemas-mundo, inicio ponderando o espinhoso conceito de globalização. Os limites deste levantamento interpretativo são conhecidos. A seguir, examino o que, a meu ver, são as três perspectivas cruciais para entender os desafios que atualmente confrontam a nação-estado mas, como sustento, não são adequadamente tratados pela teoria de sistemas-mundo. São eles: o impacto da globalização como fenômeno multidimensional, o relacionamento entre a nação-estado e a democracia e o surgimento de ações coletivas locais sob a forma dos assim chamados "movimentos sociais". Estes movimentos, devo lembrar, embora distintos em seus objetivos e estratégias, partilham todos o mesmo desejo de estabelecer novos espaços políticos a partir das transformações sócio-espaciais atualmente ligadas à globalização.

Globalização e teoria de sistemas-mundo

O paradigma mais amplamente aceito em que se examina a "globalização" e seu impacto sobre localidades encontra-se num corpo de literatura conhecido como teoria de sistemas-mundo. Esta abordagem também é particularmente pertinente a recentes desenvolvimentos em geografia política porque a teoria de sistemas-mundo — se bem que de maneira amplamente incontestada — pretende uma influência destacada na elaboração da "nova geografia política". O que a teoria de sistemas-mundo oferece é uma estrutura para situar nossa compreensão da nação-estado e das políticas das localidades dentro de um contexto global, afastando-se assim das abordagens centradas no estado que separam o que está ocorrendo no "nível global" do que ocorre na "arena doméstica/local".

De fato, este quadro fundamentou-se na premissa de que o que está ocorrendo em nível global tem uma relação direta na configuração da natureza de formas locais de ação política coletiva. Como um de seus principais defensores em geografia política sustenta, "ela (a global) é a escala que realmente importa" (Taylor, 1993, p.45).

Como os teóricos de sistemas-mundo acertadamente nos lembram, a globalização deve ser situada em um período histórico muito mais longo do que o momento presente. Ela é inextricável e estreitamente ligada à evolução da economia do mundo capitalista, cuja cristalização remonta à Europa do século XVI, expandindo-se até chegar a ter um campo realmente global no final do século XIX. Desde o princípio "o capitalismo foi... um assunto de economia mundial e não de nações-estado... o capital nunca permitiu que suas aspirações fossem definidas por fronteiras nacionais em uma economia capitalista mundial" (Wallerstein, 1979, p.19). É, portanto, o capitalismo que sustenta a lógica de um sistema mundial interdependente e interestatal em que os processos econômicos e sociais em uma parte do mundo são sistematicamente relacionados a processos em outras partes. Os estados, portanto, desempenham um papel essencial dentro da economia capitalista mundial, de assegurar sua sobrevivência, pois "o papel fundamental do estado, enquanto instituição na economia capitalista mundial, é de aumentar as vantagens de uns contra outros no mercado... isto é, de reduzir a liberdade do mercado" (Wallerstein, 1979, p.291). Portanto, o sistema interestatal e a competição global entre estados só pode ser compreendida dentro do contexto estrutural de relações de mercado em que estados, com diferentes graus de sucesso, competem dentro de uma economia mundial global para assegurar a acumulação de capital.

O impacto da globalização é altamente desigual, pois a lógica espacial do capitalismo favoreceu e continua favorecendo alguns lugares em detrimento de outros. Desta maneira, Wallerstein (1979 e 1984) e seus colegas fazem uma distinção entre nações-estado em uma base tríplice em relação a sua localização dentro da economia mundial, entre países do centro, semiperiferia e periferia, muito embora a posição de cada estado não seja imutável a mudanças sócio-locacionais. Considera-se que essa diferenciação espaço-econômica é de uma importância crucial para resguardar a sobrevivência da economia capitalista mundial, pois a competição entre nações-estado é considerada como a que fornece o motor para a reprodução do sistema. As nações-estado funcionam então dentro de uma economia capitalista mundial em que os "efeitos precisos desses processos globais podem ser reduzidos ou intensificados pelas políticas da nação-estado em que está inserida" (Taylor, 1993, p.45). Em última análise, a localização de um estado dentro da economia mundial influencia o bem-estar social de seus cidadãos. Os benefícios que cabem aos indivíduos como membros de determinado estado (seus direitos e habilitações de cidadania), enquanto mediados pelo estado, são, em última análise, considerados como o reflexo das "hierarquias sempre presentes (ainda que em contínua mutação) tanto dentro do sistema-mundo como um todo, como dentro de cada estado soberano" (Wallerstein, 1991, p.171).

Em nível global estas "hierarquias" são, em grande parte, consideradas tanto um reflexo da localização do estado dentro da economia capitalista mundial como um produto do inter-relacionamento entre a economia capitalista mundial e comunidades locais envolvidas em lutas emancipatórias. Estes movimentos anti-sistêmicos, assim chamados devido à maneira universal pela qual eles desafiam a lógica espacial do capitalismo, variaram em seus graus de sucesso em conquistar ou consolidar poder de estado (Arrighi *et al.*, 1990). Durante os primeiros dois terços do século XX, dois movimentos emancipatórios predominaram e ganharam poder de estado, a saber, aqueles que patrocinavam causas socialistas e de libertação nacional. Com a obtenção do poder de estado, esses movimentos afetaram o âmbito de determinados benefícios sociais a seus cidadãos. Uma conseqüência nos "estados centrais" (ou "Primeiro Mundo") foi o estabelecimento do '*Welfare State*' ou o estado assistencial, do bem-estar social. No que passou a ser rotulado como "o Segundo Mundo", criaram-se estados socialistas empenhados na melhoria do bem-estar social de seus cidadãos, se bem que às expensas de seus direitos civis e políticos. Nos "estados periféricos" (ou "Terceiro Mundo"), movimentos de libertação nacional, ao alcançarem a condição de estado soberano para seus povos, garantiram certo desenvolvimento e uma melhoria nas oportunidades de vida, pelo menos para uma camada urbana instruída. Contudo, os ideais revolucionários desses movimentos, uma vez no poder, não se concretizaram plenamente. Durante os anos 80, os três mundos tiveram de enfrentar a diminuição no ritmo da atividade na economia capitalista mundial. Como afirma Taylor (1991, p.216), "no 'Primeiro Mundo' os democratas sociais finalmente aceitaram a crítica conservadora de seus estados assistenciais, no 'Segundo Mundo' as economias de poder fracassaram, culminando nos levantes de 1989, e no 'Terceiro Mundo' a crise material solapou todas as esperanças nacionalistas de liberdade à medida que as condições de austeridade do Fundo Monetário Internacional (FMI) substituíam o imperialismo formal". Além disso, o insucesso desses movimentos em seus projetos emancipatórios não só criou um grande número de grupos marginalizados e socialmente excluídos — tais como o campesinato, mulheres, minorias étnicas e populações migrantes — mas deu origem a novos movimentos sociais cujos alvos tornaram-se os "antigos movimentos no poder". Isso inclui movimentos feministas e ambientalistas no Primeiro Mundo, movimentos contra a burocracia estatal no Segundo Mundo e uma diversidade de formas de movimentos sociais no Terceiro Mundo, dos movimentos fundamentalistas muçulmanos aos movimentos de camponeses/fazendeiros.

Muito embora arrojada em termos conceituais e atraente em sua abordagem holístico-integrativa, há limitações à teoria de sistemas-mundo como estrutura para se compreender as ligações entre globalização, a nação-estado e lutas locais. Em particular, foram levantadas questões quanto ao seu caráter economicamente reducionista e funcionalista (para exemplo, ver Kearns, 1988; Smith, 1989). Três dimensões exigem maior elucidação: a natureza multidimensional do desafio da globalização, o relacionamento entre nação-estado e democracia, e o ressurgimento de recentes movimentos sociais.

O desafio da globalização

A força principal da teoria de sistemas-mundo — o papel básico atribuído à globalização como sinônimo de uma economia capitalista mundial integrada — é também sua principal fraqueza. Os teóricos do sistemas-mundo estão certos em enfatizar a maneira pela qual a interdependência econômica influencia cada vez mais um mundo de nações-estado que, em seu compromisso universal com o crescimento econômico, estão inexorável e estreitamente ligadas ao funcionamento da economia global que limita suas escolhas de política econômica nacional. Mas a globalização é mais do que a sua simples redução à lógica da economia capitalista mundial, em que entre as nações-estado predomina a competição por recursos escassos. A globalização tem um âmbito mais amplo e multidimensional e é sujeita a uma intensidade dinâmica mais latente na natureza de sua capacidade de interligação, que a teoria de sistemas-mundo não revela. Três aspectos são particularmente cruciais.

Em primeiro lugar, há o papel desempenhado por certos atores principais não-estado como as corporações e instituições transnacionais na globalização da produção e das finanças (Agnew e Corbridge 1989;

Thrift, 1989). Muito embora Wallerstein reconheça que um dos aspectos característicos da economia mundial desde os anos 60 foi o surgimento das empresas multinacionais, suas atividades são amplamente interpretadas em relação à sua localização dentro do sistema de nações-estado. Mas a maneira pela qual as atividades multinacionais planejam e realizam suas decisões de investimentos societárias é cada vez mais não relacionada ao seu lugar de origem. Resumindo, assim como as empresas multinacionais não respeitam fronteiras nacionais, os estados individuais tornaram-se cada vez mais incapazes de regulamentar as atividades e políticas de empresas com múltiplas localizações nacionais, mas não sem um "país natal" claramente definido para o qual os lucros fluirão automaticamente (Dale, 1984). Os estados podem, e, de fato, desafiam este inexorável processo de globalização por meio da adoção, por exemplo, de políticas que se propõem a proteger seus próprios mercados. Contudo, em um mundo em que as empresas multinacionais tornaram-se cada vez mais poderosas dentro do mercado global, a competição interestatal para a localização da produção significou que, em seu desejo de assegurar os meios de crescimento econômico, o estado soberano ficou vulnerável a esses interesses das corporações.

Em segundo lugar, há o papel desempenhado por formações de blocos de poder no processo de globalização. Sistemas geopolíticos de "segurança coletiva" foram cruciais em desafiar a soberania do estado. Ao interpretar o papel dessas formações de blocos de poder na configuração da globalização, devemos reconhecer que a natureza das relações interestatais que elas refletem não são simplesmente redutíveis ao funcionamento da economia capitalista mundial. Como Skocpol nos lembra, "por toda a história do mundo moderno [o sistema interestatal] representa um nível analiticamente autônomo de realidade transnacional — interdependente, em sua estrutura e dinâmica, com o capitalismo mundial, mas não redutível a ele" (Skocpol, 1979, p.22). Isto é particularmente evidente em relação à Guerra Fria (1945-89). O que ela refletiu foram dois blocos geopolíticos formados em torno dos Estados Unidos e da União Soviética, cujas formações não podem ser compreendidas simplesmente em termos de poder econômico mas, sem dúvida, também refletiam formas de poder político-militar cuja legitimidade baseava-se em aspectos normativos particulares da ordem mundial (Smith, 1993; Kaldor, 1991). Sem reconhecer que o sistema mundial também é formado por um sistema global de nações-estado em que os poderes políticos e militares são importantes e que não podem exaustivamente ser reduzidos a poder econômico e interdependência econômica, é improvável que possamos compreender por que a União Soviética subsistiu como superpotência no centro do palco geopolítico mundial durante a maior parte da última metade do século XX. Devido ao seu reducionismo econômico, a teoria de sistemas-mundo o alocou na maior parte do espaço geopolítico situado às margens do "centro". De especial importância ainda para compreender o relacionamento entre essas formações de blocos de poder geopolítico e a globalização foi que se seguiram importantes implicações econômicas, mais notadamente para a interdependência intrablocos, como refletido nas maneiras pelas quais organizações econômicas como o FMI, GATT e o Banco Mundial passaram a formar uma parte integral do capitalismo global do ocidente, ou o COMECON em relação ao mundo socialista. Ambos os sistemas de segurança coletiva ajudaram a integração intrablocos por meio de uma complexa rede de acordos bilaterais e multilaterais com respeito à localização tanto de bases industriais militares como de determinados sistemas de armamentos e através do fluxo de avançada tecnologia militar. Em suma, toda a logística espacial de guerra foi planejada e implementada por estruturas de comando militar conjunto e integrado que rebaixaram a autoridade individual do estado. Ambas as formas de segurança coletiva regional serviram, portanto, para restringir a soberania do estado. No bloco socialista a hegemonia da superpotência foi mais direta, mas em ambos os "campos" a pretensão soberana do estado individual de exercer o monopólio sobre o uso de força dentro da arena global foi menos aparente do que em qualquer época da história moderna.

O fim da Guerra Fria, ao mesmo tempo que trouxe o fim de duas formas globais particulares e sem precedentes de "segurança coletiva regional", não significa que estamos simplesmente retornando a uma forma de segurança de estado do tipo que dominou a Europa no século XIX. Novas formas de segurança regional estão surgindo sob os auspícios de instituições mundiais (as Nações Unidas) e regionais (por exemplo, a União Européia) que vão se tornando mais globais na internacionalização das relações de segurança. Além do mais, toda uma variedade de atores não-estatais, tais como as empresas multinacionais e os negociantes de armas, estão envolvidos em uma guerra de negócios que os estados encontram crescente dificuldade em monitorar e controlar espacialmente.

Finalmente, há um aspecto adicional da globalização inserido na noção de "uma cultura global" (Featherstone, 1991), que não é desenvolvido no relato de Wallerstein sobre os sistemas-mundo (não obstante seu livro de 1991). Muito embora profundamente problemática em sua vinculação, está geralmente associado com a difusão de valores e estilos de vida ocidentais. É importante, todavia, distinguir entre formas mais antigas e modernas de imperialismo cultural. As formas anteriores e geograficamente mais restritas eram geralmente prolongamentos de sentimentos e ideologias nacionais associados a formações políticas hegemônicas tais como o Império Britânico ou o Russo. Também vemos esta forma associada atualmente à difusão de uma hegemonia cultural norte-americana mais globalmente penetrante. O que, no entanto, acrescenta uma dimensão diferente aos imperialismos de hoje, é seu específico caráter não-nacional associado, em particular, ao crescimento de instituições, transnacionais e supranacionais. Os imperialismos culturais, resumindo, tornaram-se menos referentes a algum lugar, mais destituídos de um lugar fixo. Pois essencial, para o funcionamento de empresas transnacionais em um mercado mundial competitivo, é a sua habilidade de usar uma tecnologia comunicativa que contenha imagens adequadas bem acondicionadas e uma grande quantidade de símbolos para vender seus produtos. Embora *línguas francas* particulares ainda sejam necessárias para assegurar nichos de mercado localmente específicos, contudo, novos sistemas de telecomunicações e redes de informações computorizadas permitem que essas empresas falem uma linguagem universal comumente compreendida em que as barreiras da cultura local fazem pouca diferença. Não é surpresa então que haja uma sensação cada vez maior de que os estados estejam perdendo o controle de suas culturas nacionais para a imprensa privada, a mídia eletrônica e as imagens e estilos da publicidade de massa (Hall, 1991). Resumindo, o que se criou foi uma cultura global que funciona simultaneamente em diversas escalas geográficas: "como uma cornucópia de mercadorias padronizadas, uma miscelânea de desnacionalizados temas étnicos ou populares, uma série de 'valores e interesses humanos' generalizados, um discurso 'científico' de significado uniforme e, finalmente, como um sistema interdependente de comunicações que forma a base material para todos os outros componentes e níveis" (A. Smith, 1990, p.176).

Esta "cultura de globalidade" pode também estimular diferentes formas de resistência local, não só por parte de nações-estado (invariavelmente um "nacionalismo defensivo"), mas também a partir de uma variedade de movimentos étnico-regionais e lingüísticos como também movimentos religiosos tais como o fundamentalismo islâmico. De fato, para essas "comunidades imaginadas", para usar o termo de Anderson (1991), as identidades coletivas possuem a capacidade de reter significados localizados de lugar e comunidade e de reafirmar seu senso de diferença, freqüentemente em termos altamente políticos.

A nação-estado, soberania e democracia

Um dos problemas da teoria de sistemas-mundo é a tendência de encarar a natureza dos regimes de estado como sendo, em grande medida, uma função de seu lugar dentro da economia mundial (Giddens, 1985). Entre outras coisas, isto marginaliza o papel que os atores autônomos locais e nacionais, diferentes culturas políticas e geopolíticas desempenham na determinação da natureza das formações de estado (Bendix, 1964; Mann, 1986, 1988). No entanto, qualquer que seja a natureza das formações do estado e a validade de sua pretensão quase universal de serem democráticas, há um senso de que cada vez mais o modelo a que aspiram muitos estados pós-coloniais tanto no Terceiro Mundo, e mais recentemente no Segundo Mundo, é o modelo nação-estado democrático-liberal do ocidente. Este conceito da natureza superior da democracia liberal e do estado como a forma mais representativa de governo é mais audaciosamente refletido na "tese do fim da história" em que, no rastro do colapso do socialismo de estado (pelo menos no coração da Europa) o estado democrático-liberal ocidental é considerado como tendo finalmente triunfado sobre projetos políticos alternativos de modernidade (Fukuyama, 1992).

No entanto, enquanto os novos estados estão ativamente proclamando sua existência em função de seu compromisso com a democracia liberal, dentro das próprias democracias liberais, a teoria da soberania sobre a qual o estado democrático-liberal está baseado, passa por uma reavaliação. Sob a sua forma mais simples, esta teoria presume, de modo geral, que a nação-estado é o meio mais apropriado e efetivo de assegurar um governo representativo e de proteger os interesses de seus cidadãos. Desde os últimos anos da década de 70, em particular, esta noção de congruência territorial entre estado e democracia foi amplamente questionada e reflete-se em uma série de debates sobrepostos relativos aos conceitos normativos de democracia. Situados no centro deste discurso de democracia estão os debates entre a assim chamada "Nova Direita" e a "Nova Esquerda", os quais proporcionaram um ímpeto para reivindicar um papel mais central para questões de cidadania dentro da geografia humana (S. Smith, 1989). A Nova Direita sustenta que a democracia liberal gerou um crescimento maciço nas burocracias públicas que encobriu o espaço para a iniciativa privada e o exercício da responsabilidade individual. O que aflige a democracia liberal é "governo sobrecarregado". Parte da solução seria "reduzir a participação do estado", dar aos cidadãos eleitores mais espaço para regularem suas próprias atividades. Em contraste, a Nova Esquerda enfatiza os problemas associados com o caráter potencialmente "Feições de Janus" do estado moderno. De um lado o estado não é uma força autônoma, um árbitro neutro. O estado está inextricavelmente preso à manutenção e reprodução do capitalismo, distorcendo medidas decisórias em favor de interesses particulares (Clark e Dear, 1984; Johnston, 1989). Paralelamente, a própria base de sua pretensão à legitimidade e obediência a seus cidadãos é duvidosa. As pessoas, então, precisam ser protegidas contra o estado. Por outro lado, o estado intervencionista é necessário para proteger os mais vulneráveis. Resumindo, a ênfase está na responsabilidade democrática, na delegação de poderes e na capacidade do estado em atender as variadas aspirações e necessidades de seus cidadãos.

O que esses debates enfatizam é a maneira pela qual as fronteiras sociais e espaciais da cidadânia e seu relacionamento com o estado democrático-liberal estão sendo reavaliados. Essas mudanças refletem uma série de tendências polarizantes (Heater, 1990; Roche, 1992). Em primeiro lugar, existe uma tensão entre uma tradição liberal que focaliza o direito de se estar livre da interferência ou opressão do estado, e o conceito de cidadania que provê oportunidades para servir a comunidade. O projeto da Nova Direita de opor-se aos crescentes poderes de infra-estrutura do estado (por exemplo, previdência, crescente burocracia centralizada) é baseada na necessidade de dispersar o poder para longe do estado onde a ênfase é dirigida sobre a responsabilidade do cidadão ("o cidadão ativo") e na necessidade de proteger o indivíduo contra um estado intruso e ineficiente ("a carta do cidadão"). Em contraste, a cidadania comunitária enfatiza as obrigações cívicas e a responsabilidade moral do estado de prover os serviços coletivos nos campos da saúde, educação e previdência. É a desagregação destes direitos sociais e suas implicações espaciais que tem atraído um particular interesse geográfico (para exemplo, ver Mohan, 1988).

Em segundo lugar, há uma tensão entre a idéia do cidadão privado e o cidadão público, de conflito entre duas espécies de liberdade: a liberdade de preocupações cívicas, para poder seguir uma vida privada; e a necessidade de participar democraticamente a fim de garantir a reprodução social da liberdade política. Existe a sensação de que as democracias liberais tornaram-se menos participativas, com um sistema político direcionado para a articulação de exigências "vindas de baixo", que o estado, ao expandir suas funções sócio-territoriais, não está mais em condições de prover. O "estado sobrecarregado" e a sua incapacidade de patrocinar as necessidades sociais e econômicas de seus cidadãos pode levar, conforme esta tese, a uma desilusão com as instituições políticas que se manifesta na apatia eleitoral e na marginalização de determinados lugares da política formal (por exemplo, partes de cidades interioranas, regiões desprovidas). Esta transferência de compromissos do cidadão do interesse "público" para o interesse "privado" da vida individual cotidiana também pode ser ligada a uma cultura política ascendente de "individualismo possessivo", na qual a satisfação pessoal é medida em função do mundo privatizado do consumo individual. Este refluxo para a esfera privada representa uma ameaça à integridade do estado soberano comparável à dos movimentos de protesto.

Finalmente, há o relacionamento entre a "sociedade pós-industrial" e "a constituição política unitária". Aqui, a questão central é se a variedade e o âmbito das habilitações exigidas por uma sociedade cada vez mais disposta em camadas múltiplas, onde identidades se superpõem em uma complexa série de cenários sócio-espaciais, podem ser adequadamente expressos por meio de, ou representados por um único *status* universal de cidadania. Durante a edificação formativa democrática do estado, como mostra a maneira desbravadora com que Marshall tratou da expansão seqüencial da cidadania civil, política e em seguida a social, a questão de quem era ou não um cidadão, estava estreitamente ligada às lutas contra uma "política de fechamento" na qual a classe era o centro (Barbalet, 1988). Nas democracias liberais atuais, todavia, a "política de fechamento" assume uma variedade de formas sócio-espaciais, entrecruzadas, e que freqüentemente marginaliza as divisões de classe. O fechamento social, ao afetar diversos grupos "subordinados" — sejam eles grupos étnicos e raciais ou mulheres —, não reflete simplesmente a divisão de classe do trabalho, mas parece mais refletir o acesso diferencial a locais para viver e trabalhar, para o qual atuam uma diversidade de fatores, e em que a eligibilidade por direitos civis, políticos e sociais segue padrões complexos e diferenciados de exclusão. O que estas complexidades ressaltam é o problema de determinar se a democracia é mais bem servida pela criação de um conjunto homogêneo de cidadãos ou pelo atendimento em separado das necessidades particulares de "grupos subordinados". A grosso modo, a escolha inclinou-se entre "assimilação", pela qual a incorporação ocorre por meio de um processo de equalização pela perda da identidade separada, ou integração, em que um "grupo subordinado" é aceito como tendo valor e dignidade igual ao da maioria, mas tem privilégios ou direitos e é capaz de celebrar sua diferença.

A geografia política e os movimentos sociais

O problema principal com o enfoque de sistemas-mundo para tratar os movimentos sociais contemporâneos como movimentos anti-sistêmicos é que, ao examinar o mundo a partir da imponente estrutura teórica de sistemas-mundo, todos os movimentos sociais são, em última análise, derivados da economia capitalista mundial e da maneira como as ações do estado são confinadas por seu lugar dentro da economia mundial em que predomina o capitalismo. Antes, qualquer interpretação do recente ressurgimento desta pluralidade de movimentos sociais e dos díspares mas quase universais desafios à soberania do estado que eles representam, deve reconhecer que tais formas de ação política coletiva são produto de uma panóplia de forças que não podem ser adequadamente explicadas seja em termos de uma única estratégia particular ou agenda, ou sem recorrer a modos contextualizantes em que variam as localidades propriamente ditas nas quais os movimentos sociais nascem e se desdobram.

Os movimentos sociais contemporâneos abrangem uma grande quantidade de formas freqüentemente sobrespostas de "políticas oposicionistas", mas todos questionam, de uma maneira ou de outra, a maneira como a política é atualmente constituída dentro de determinadas localidades. Alguns questionam diretamente a integridade soberana da nação-estado apelando para uma escala geográfica diferente de consciência de maneiras altamente inovadoras (por exemplo, movimentos pela paz e ecológicos), enquanto outros se voltam para preocupações mais estabelecidas e tradicionais (por exemplo, movimentos de camponeses e trabalhadores, movimentos nacionalistas). Assim, embora o que constitua um movimento social esteja aberto a uma variedade de interpretações, para nosso propósito podemos defini-lo como "um ator coletivo constituído por pessoas que se entendem e têm interesses comuns, e, por pelo menos uma parte significativa de sua existência social, uma identidade comum" (Scott, 1990, p.6). Ademais, podemos sugerir que quatro ingredientes são vitais. Em primeiro lugar, os movimentos sociais são tanto produto como agentes de transformações sócio-espaciais. Estando eles essencialmente interessados em mudar ou defender a sociedade, eles podem ser diferenciados de coletividades tais como associações ou clubes de voluntários. Em segundo lugar, eles precisam apelar para alguma forma de identidade ou percepção coletiva. Um aspecto aqui que fala diretamente ao âmago da geografia humana é o relacionamento de tal percepção com a localidade, seja uma comunidade local (por exemplo, residentes em centros urbanos), local de trabalho (por exemplo, mão-de-obra), região (por exemplo, nacionalismo), ou até global (por exemplo, ambiental, antinuclear). Em terceiro lugar, um movimento social dedica-se, ou tem o potencial para se dedicar, à mobilização das massas como uma fonte primordial de sanções sociais, e, portanto, de poder. Isto diferencia ainda mais um movimento social de atores coletivos como os grupos de pressão. E finalmente, como defendido por Touraine (1985), a associação é captada a partir de grupos subordinados que constituem um movimento social precisamente porque eles traduzem sua exclusão e alienação em uma ação social concreta.

O que se torna evidente é que a natureza de movimentos sociais e as questões que eles abrangem dependerão em alto grau de uma grande variedade de processos sócio-econômicos e políticos, e também do impacto diferencial da globalização, cultura política, desenvolvimento sócio-econômico e a natureza do estado (autoritário/democrático-liberal) aos quais eles estão ligados. A sua habilidade em mobilizar lugares e comunidades para a ação política também dependerá da disponibilidade de recursos locais (por exemplo, capacidade organizacional, disponibilidade de tempo), oportunidades, e da avaliação dos custos e benefícios pessoais encarados por seus membros constitutivos (Rucht, 1991). Em nenhuma outra parte estas diferenças e as agendas que elas refletem parecem ser mais diferenciadas do que em relação à distinção, agora lugar-comum, entre Primeiro, Segundo e Terceiro Mundos. O que diferencia estes "três mundos", tanto de seu passado recente como entre cada um deles, é a natureza de suas atuais transições geográficas, das quais os movimentos sociais podem ser considerados tanto sintomas como portadores. Estas transformações geográficas podem ser vagamente identificadas como as transições de uma sociedade industrial para uma sociedade pós-industrial (Primeiro Mundo), de uma sociedade socialista para uma sociedade pós-socialista (Segundo Mundo) e de uma sociedade colonial para uma sociedade pós-colonial (Terceiro Mundo). Contextualizar os movimentos sociais deste modo não significa que cada um pode simplesmente ser explicado com referência a um conjunto único de particulares mudanças estruturais sócio-espaciais ou que estas transições sejam nitidamente coincidentes com "cada mundo". Ainda, como Laclau e Mouffe explicitaram ao examinar o surgimento dos movimentos sociais contemporâneos do Primeiro e Terceiro Mundos comparados com o Primeiro Mundo, onde existem inúmeros pontos de tensão na natureza constitutiva das ações-coletivas, "nos países do Terceiro Mundo, a exploração imperialista e o predomínio de formas brutais e centralizadas de poder tendem, desde o início, a dotar os conflitos populares de um centro, com um inimigo único e bem definido" (Laclau e Mouffe, 1985, p.131). Um ponto de vista semelhante é também repetido por Slater (1991). Contudo, pondera-se aqui por que e de que forma os movimentos sociais nos mundos pós-industrial e pós-socialista estão desafiando a soberania do estado.

Da sociedade industrial à sociedade pós-industrial

Na sociedade capitalista avançada, os pesquisadores relacionaram, de diversas maneiras, ao longo das últimas três décadas, as importantes mudanças estruturais ao surgimento de novas políticas associadas particularmente com formas inovadoras de ação coletiva. Esta transformação foi causalmente ligada à transição de métodos de acumulação fordista para a pós-fordista, mais flexíveis (Harvey, 1989), à transformação de sistemas de valor associada com a tendência fundamental de valores materiais para valores "pós-materialistas" (Inglehart, 1977; White, 1991), e como sintoma de uma crise potencial de legitimação do capitalismo recente ligado a uma resistência defensiva a processos de mudança cultural e social (Habermas, 1987). De acordo com Offe (1985), a novidade dos movimentos sociais reside no desencanto com "a abrangente aliança crescimento-segurança" predominante nas democracias ocidentais na era pós-Segunda Guerra Mundial. Foi uma "aliança" que não trouxe benefícios equitativos do crescimento econômico. Deste modo, os iniciais movimentos sociais dos anos 60 — os movimentos antinuclear, ambiental, estudantil, feminista e pela paz — tenderam a realçar valores alternativos aos do crescimento econômico e da seguranca geopolítica, enfatizando a qualidade de vida, auto-realização do indivíduo, participação, paz e conservação. Resumindo, eles não só apontavam para os custos inconfessos do crescimento econômico, do consumo de massa e da segurança geopolítica da Guerra Fria, mas ao sinalizar um aspecto específico normativo da sociedade, eles constituíam um novo tipo de movimento, diferindo, em suas demandas e aspirações, do movimento trabalhista tradicional. Em resumo, estes novos movimentos sociais buscam um relacionamento diferente com o ambiente físico, com o sexo oposto, com o local de trabalho e com o consumismo urbano.

Elementos de continuidade, todavia, não deveriam ser minimizados. As origens de muitos movimentos sociais rotulados de "novo" remontam ao século XIX (por exemplo, de secessão, ambiental, feminista). Eles também refletem uma alienação do sistema de produção existente e antagonismo com relação aos processos globalizantes de desenvolvimento econômico que ameaçam tanto as culturas locais como o ambiente. Os movimentos sociais de hoje, portanto, não se desenvolveram em um vácuo histórico mas, exatamente, foram "atirados em um mundo já existente" (Kosik, 1976). Sua novidade reside em quatro elementos. Em primeiro lugar, sua escala geográfica de ação comunitária e política não está confinada à especificidade política da nação-estado. Eles estão mais interessados na rearticulação do espaço político e na concomitante reconstrução da comunidade em níveis global, regional e local (Dalby, 1991). Em segundo lugar, os novos movimentos sociais (NMSs) não são baseados em políticas de classes ou na simples divisão do trabalho. Ao contrário, como a literatura sobre NMSs enfatiza, à medida que a política de classes tornou-se mais marginal à sociedade pós-industrial e à medida que novas formas coletivas de ação política reúnem múltiplas camadas e são socialmente pluralísticas, limita-se a utilidade da análise de classes para entender seus motivos, interesses e racionalidade (Scott, 1990). A geografia deve, então, ir além do simples enfoque sobre as relações sociais da produção e sobre o local de trabalho e região industrial e levar em conta a maneira como novas formas de ações políticas coletivas estão abrindo espaço para novas espécies de geografias. Em terceiro lugar, os objetivos dos NMSs diferem. Ao contrário de movimentos sociais mais tradicionais que historicamente consideravam o estado tanto um meio para atualizar seus objetivos como um instrumento para assegurar o poder, os NMSs são ambivalentes com respeito aos habituais caminhos para a participação política (por exemplo, eleições, formação de partidos políticos) que levaram à institucionalização de antigos movimentos sociais no sistema do estado. Seu propósito não é controlar ou tomar o poder. Todavia, isto não quer dizer que eles não estejam preparados para usar algumas das oportunidades que lhe são oferecidas pelas políticas institucionais (por exemplo, investigações públicas, ações nos tribunais). Mais propriamente, preferem concentrar-se em políticas em pequena escala, descentralizadas e em "nível comunitário". Como Moos (1989) demonstra com relação à comunidade homossexual do bairro de West Hollywood, em Los Angeles, isto pode até estar ligado à conquista de poder político no estado local. Finalmente, ao desafiar as estabelecidas rotinas de "fazer política", os novos movimentos sociais oferecem a possiblidade de novos projetos e novas maneiras de encarar o mundo e organizar a vida social. As estratégias para a mudança são orientadas para a participação na mudança de valores e o desenvolvimento de estilos de vida alternativos (Eyerman e Jameson, 1991).

Os NMSs são também muito mais amplamente abrangentes e suas origens e progresso mais variados do que o sucinto relato de Offe poderia sugerir. O que diferencia mais exatamente os NMSs é a sua preocupação com três aspectos inter-relacionados com a modernidade (Camilleri e Falk, 1992). Em primeiro lugar, a experiência de erradicação sócio-espacial e a desintegração de comunidades tradicionais, ligada à globalização e mudança social, criaram uma vigorosa busca por uma redescoberta de identidades históricas e culturais. Agindo nesta direção, encontra-se a redescoberta, a antiqüíssima necessidade de um sentimento de lugar e comunidade. Dentro da cidade ela se manifestou pelo renascimento de identidades étnicas nos centros urbanos e no crescimento do movimento de vizinhança . Em segundo lugar, os NMSs se concentram nos riscos tecnológicos para a humanidade e a natureza que agora fazem parte integral da sociedade pós-industrial. Estas preocupações abrangem potenciais catástrofes associadas com determinadas tecnologias (por exemplo, energia nuclear) e formas de poluição associadas a modernos estilos de vida (por exemplo, carros, plásticos) e suas globais e possivelmente irreversíveis conseqüências. E, em terceiro lugar, os NMSs são produto do fracasso de um estado movido pelo crescimento econômico e a racionalidade técnica, em avaliar e internalizar com eficácia as ramificações social, cultural e ambiental da modernidade. Muito embora a escala da importância dos NMSs em mudar a arquitetura política das políticas "local" e "global" ainda não esteja clara, eles no entanto colocam um desafio à economia política da modernidade, da qual o estado soberano é uma parte funcional.

Da sociedade socialista à sociedade pós-socialista

Os movimentos sociais no Segundo Mundo são um fenômeno relativamente novo, amplamente associado com o colapso do socialismo de estado e com a recente transição para sociedades pós-socialistas. Conseqüentemente é basicamente porque os movimentos sociais nasceram em localidades que passavam por mudanças estruturais postas em movimento por fracassadas tentativas iniciadas pelo governo de reformar o socialismo, que é importante tratá-los separadamente. Não podem ser considerados nem como NMSs no sentido ocidental, nem como a lógica reducionista de sistemas-mundo o faria, considerando as revoluções populares de 1989 na Europa Oriental como movimentos (capitalistas) anti-sistêmicos (Taylor, 1991). De fato, o que as revoluções de 1989 e

1991 na Europa Oriental e na antiga URSS realçaram foram movimentos populares antitéticos não em relação ao capitalismo e o seu funcionamento, mas contra o socialismo realmente existente (ver Smith, 1993).

O que acarretou o dramático crescimento da atividade dos movimentos sociais na antiga União Soviética e Europa Oriental a partir dos últimos anos da década de 80 foram três acontecimentos. Em primeiro lugar, a pouca credibilidade que o socialismo ainda possuía nesses países desapareceu rapidamente como resultado da incapacidade da particular ideologia utópica de legitimamente reivindicar-se como a representação de uma rota alternativa e superior, para a modernidade ao capitalismo. Na ausência de políticas participatórias e de direitos civis, o estado centralizador dependia fortemente do crescimento econômico e das técnicas redistributivistas do planejamento central associadas ao provimento de um estado assistencial e ao compromisso de erradicar desigualdades sociais entre regiões e entre a cidade e o campo, como base para uma continuada legitimidade política. Em meados dos anos 80, não só devido à Guerra Fria e aos custos econômicos da "excessiva presença imperial" (Kennedy, 1988), a hegemônica União Soviética tampouco pôde assegurá-lo. Em segundo lugar, houve o impacto mais gradual da mudança social associada com o movimento em direção a uma sociedade mais urbanizada e, em particular, com o surgimento de uma nova *intelligentsia* com base urbana (Levin, 1991). Foi das fileiras desses portadores de diplomas, frustrados com o projeto neo-stalinista, que a "geração Gorbachev" veio desafiar a formação anteriormente dominante de funcionários do partido, tanto dentro como fora da instituição política formal do estado. Sem, no entanto, um terceiro fator — a nova estrutura de oportunidades introduzida pelo regime Gorbachev sob a forma de *glasnost* e democratização — o surgimento de movimentos sociais eficazes e baseados na massa não poderia ter ocorrido. Ao permitir "a abertura da sociedade civil", o novo estado soviético, de mentalidade reformista, na verdade forneceu as bases sócio-territoriais para a sua destruição, ao permitir que a sociedade civil em seus impérios interno e externo participasse das mudanças sócio-políticas.

A característica mais marcante dos movimentos sociais foi sua condição de demarcação largamente étnico-regional e fortemente "nacionalista em conteúdo". Eram, na verdade, anticentristas e pró-soberania. Por conseguinte, as revoluções de 1989 na Europa Oriental foram basicamente dirigidas contra cinco décadas de socialismo soviético imposto do exterior. Nas repúblicas não-russas do multiétnico império soviético, os movimentos sociais também assumiram uma postura fortemente anti-russa, na qual russificação, socialismo e sovietização eram considerados como inextricavelmente ligados à violação colonial de direitos soberanos. Os "movimentos populares" que surgiram de um extremo ao outro de muitas repúblicas não-russas e na Europa Oriental foram, portanto, basicamente "organizações guarda-chuva" reunindo uma variedade de grupos e organizações — étnico-regionais, ecológicos, feministas, religiosos, de direitos humanos, pacifistas — que partilhavam uma crença comum de que a sua salvação residia na soberania territorial, ou até mesmo na cabal condição de estado independente (Smith, 1990; Sedaitis e Butterfield, 1991).

Assegurar uma maior soberania foi também considerado como o caminho mais eficaz para reingressar na economia capitalista mundial. Isto em parte refletiu-se, pelo menos na Europa Oriental, no que Habermas (1990) chama de "as revoluções retificadoras" de 1989, onde encontramos o anseio popular de reatar com o legado da democracia constitucional, e social e politicamente com os estilos de comércio e vida associados ao capitalismo. A tecnologia da informação, especialmente a televisão, foi crucial neste aspecto, não só devido ao papel por ela desempenhado nas revoluções de 1989, facilitando um efeito dominó entre as principais cidades da Europa Oriental, mas também devido à imagem positiva da vida sob o capitalismo recente que ela apresentou. Na verdade, houve movimentos mais desconfiados quanto aos benefícios que poderiam advir da adoção do capitalismo. Alguns movimentos Verdes enquadram-se neste caso, como também o novo movimento trabalhista. Mas até este movimento estava dividido quanto ao mérito da economia de mercado, em que as condições econômicas locais desempenhavam um papel crucial. Durante as greves nas minas de carvão entre 1989 e 1991, por exemplo, os mineiros na Ucrânia, onde as jazidas de carvão eram menos competitivas, a maquinaria obsoleta e muitas vezes quase exauridas, ficaram desconfiados dos benefícios da economia de mercado, enquanto que para os mineiros russos de Kuzbass, cujas jazidas eram mais ricas e mais produtivas e potencialmente mais competitivas, havia apoio para o ulterior "retraimento" do estado (Rutland, 1991).

Poucos questionariam que as contribuições dos movimentos sociais para os acontecimentos de 1989 e 1991 foram emancipatórias, baseadas no anseio dirigido para o estabelecimento de democracias políticas. Os acontecimentos foram, como tão eloqüentemente colocado por Garton-Ash, "a primavera de sociedades que pretendiam ser civis". Estes movimentos foram essencialmente um fenômeno urbano em que a *intelligentsia* foi a mais ativa. Onde a *intelligentsia* foi menos poderosa, a transição para uma democracia liberal e o capitalismo provou ser mais problemática, como no caso da Romênia e da Bulgária, dominadas por camponeses (Wertheim, 1992). O problema mais universal que surgiu, no entanto, é que o estado emancipatório não seguiu automaticamente os movimentos emancipatórios. Isto se deve a duas razões principais: em primeiro lugar, a pretensão à soberania é baseada em uma noção tipo wilsoniana de autodeterminação em que as fronteiras nacional e estatal são consideradas limítrofes. Esta crença na "nação-estado" tendeu a manifestar-se como intolerância da nação dominante para com "forasteiros" dentro de suas fronteiras soberanas (por exemplo, a minoria húngara na Romênia, políticas antiturcas na Bulgária, os russos na Letônia) e em reivindicações extraterritoriais (por exemplo, Sérvia, Ucrânia, Armênia) baseadas na crença nacionalista de que os espaços nacional e soberano deveriam ser congruentes. Desta forma, em alguns estados, movimentos anteriormente emancipatórios, tendo adquirido o poder, estão tratando de negar ou limitar os direitos de minorias étnicas por meio de legislação de cidadania. Em segundo lugar, a entrada na economia do mundo capitalista, especialmente para países competindo sobre suas margens, está fazendo renascer a idéia do estado forte, da necessidade de exercer controle central e assim, redefinir os direitos civis a fim de garantir condições adequadas para atrair o capital externo e o crescimento econômico. Nem um resultado eleitoral incerto nem uma força de trabalho descontrolada — em sociedades que têm pouca ou nenhuma memória coletiva de qualquer um dos dois — é facilmente compatível com esses objetivos estatistas.

Conclusões

Neste capítulo, delineei uma das principais agendas de interesse em teoria política, o futuro da nação-estado e da maneira como ambos os processos, "global" e "local", estão transformando o significado da soberania. Esses processos, como indiquei, estão intimamente ligados com uma espacialidade em política em que os processos globais têm implicações para as políticas de lugar e o modo como o lugar da política, pelo menos nas tardias democracias modernas, está cada vez mais sendo conduzido em "termos pós-nacionais" e em "esferas pós-nacionais". Esses processos trazem importantes implicações para nossa compreensão normativa e conceitual da espacialidade tanto da cidadania como da democracia.

Referências bibliográficas

Agnew, J. e S. Corbridge (1989) 'The new geopolitics: the dynamics of geopolitical disorder', em R. Johnston e P. Taylor (orgs.), *World in Crisis? Geographical Perspectives* (Oxford: Basil Blackwell), p.266-88.

Anderson, B. (1991) *Imagined Communities*, 2ª ed. (Londres: Verso).

Appadurai, A. (1990) 'Disjuncture and Difference in the Global Cultural Economy' em M. Featherstone (org.), *Global Culture, Nationalism, Globalization and Modernity* (Londres: Sage), p.295-310.

Arrighi, G., *et al.* (1990) *Antisystemic Movements* (Londres: Verso).

Bendix, R. (1964) *Nation-building and Citizenship: Studies of our Changing Social Order* (Nova York: Wiley).

Barbalet, J. (1988) *Citinzenship, Rights, Struggle and Class Inequality* (Milton Keynes: Open University Press).

Camilleri, J. e J. Falk (1992) *The End of Sovereignty? The Politics of a Shrinking and Fragmenting World* (Aldershot: Edward Elgar).

Clark, G. e M. Dear (1984) *State Apparatus, The Structure and Languages of Legitimacy* (Londres: Allen e Unwin).

Dalby, S. (1991) 'Critical geopolitics: discourse, difference and dissent', *Environment and Planning D. Society and Space*, vol.9, p.261-83.

Dale, R. (1984) 'Nation state and international system: The world- system perspective', em G. McLennan *et al.* (orgs.), *The Idea of the Modern State* (Milton Keynes: Open University Press).

Driver, F. (1991) 'Political Geography and State Formation', *Progress in Human Geography*, vol.15, nº 3, p.268-80.

Eyerman, R. e A. Jameson (1991) *Social Movements. A Cognitive Approach* (Oxford: Polity Press).

Featherstone, M. (org.) (1991) *Global Culture, Nationalism, Globalization and Modernity* (Londres: Sage).

Fukuyama, F. (1992) *The End of History and the Last Man* (Londres: Hamish Hamilton).

Giddens, A. (1985) *The Nation-state and Violence* (Oxford: Polity Press).

Habermas, J. (1987) *The Theory of Communicative Action*, vol.2, (Cambridge: Polity).

Habermas, J. (1990) 'What Does Socialism Mean Today? The Rectifying Revolution and the Need for New Thinking on the Left', *New Left Review*, nº 183, p.3-22.

Hall, S. (1991) 'The local and the global: globalization and ethnicity', em A. King (org.), *Culture, Globalization and the World-system* (Londres: Macmillan), p.19- 39.

Harvey, D. (1989) *The Condition of Post-Modernity* (Oxford: Basil Blackwell).

Heater, D. (1990) *Citizenship, The Civil Ideal in World History, Politics and Education* (Londres: Longman).

Held, D. (1991) 'Democracy, the Nation-State and the Global System', em D.Held (org.), *Political Theory Today* (Cambridge: Polity), p.197- 235.

Inglehart, R. (1977) *The Silent Revolution: Changing Values and Political Styles among Western Publics* (Princeton NJ: Princeton University Press).

Johnston, R. (1989) 'The Individual and the World Economy', em R. Johnston e P. Taylor (orgs.), *World in Crisis? Geographical Perspectives* (Oxford: Basil Blackwell), p.200-28.

Kaldor, M. (1991)*The Imaginary War* (Oxford: Basil Blackwell).

Kearns, J. (1988) 'History, Geography and World-systems Theory', *Journal of Historical Geography*, vol.14, p.281-92.

Kennedy, P. (1988) *The Rise and Fall of the Great Powers* (Londres: Fontana).

Kosik, K. (1976) *Dialectics of the Concrete* (Dordrecht: Reidal).

Laclau, E. e C. Mouffe (1985) *Hegemony and Socialist Strategy. Towards a Radical Democratic Politics* (Londres: Verso).

Lwein, M. (1991) *The Gorbachev Phenomenon. A Historical Interpretation*, 2ª ed. (Berkeley: University of California Press).

Mann, M. (1986) 'The autonomous power of the State: Its Origins, Mechanisms and Results', em J. Hall (org.), *States in History* (Oxford: Basil Blackwell), p.109-36.

Mann, M. (1988) *States, War and Capitalism* (Oxford: Basil Blackwell).

McGrew, A., P. Lewis *et al.* (orgs.) (1992) *Global Politics. Globalization and the Nation-State* (Oxford: Polity).

Mohan, J. (org.) (1988) *The Political Geography of Contemporary Britain* (Londres: Macmillan).

Moos, A. (1989) 'The Grassroots in Action: Gays and Seniors Capture the Local State in West Hollywood, California, em J. Wolch e M. Dear (orgs.) *The Power of Geography How Territory Shapes Social Life* (Boston: Unwin Hyman).

Offe, C. (1985) 'New Social Movements: Challenging the Boundaries of Institutional Politics', *Social Research*, vol.52, nº 4.

Peet, R. (1989) 'Introduction', em Peet, R. e N. Thrift (orgs.) (1989) *New Models in Geography. The Political Economy Perspective*, vol.1 (Londres: Unwin Hyman), p.257-66.

Roche, M. (1992) *Rethinking Citizenship. Welfare, Ideology and Change in Modern Society* (Oxford: Polity).

Rucht, D. (org.) (1991) *Research on Social Movements. The State of the Art in Western Europe and the USA* (Boulder: Westview).

Rutland, P. (1991) 'Labour Movements and Unrest in 1989 e 1990', *Soviet Economy*, vol.6, nº 1, p.345-84.

Scott, A. (1990) *Ideology and the New Social Movements* (Londres: Unwin Hyman).

Sedaitis, J. e J. Butterfield (orgs.) (1991) *Perestroika from Below. Social Movements in the Soviet Union* (Boulder: Westview).

Skocpol, T. (1979) *States and Social Revolutions* (Cambridge University Press).

Slater, D. (1991) 'New Social Movements and Old Political Questions. Rethinking State-Society Relations in Latin America Development', *International Journal of Political Economy,* vol.21, nº 1, p.32-65.

Smith, A. (1990) 'Towards a Global Culture?, em M. Featherstone (org.), *Global Culture. Nationalism, Globalization and Modernity* (Londres: Sage), p.171-92.

Smith, G. (1985) 'Political Geography', em R.Robins (org.), *Introducing Political Science, Themes and Concepts in Studying Politics* (Londres: Longman), p.126-47.

Smith, G. (1989) 'Privilege and Place in Soviet Society', em D. Gregory e R. Walford (orgs.), *New Horizons in Human Geography* (Londres: Macmillan), p.320-40.

Smith, G. (1990) *The Nationalities Question in the Soviet Union* (Londres: Longman).

Smith, G. (1993) 'Ends, Geopolitics and Transitions', em R. Johnston (org.) *The Challenge for Geography. Changing World, Changing Discipline* (Oxford: Basil Blackwell), p.76-99.

Smith, S. (1989) 'Society, Space and Citizenship: A Human Geography of the "New Times"?', *Transactions, Institute of British Geographers, NS*, vol. 14, nº 2, p.144-56.

Taylor, P. (1991) 'The Crisis of the Movements: The Enabling State as Quisling', *Antipode*, vol.23, nº 2, p.214-28.

Taylor, P. (1993) *Political Geography, World-Economy, Nation-State and Locality*, 3ª ed. (Londres: Longman).

Touraine, A. (1985) 'An Introduction to the Study of Social Movements', *Social Research*, vol.52, nº 4.

Thrift, N. (1989) 'The Geography of the International Economic Disorder', em R. Johnston e P. Taylor (orgs.), *World in Crisis? Geographical Perspectives* (Oxford: Basil Blackwell), p.16-68.

Walker, R. e R. Mendlovitz (orgs.) (1990) *Contending Sovereignties: Redefining Political Community* (Boulder: Lynne Rienner).

Wallerstein, I. (1979) *The Capitalist World-Economy* (Cambridge University Press).

Wallerstein, I. (1984) *The Politics of the World-Economy, The States, The Movements and The Civilisations* (Cambridge University Press).

Wallerstein, I. (1991) *Geopolitics and Geoculture, Essays on the Changing World-System* (Cambridge University Press).

Wertheim, W. (1992) "The State and the Dialectics of Development", *Development and Change*, vol. 23, nº 3, p. 257-82.

Write, S. (1991) *Political Theory and Postmodernism* (Cambridge University Press).

3

Teoria social e geografia humana

DEREK GREGORY

> Examinemos a construção da Arca. O que faz ele? Ele a constrói em madeira de cipreste. Cipreste? Até Sem desaprovou, mas não, era o que ele queria e é isto que ele devia ter. O fato de não haver muitos ciprestes nas redondezas foi simplesmente ignorado. Não há dúvida que ele estava simplesmente seguindo as instruções de seu modelo-mestre; mas mesmo assim. Qualquer um que entenda um pouco de madeira — e eu falo com certa autoridade no assunto — poderia ter-lhe dito que dezenas de outros tipos de árvore poderiam se prestar de igual modo, senão melhor; e além do mais, a idéia de construir todas as partes de um barco utilizando a mesma madeira é ridícula. Você deve escolher o material de acordo com a finalidade para a qual se propõe utilizá-la. Todo mundo sabe disso. Todavia, assim era o velho Noé — uma mentalidade totalmente desprovida de flexibilidade. Ele só enxergava um lado da questão.
>
> Julian Barnes, *A history of the world in 10 1/2 chapters*

Montanhas e ilhas

Neste capítulo examino algumas das relações entre geografia humana e a teoria social. Não quero ser induzido a um debate sobre os limites do primeiro desses termos — já houve demasiadas declarações amortecedoras acerca da "natureza" ou "espírito" e "propósito" da geografia — mas eu preciso dizer algo acerca do segundo porque não o uso como um sinônimo para sociologia ou mesmo ciência social. Em vez disso proponho tratar a teoria social como uma série de discursos sobrepostos, argumentativos e contraditórios que procuram de várias maneiras, e com variados propósitos, ponderar explicitamente e mais ou menos sistematicamente sobre a organização da vida social, tornar inteligíveis as práticas sociais e intervir em sua conduta e conseqüências. Isto é uma caracterização esquelética, mas ela não limita a teoria social a uma determinada disciplina e apresenta três afirmações conectadas que, espero, trarão um sopro de vida à discussão que se segue.

Falar de teoria social como um discurso é ingressar numa arena complicada, mas para uma primeira aproximação o discurso se refere a todas as maneiras pelas quais nos comunicamos uns com os outros: àquela vasta rede de sinais, símbolos e práticas por meio dos quais tornamos nosso(s) mundo(s) significativo(s) para nós mesmos e para os outros. É um termo que atrai a atenção para a integrabilidade da investigação intelectual na vida social: para contextos e invólucros que dão a forma a nossos conhecimentos locais, não obstante serem imperiosamente globais suas pretensões de conhecer, e nas conseqüências práticas de compreender (e estar realmente dentro) o mundo mais como isto do que como aquilo. Como a interpreto e a uso, a teoria social não é um tratado expositivo sobre a vida social mas, mais exatamente, uma *intervenção* na vida social. Não é uma seqüência de idéias conjuradas pelos deuses da abstração e arremessadas como um raio através das nuvens para iluminar uma paisagem na terra: a teoria social é sempre e em todo lugar fundamentada, elaborada em determinados locais para atender a circunstâncias particulares, profundamente comprometida em constelações de poder, conhecimento e (como tentarei mostrar) espacialidade. Isto não significa que é imóvel. Pelo contrário, a teoria social está em constante movimento, deslocando-se de um lugar para outro, e em suas jornadas agrega uma grande quantidade de diferentes pressupostos que às vezes (e freqüentemente não deveriam) não sobrevivem intactos à viagem. Isto implica uma maneira especial de usar a teoria social em que suas idéias precisam ser trabalhadas — de modo paciente, cuidadoso, rigoroso — em cada um de seus diferentes portos de escala: não "testada" em algum laboratório isolado, não "administrada" do exterior, mas *trabalhada*.

De maneira bastante semelhante insisto que a teoria social trata de tornar a vida social inteligível porque não privilegia imediatamente um supostamente "científico" conjunto de práticas de trabalho sobre ou contra outro. "Ciência" é uma palavra astuta. Dentro das humanidades e ciências sociais ela é muito usada (e abusada) como termo de aprovação ou condenação, feita para defender um sistema de conhecimento para o qual somos convidados a aspirar ou do qual somos convidados a nos afastar. Mas essas são, tão freqüentes quanto não são, respostas de reflexo rotuliano. Estão raramente baseadas no exame atento do modelo recebido da ciência natural, numa investigação das práticas científicas no laboratório, no campo ou nas revistas técnicas, no que os cientistas realmente *fazem*, mas em vez disso se apóiam no que os filósofos tem tido a dizer acerca desses assuntos. Isto começou a mudar, de maneira algumas vezes surpreendente, em parte porque os privilégios que a "Filosofia com F maiúsculo" se arroga têm sido submetidos a exames cada vez mais apurados (Baynes, Bohman e McCarthy, 1987), e em parte porque a nova sociologia da ciência — talvez até uma etnografia da ciência — demonstrou através de uma série de detalhados estudos de caso que as ciências firmes são menos "objetivistas" do que tanto seus protagonistas como seus críticos têm geralmente afirmado (Woolgar, 1988). As ciências têm muito mais em comum com outras práticas sociais — para o bem ou para o mal — do que a maioria de nós jamais imaginou e elas não escapam às mútuas imbricações de poder e conhecimento envolvendo-se em um manto de objetivismo (Rouse, 1987). Por essas razões, suspeito de qualquer discurso que reúna em si os privilégios e conclusões que sustentam uma pretensão supremamente auto-confiante a uma "verdade" única e universal independente da posição do sujeito. Todos os nossos conhecimentos são situados (Haraway, 1991, p.183-201).

Compreendo que tudo isso é muito esquemático, e, deliberadamente, não fiz nenhuma distinção entre as diferentes tradições da teoria social. Mas meu propósito não é oferecer uma perspectiva geral mas, ao contrário, pensar nas implicações mais amplas do interesse contemporâneo na teoria social e geografia humana. Uma das conseqüências mais óbvias, a meu ver, é que um interesse em lugar, espaço e paisagem — tradicionalmente uma das preocupações centrais da geografia humana — tornou-se uma das preocupações centrais das humanidades e das ciências sociais como um todo. Não acho que isto signifique que a disciplina esteja se dissolvendo, mas creio que sugere que o *discurso* da geografia tornou-se mais amplo do que a disciplina. Isto não é o resultado do diálogo entre teoria social e a geografia humana apenas, evidentemente existem diversas outras maneiras pelas quais as tradicionais preocupações geográficas conduzem diretamente a conversações mais amplas: mais obviamente e provavelmente de modo mais importante, àqueles debates que cercam a ecologia política e as políticas culturais da "natureza" as quais, por sua vez, têm consideráveis implicações para a teoria social preponderante que, com uma ou duas exceções, demonstrou notavelmente pouco interesse por tais assuntos (Eckersley, 1990; Merchant, 1990).

A meu ver, esses desenvolvimentos complicadores ampliam tanto a teoria social como a investigação geográfica e devem ser bem acolhidos. A divisão intelectual do trabalho sempre foi um assunto desordenado — que é em parte o motivo de existirem tantas novas disciplinas e o aparecimento de projetos interdisciplinares — e ainda assim não é completamente arbitrária. É sempre possível fornecer razões (históricas) para traçar os limites mais desse jeito do que de outro. Mas, uma vez estabelecidos, esses limites geralmente tornam-se institucionalizados. Todo o aparato acadêmico — professores, cursos, revistas técnicas, textos, sociedades acadêmicas — é mobilizado para demarcá-los e, ocasionalmente, policiá-los. Mas essas divisões disciplinares não correspondem a qualquer interrupção natural no panorama intelectual: elas não são respeitadas pela vida social e as idéias fluem por elas. É este movimentado tráfego de cruzar fronteiras que tenho em mente quando falo de "discurso".

Neste sentido, o discurso da geografia não está confinado a uma determinada disciplina em particular, nem mesmo aos vocabulários acadêmicos especializados. Todos nós, habitualmente, atribuímos sentido a lugares, espaços e paisagens em nossa vida diária — de diferentes maneiras e para diversos propósitos — e estas "geografias populares" pessoais e públicas são tão importantes para a condução da vida social quanto nossa compreensão de (digamos) biografia e história. Quando solicitados a pensar crítica e sistematicamente acerca da vida social e do espaço social, contudo, geralmente precisamos nos afastar desses lugares-comuns tomados como premissas garantidas. Nunca podemos excluí-las todas de uma vez, já que nossas reflexões só farão sentido para nós e para outras pessoas, se elas guardarem alguma ligação com os significados usuais que estão integrados no dia-a-dia das negociações da vida cotidiana. Mas, precisamos interrogar essas compreensões do "sentido comum": temos de fazer com que elas respondam outras questões, que se dirijam a outras audiências, que sejam justificáveis perante outros protagonistas. Isto é mais do que uma questão de desafiar a "trivialidade" das coisas, embora isto seja extremamente importante. É também necessário desenredar a intrincada teia de condições e conseqüências em que elas estão envolvidas: de mostrar como práticas e processos se unem e entram em conflito em conjuntos de ações e reações nos lugares e pelo espaço, freqüentemente muito além de nossos horizontes imediatos, e ao agirem assim transformam constantemente as hesitantes geografias da modernidade.

Este interesse é, como o geógrafo David Harvey, entre outros, certa vez denominou, uma "imaginação geográfica", e em sua magnífica investigação sobre a *Justiça social e a cidade* ele tentou unir esta sensibilidade crítica ao que o sociólogo C. Wright Mills havia previamente identificado como a "imaginação sociológica". Nenhum desses termos era protegido por uma cerca disciplinadora, se me permitem dizer, e nem Harvey nem Mills buscavam favorecer suas próprias disciplinas em detrimento de outras ou contra outras. Eram ambos extremamente críticos em relação às ortodoxias predominantes em geografia e sociologia. O que ambos procuraram fazer, cada um à sua maneira, foi enfatizar a responsabilidade ética e política de responder pelas relações entre lugar e espaço (Harvey, 1973) e biografia e história (Mills, 1959). Quando esses projetos gêmeos são justapostos (e isto foi, a meu ver, o objetivo básico de Harvey), o desafio passa a ser resolver as equações simultaneamente porque, na maioria das vezes, a geografia humana mostrou pouco interesse em processos sociais e, inversamente, a sociologia deu pouca atenção em teorizar a espacialização da vida social. Isto é um assunto complicado, mas em geral a teoria social sempre esteve mais interessada no tempo do que no espaço, embora as relações entre a teoria social e as disciplinas históricas fossem freqüentemente controversas e só recentemente é que se aventuraram no que Neil Smith chama "espaço profundo":

> O século XX conduziu à descoberta do espaço profundo, ou pelo menos à sua construção social e, no entanto, só agora que o século chega ao seu término é que esta descoberta fundamental está-se tornando palpável.... O espaço pleno é a quintessência do espaço social; é espaço físico instilado de propósito social (Smith, 1990).

A linguagem do tipo *Jornada nas Estrelas* não é totalmente fora de propósito, em parte porque os horizontes da ciência (e, naquele caso, a ficção científica) oferecem importantes orientações; em parte porque a cabal materialidade do espaço social é de importância fundamental; e em parte porque essas descobertas estão começando a mapear regiões onde poucos se aventuraram até então.[1]

A seguir, desejo examinar este novo panorama intelectual. Meu relato tomará a forma de um mapa-esboço, uma parcial e provisória geografia histórica de idéias extraídas (na maior parte) de trabalhos realizados na

Grã-Bretanha e na América do Norte. Mas preciso alertar para dois pontos. Primeiro: existem outras geografias e outras tradições geográficas, e seria ao mesmo tempo arrogante e enganador supor que o trabalho a ser discutido aqui seja de algum modo exemplar (ou até pior, mais avançado) para outras contribuições. Dito isto, a profissionalização da disciplina juntou-se à sua internacionalização sob formas que freqüentemente marginalizam aquelas outras vozes ou as incluem dentro do discurso hegemônico cujos termos foram largamente ditados pelo ambiente acadêmico ocidental. Segundo, e em contrapartida, a história da geografia moderna foi, muitas vezes, estruturada em termos vagamente geográficos. Em suas origens, quase no fim do século XVIII, era supostamente uma "ciência européia" (se bem que "eurocêntrica" seria uma descrição mais precisa); nas décadas finais do século XIX foi formalmente admitida no meio acadêmico ocidental, freqüentemente por sua íntima associação com o nacionalismo e o imperialismo, e distintas escolas de geografia foram associadas a determinadas tradições nacionais ("a Escola Francesa", "a Escola Alemã"); e no século XX, como estas sementes foram transplantadas para o outro lado do Atlântico, lugares singulares foram utilizados como marcos no panorama intelectual ("a Escola de Chicago", "a Escola de Berkeley" e mais recentemente até mesmo "a Escola de Los Angeles"). Mas a escala global de muitos dos problemas que preocupam os geógrafos hoje em dia associou-se à circulação global de informações — com suas concomitantes disparidades, restrições e deformações — de modo a tornar esses paroquialismos cada vez mais problemáticos. Sem dúvida conservamos muitos deles — como já assinalei, muitos no meio acadêmico ocidental ainda supõem que eles ocupam (e deveriam ocupar) uma posição central nessas discussões — e desconfio que também inventamos uns novos: a busca contemporânea por alta teoria não diminui notavelmente o etnocentrismo de nossas investigações, visto que tantas dessas formulações foram o produto de pensadores ocidentais em resposta a dilemas ocidentais. Precisamos constantemente ser lembrados da singularidade de nossos pressupostos, conseqüentemente, da excentricidade de nossos pontos de vista. Mas os fatos subsistem: "conhecimento local" simplesmente não é mais local. Como afirma James Clifford,

> Ocorreu uma mudança conceitual, "tectônica" em suas implicações. Assentamos as coisas agora numa terra em movimento. Não há mais um lugar de observação (topo de uma montanha) do qual podemos descrever as maneiras humanas de viver, nenhum ponto arquimediano do qual retratar o mundo. As montanhas se

> encontram em constante movimento. Assim, as ilhas: pois não se pode ocupar, sem ambigüidade, um mundo cultural delimitado do qual se possa sair em expedição e analisar outras culturas. Os modos de vida humanos crescentemente influenciam, dominam, parodiam, traduzem e subvertem uns aos outros (Clifford, 1986, p.22).

Mas isto seria uma antecipação: deixe-me iniciar minha história numa época em que a geografia, a exemplo da Arca de Noé, ainda se encarapitava no topo da montanha.

Ciência espacial e o mundo-como-exposição

Em meados do século XX a disciplina da geografia foi reformulada como "ciência espacial" e definida em termos de uma focalização própria sobre a organização espacial e ordem espacial.[2] Essa maneira de olhar para as coisas de perto corresponde exatamente ao que Mitchell (1988, 1989), seguindo Derrida e Heidegger, identificou como "o mundo-como-exposição". Isto abrange uma história muito mais longa do que qualquer ciência espacial formal e inclui dentro de seu horizonte de significado, muito da filosofia e metafísica, ciência e pensamento social ocidentais. Pode ser rastreado pelo menos até os séculos XVII e XVIII, mas conquistou uma força especial nas décadas finais do século XIX quando se incrustou nas espacialidades de que Mitchell chama um sistema "colonizador" de poder. Embora ele esteja mais preocupado com o registro desta específica configuração européia de poder-conhecimento sobre o Egito do final do século XIX, é importante entender que o mundo-como-exposição já havia colonizado a Europa e, na verdade, foi subseqüentemente repatriado para a metrópole sob uma forma altamente enaltecida. Em termos mais gerais, dependia de um conceito de ordem que foi produzida e residia em uma estrutura que supostamente estaria algo separada do que era estruturado: um quadro que parecia preceder e existir à parte dos objetos por ele enquadrados.

> [Esta] ordenação cria a impressão de que os hiatos entre as coisas são uma abstração, algo que existiria independente de determinadas coisas serem postas aí ou não. Este efeito estrutural de algo preexistente, não-particular e não-material é o que nos transmite a sensação de "ordem" (Mitchell, 1989, p.79).

Isto pode, à primeira vista, parecer tremendamente óbvio (que outro conceito não-abstrato poderia haver?) e exasperadamente obscuro (o que é este "efeito estrutural" que Mitchell tão desairosamente invoca?). Mas de uma certa maneira este é precisamente o argumento de Mitchell: este modo de conceber ordem é tão aceito como certo, feito para parecer tão material, que perdemos de vista muitas outras maneiras de tornar o mundo inteligível.

Quero lembrar que nas décadas seguintes à Segunda Guerra Mundial o mesmo conceito de ordem constituiu-se no ponto central da ciência espacial anglo-americana.[3] Foi enunciado com máxima clareza por Peter Haggett em seu fecundo estudo intitulado *Locational analysis in human geography*, publicado, inicialmente em 1965, quando essa assim chamada "nova geografia" atingia seu apogeu. "A ordem não depende da geometria do objeto que vemos", afirmou ele, "mas da estrutura organizacional em que o colocamos". Para Haggett, era a própria estrutura que era geométrica, e ao longo dos próximos vinte e cinco anos ou mais, ele procurou resgatar a tradição geométrica — um interesse por "estrutura espacial" que costumava ser um lugar-comum na geografia clássica grega e acomodá-la em um lugar central dentro da moderna disciplina. A análise locacional foi assim organizada em torno da decomposição de um sistema regional numa série de geometrias abstratas: movimentos, redes, nódulos, hierarquias e superfícies (Figura 3.l). Em um elegante ensaio refletindo sobre este plano, Haggett (1990, p.5) descreveu sua visão da geografia como um "espelho distante", uma maneira de ver o

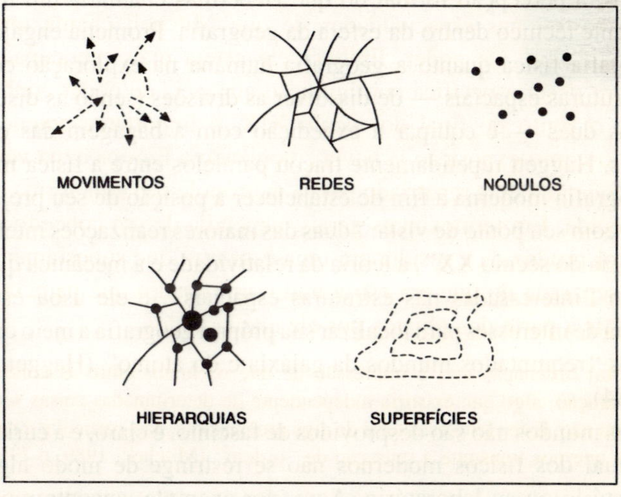

FIGURA 3.l *Geometrias abstratas e ciência espacial*

FONTE: segundo Haggett, 1965

mundo à distância, a qual relembra vivamente as estratégias de todos aqueles viajantes europeus no Egito, de acordo com Mitchell, que podiam apenas "formar um quadro" do que viam — que só podiam tornar o mundo inteligível — ocupando uma posição sobre as "plataformas de observação" (Telegraph Hill nos arredores do Cairo ou a Grande Pirâmide de Gize) que lhes ofereciam o que Mitchell (1988) chama "distanciamento óptico": uma posição a partir da qual eles podiam ver sem ser vistos. O paralelo com o olho vigilante da ciência espacial é, creio eu, exato (Gregory, 1994).

Há todo tipo de conexões entre essas metáforas visuais e as maneiras como o "conhecimento" é concebido dentro da modernidade: quantas vezes você diz "eu vejo" quando quer dizer "eu entendo"? Mas quero chamar uma atenção especial (outra metáfora visual) para o verniz científico — "as ópticas" — que cobre este modo de organizar o mundo-como-exposição dentro da geografia humana. Pois aqueles que mais se preocuparam em fazê-lo, inclusive Haggett, invocavam geralmente a linguagem das ciências para propor seu conceito particular de ordem. Esta estratégia foi, a meu ver, sintomática da constelação de ciência e de tecnologia no pós-guerra que continha em seu âmago um núcleo ideológico que virtualmente eliminou a distinção entre o técnico e o prático (cf. Habermas, 1971, 1978).[4] A ciência espacial foi, sob muitos aspectos, a percepção formal do que Habermas chamaria um interesse puramente técnico dentro da esfera da geografia. Prometia engajar tanto a geografia física quanto a geografia humana na exploração conjunta das estruturas espaciais — de dissolver as divisões (senão as distinções) entre as duas — e equipar a expedição com a bagagem das ciências naturais. Haggett repetidamente traçou paralelos entre a física moderna e a geografia moderna a fim de estabelecer a posição de seu projeto. De acordo com seu ponto de vista, "duas das maiores realizações intelectuais da ciência do século XX", a teoria da relatividade e a mecânica quântica, estavam "interessadas nas estruturas espaciais", e ele usou esta congruência de interesses para localizar sua própria geografia a meio caminho entre os "requintados mundos da galáxia e do átomo" (Haggett, 1990, p.23,184).

Esses mundos não são desprovidos de fascínio, é claro, e a curiosidade intelectual dos físicos modernos não se restringe de modo algum ao observatório ou ao laboratório. Aqui, por exemplo, encontramos Niels Bohr conversando com outro físico, Werner Heisenberg, sobre a visita ao Castelo de Kronberg na Dinamarca:

> Não é estranho como este castelo muda tão logo imaginemos que Hamlet viveu aqui? Como cientistas acreditamos que um castelo se constitui apenas de pedras e admiramos o modo como o arquiteto as juntou. As pedras, o telhado verde com sua pátina, os entalhes de madeira na capela, constituem o conjunto do castelo. Nada disso deveria mudar pelo fato de Hamlet ter vivido aí, e mesmo assim está completamente mudado. De repente as paredes e os bastiões falam uma linguagem totalmente diferente (Heisenberg, 1972, p.51).

Haggett também cita este trecho; mas foi esta "linguagem diferente" que ocupou muitos dos críticos da ciência espacial. Na verdade, a expressão mais sucinta da distância entre as duas foi provavelmente sua própria decisão de retirar os topônimos dos mapas em *Locational analysis* e substituí-los por símbolos gregos: uma manobra que literalmente os recolocou num espaço — geométrico, generalizável — abstrato.

As versões mais adiantadas da ciência espacial não eram, todavia, unicamente determinadas pela contemplação geométrica mas focalizavam modelos parciais ou gerais de um panorama econômico ou "economia de espaço". A ordem espacial que elas supunham inerente ao panorama humano era geralmente derivada de uma versão particular da teoria econômica chamada economia neoclássica, e em particular da transcodificação de seu cálculo abstrato de oferta e demanda em uma igualmente abstrata "fricção de distância". Ironicamente, essa manobra só fortaleceu as conexões com a ciência física. Embora houvesse importantes diferenças entre seus proponentes, a revolução marginalista em economia nos anos de 1870 dependeu de conceitos e métodos extraídos diretamente das ciências físicas. Nunca houve segredo a respeito, e Walras (um dos mandarins do marginalismo) descreveu sua economia "pura" como uma ciência "físico-matemática". Na verdade, a pirataria era tão franca e sistemática que Mirowski (1988, 1989) maliciosamente insinua que o episódio todo seria mais adequadamente descrito como a "anexação" marginalista: exceto, é claro, que foi mais do que um episódio transitório. A herdeira do marginalismo foi a economia neoclássica, que continua sendo influenciada pela física pós-newtoniana de meados do século XIX, e que, como Mirowski observa, ficou em conseqüência encalhada pela retração do determinismo atomístico e, além do mais, pela física do século XX. Cem anos mais tarde foi possível ler as mesmas ironias nos textos sobre ciência espacial. Em alguns casos os modelos foram derivados diretamente da física — geralmente modelos de interação espacial e difusão espacial — e, em outros casos — geralmente modelos de localização e comportamento espacial — eles foram transmitidos pela economia neoclássica. Mas, em ambos os casos, o mundo por eles exibido foi emoldurado por — e por conseguinte estruturado pela — lógica de metáforas físicas rigidamente confinadas.

Se isto produziu uma geografia humana conceitualmente apartada do social, foi também uma geografia que de maneiras bem diferentes repercutiu no social através de seu ensino e seus programas de pesquisa. Digo isso porque essas representações do mundo eram mais do que abstrações intelectuais: elas influenciaram a maneira pela qual aqueles que as aceitavam e usavam, pensavam a respeito, formavam um sentido e agiam no mundo. Permitam-me tornar isto mais concreto. No âmago da teoria neoclássica da localização havia a preocupação com ação *racional* e paisagens *racionais,* motivo pelo qual esperava-se que seus modelos tivessem essas importantes implicações políticas — mas deu-se a este aparentemente inocente adjetivo um significado altamente específico. Foi uma forma de racionalidade direcionada para a alocação de meios para os fins: isto é, uma racionalidade estritamente "cognitiva-instrumental" cuja gradual institucionalização culminou no que Max Weber chamou a "gaiola de ferro" da modernidade capitalista.[5]

Esta história foi contada muitas vezes e de diferentes maneiras, mas as narrativas raramente se deram conta do envolvimento tácito da ciência espacial na racionalização da ação social. Talvez as padronizadas histórias da geografia silenciem a respeito porque as origens desta versão particular de enquadramento não residiam apenas na geografia acadêmica. Foucault (1979, 1980) insinua que um sistema anônimo e disperso de ciências espaciais surgiu na Europa no século XVIII como parte de um generalizado sistema de conhecimento médico-administrativo profundamente comprometido com a formação de uma moderna "sociedade disciplinar" e suas tecnologias constitutivas de vigilância, regulação e controle. A geografia humana não ocupava um lugar formal na genealogia das ciências humanas de Foucault, mas não seria difícil demonstrar que pelas décadas da metade do século XX, levada a cabo pela espécie de mudanças intelectuais descritas por mim aqui, a geografia humana havia centralizado e formalizado esse projeto. Em outras palavras, o conhecimento disciplinar da ciência espacial foi sistematicamente conectado ao poder disciplinador. Ao usar as ciências físicas como modelo, esta visão da geografia humana endossou ("naturalizou") efetivamente as estruturas existentes da vida social: de fato, elas foram abandonadas na escuridão quase total. Suas revelações espetaculares acerca do mundo-como-exposição, agora crescentemente estimuladas pelas exibições gráficas de sistemas de informação geográfica (SIG) e outras tecnologias políticas, continuam sendo elementos estratégicos essenciais na "colonização" contemporânea do mundo vivo (cf. Poster, 1990). Isto é como nos mover de Foucault a um ulterior Habermas (1987) e existem dificuldades reais para fazê-lo. No entanto, neste nível geral, as conexões entre poder disciplinar, a colonização do mundo vivo e as racionalidades instrumentais da ciência espacial me parecem constrangedoras. Por sorte elas não permaneceram incontestadas.

Os contornos do marxismo

A crítica da ciência espacial encontrou muitos empecilhos mas deve ter ficado claro, a partir do que disse até agora, que a teoria social foi (e continua sendo) um meio vital de dissenso: ajudou a questionar a "trivialidade" dessas representações supostamente objetivas e desinteressadas do mundo. Outras versões da teoria social teriam sido compatíveis com os planos da teoria espacial, como o funcionalismo estrutural desenvolvido por Talcott Parsons e seus sucessores, mas o interesse na teoria social foi induzido quase que inteiramente por intenções críticas. Não posso examinar aqui todos os desafios: eles certamente não falavam em uníssono e traziam com eles seus próprios problemas particulares. A seguir, desejo concentrar a atenção sobre as objeções derivadas da economia política e em particular do materialismo histórico que começaram a aparecer por volta do fim dos anos 60.

Compreendo que essa explosão de interesse pelo marxismo pode parecer estranha para muitos, talvez para a maioria dos leitores atualmente, mas a geografia humana foi provavelmente a última das humanidades e ciências sociais a levar o marxismo a sério: e persiste a questão, creio, que nenhum trabalho sério pode ser empreendido nesses campos sem chegar-se a um acordo sobre os escritos de Marx. No caso da geografia, deve-se dizer também que esses desenvolvimentos não podem ser desvinculados da cultura política da qual eles são parte: esses foram os anos de movimentos estudantis de protesto na Europa e na América do Norte; de uma crescente preocupação com direitos civis e justiça social, e de demonstrações contra a guerra no Vietnã.[6] E ainda assim não podemos reduzir esse movimento político-intelectual a seu contexto: a transição para o marxismo também foi influenciada pelo momento intelectual do programa dominante de pesquisa que a precedeu. Harvey, que desempenhou um papel tão destacado na reorientação e na radicalização da geografia humana, desencantou-se por completo com a ciência espacial — com sua incapacidade "de dizer algo realmente significativo acerca dos acontecimentos à medida que eles se desenrolavam à nossa volta" — mas manteve também uma firme adesão à uma geografia *científica* que pudesse analisar a *estrutura* da *economia* espacial (Harvey, 1973). Essa ênfase tríplice ajuda a explicar seu interesse nos escritos do próprio Marx e no que considero sua proximidade a uma tradição de um marxismo mais ou menos "clássico" desenvolvido na Grã-Bretanha por Maurice Dobb e Eric Hobsbawm, ambos fundamentalmente mais interessados na trajetória econômica do método capitalista de produção, do que propriamente (digamos) no materialismo cultural de E.P. Thompson e Raymond Williams que viria a atrair uma ulterior geração de geógrafos anglófonos. O que essa ênfase não explica, entretanto, é a aparente indiferença de Harvey pelo desenvolvimento de uma escola francófona de marxismo estrutural também exercida com o apoio do status científico da obra de Marx e que procurava teorizar a coexistência contraditória de estruturas múltiplas dentro do capitalismo.[7] Mas essas inovações conceituais foram hostis ao historicismo que se encontrava integrado dentro da obra de Harvey — contra a poderosa "lógica" inerente à resultante histórica que permeia muitos de seus ensaios iniciais em geografia marxista — e consideravelmente menos interessadas em incluir os movimentos de outros planos (político e cultural) a fim de teorizar os movimentos da economia capitalista. Em suma, a economia permaneceu no centro desta recente geografia radical, como o estivera em relação à ciência espacial.

Porém, era agora teorizada em termos surpreendentemente diferentes. A economia política registrou um importante progresso em relação aos modelos da ciência espacial porque socializou essas geometrias abstratas. As estruturas espaciais não eram mais geradas por modelos de processos de pontos em espaços matemáticos e as redes da geografia deixaram de ser indiferentes ao que Mitchell (1988) denominou "as coisas particulares [que] eram postas aí". Ao invés disso, a geografia humana analisava agora panoramas de acumulação de capital produzidos por processos sociais em espaços concretos; era desesperadamente importante saber o que eram essas "coisas". As mudanças também puseram esses panoramas em movimento: assim como Marx havia descrito a modernidade capitalista como um mundo em que tudo o que é sólido se desmancha no ar, as treliças congeladas da ciência espacial começaram a se partir, mover-se e soçobrar. O equilíbrio era agora considerado problemático, ilusório até; crise e contradição eram conectadas à produção e reprodução de espaço; e as transformações não eram mais meras operações topológicas mas as complexas conseqüências de processos sociais e conflitos sociais (ver Massey, 1984). Houve exceções, é claro, e a análise espacial não desapareceu de modo algum. Mas, na maioria dos casos, a dinâmica geográfica foi amplamente removida dos laboratórios das ciências físicas e colocada nos campos abarrotados da história humana. Embora houvesse outros atores envolvidos — inclusive os que estabeleciam uma geografia humanística que, pelo menos em algumas versões, se superpunha a diversas tradições de materialismo histórico — não há dúvida que o interesse sem precedentes no materialismo histórico desempenhou um papel importante neste processo de relocalização. Isso foi mais do que uma realização intelectual; tinha a mais vívida das implicações políticas. A partir do momento em que a geografia se liberta da jogada naturalizante de ciência espacial, e uma vez que as particularidades delinqüentes do mundo foram desvinculadas de uma linguagem antes restrita a "desvio" e "resíduo", tornou-se possível pensar nas práticas sociais em outros termos e imaginar outros cenários.[8]

Espero que isto não seja mal interpretado. É possível representar alguns processos sociais em termos matemáticos, e o desenvolvimento da economia política analítica e sua tradução para a geografia humana desmentem aqueles que tentaram tratar a economia política como a resposta da enumeração para a ciência espacial (Sheppard e Barnes, 1990). Todavia, a crítica da ciência espacial lançou uma extensa sombra e poucos dos compromissos iniciais entre a economia política e a geografia humana foram verdadeiramente analíticos neste sentido. Para Harvey, parte da atração pela obra de Marx foi indubitavelmente seu rigor analítico, e acho justo dizer que suas primeiras e exuberantes explorações do materialismo histórico não eram totalmente livres de um positivismo residual. No entanto, como muitos outros, Harvey tornou-se cético da modelagem matemática — de sua forma mais analítica do que dialética — e desconfiado do cálculo não identificado da análise espacial. Foi esse formalismo espacial e sua pretensão implícita a uma ciência espacial autônoma e auto-suficiente que perturbou Harvey e muitos outros, e a crítica de Marx quanto ao fetichismo da mercadoria estendeu-se para uma crítica do que viria a ser chamado de "fetichismo espacial". Em outras palavras, a ciência espacial foi acusada de separar as estruturas espaciais dos montes de relações sociais que nelas estavam integradas. O resultado foi um retraimento generalizado da análise de estrutura espacial. Conseqüentemente, a maioria dos compromissos iniciais entre a economia política e a geografia humana foi distintamente unilateral. O materialismo histórico projetou-se mais ou menos diretamente para dentro da geografia humana, de tal modo que os estudos do desenvolvimento desigual do capitalismo conduzidos sob a sua bandeira foram inevitavelmente limitados pelo próprio desenvolvimento desigual do marxismo, e em particular por sua ênfase mais na história do que na geografia. Por essa razão, quando Harvey (1982) tão cuidadosamente delineou *The Limits to Capital*, ele não estava apenas apontando os contornos demarcadores do desenvolvimento econômico — as maneiras pelas quais o capitalismo foi constrangido pelas paisagens sedimentadas depositadas por meio de sucessivos ciclos de acumulação — mas também uma importante lacuna na magistral obra de Marx.

Na realidade, o marxismo não se limita estritamente aos escritos do próprio Marx, mas à exceção de alguns vultos solitários tais como Walter Benjamin e Henri Lefebvre, o marxismo ocidental do século XX manteve o mesmo silêncio estratégico com relação à espacialidade do capitalismo. É pura verdade que Louis Althusser salientou o desenvolvimento desigual do capitalismo e é igualmente verdade que a geografia humana poderia ter aprendido muito da complexa e diferenciada topografia que seu marxismo estrutural descrevia. Mas seu projeto estava preocupado com as *temporalidades* do capitalismo, com os diferentes e freqüentemente discordantes ritmos de seus planos econômico, político e ideológico, não com suas *espacialidades*. Não é surpreendente, portanto, que Soja (1989) considerasse a subseqüente projeção da geografia humana para dentro do marxismo ocidental como uma "inversão estimulante" porque ela envolvia uma reestruturação básica da problemática largamente aespacial do materialismo histórico. Muitos escritores concordariam agora que a produção de espaço assumiu uma proeminência no mundo no final do século XX: que as formas emergentes de alta modernidade (talvez até de pós-modernidade) dependem de paisagens tensas e turbulentas de acumulação cuja dinâmica é tão volátil e cujas economias-espaço estão tão deslocadas que se pode vislumbrar por entre as fascinantes seqüências da desterritorialização e da reterritorialização uma nova e intensificada fluidez nas estruturas político-econômicas do capitalismo (Harvey, 1989); que a hipermobilidade do capital financeiro e da informação que flui através dos circuitos deste novo sistema mundial, indo de um pólo a outro em nanosegundos, está formando panoramas sem precedentes de poder em que, como afirmou Castells (1983), "o espaço é dissolvido em fluxos", "cidades se transformam em sombras" e lugares são esvaziados de seu significado local; e que as áreas de vida social em contínua expansão estão sendo ligadas a um vasto hiperespaço pós-moderno, um registro eletrônico da lógica cultural do capitalismo recente, cuja abolição putativa de distância nos torna quase incapazes de compreender — de mapear — as redes descentradas de comunicações cujas teias globais enredam nosso cotidiano. Em resumo, e como Jameson (1990) argumentou com particular vigor, "um modelo de cultura política adequado a nossa própria situação terá que necessariamente levantar questões espaciais como uma preocupação fundamental de organização".

Esta imagem é evidentemente uma composição e há importantes (e freqüentemente fortes) discordâncias entre seus autores. Como essas descrições dão a entender, todavia, Soja considera esta "reversão ao mapeamento" estimulante também por outras razões. Enquanto os primeiros envolvimentos de Harvey com o materialismo histórico se baseavam no marxismo clássico, e seus escritos posteriores continuam a trabalhar em direção à elaboração de um materialismo histórico-geográfico que permanece notavelmente próximo à obra original de Marx, muitas dessas outras formulações são consideradas como contribuições para um "marxismo ocidental", cujas preocupações ampliaram consideravelmente a agenda da economia política. E mesmo assim o marxismo ocidental não é fácil de ser definido com certo grau de precisão. Algumas vezes é descrito como "o marxismo da superestrutura", presumivelmente para enfatizar seu interesse na reflexão filosófica e nas dimensões políticas, culturais e estéticas do capitalismo, mas visto que tantos de seus principais arquitetos estavam ocupados em desalojar o modelo clássico de base e superestrutura, isto é, na melhor das hipóteses, desorientador. De qualquer maneira, deve ser óbvio a partir do parágrafo anterior que muito deste recente trabalho continua firmemente interessado na dinâmica global da economia capitalista, e mais particularmente nas novas divisões internacionais do trabalho e no surgimento de novos regimes de acumulação de capital. Se este vago projeto coletivo faz parte do marxismo ocidental, então ele está sendo conduzido a um ou mais graus de distância da maioria de seus luminares originais. Poder-se-ia vislumbrar os tênues contornos da severa dialética do iluminismo de Horkheimer e Adorno, ou a sociedade unidimensional de Marcuse, e até a colonização do mundo-vivo de Habermas: mas essas são afinidades altamente generalizadas que raramente foram desenvolvidas de alguma forma sistemática. O interesse pela cultura e políticas culturais é bastante real e isto pode muito bem dever algo às tradições de um marxismo ocidental um tanto difuso, mas muitos desses desenvolvimentos baseavam-se em tradições fora de sua tradiconal pátria natal, além das fronteiras da Europa continental. Onde esta nova geografia cultural faz uso do materialismo histórico, ela geralmente busca referências em obras de críticos de arte e historiadores de língua inglesa tais como John Berger e Timothy Clark ou críticos culturais como Stuart Hall e Raymond Williams.

Mas isto pode ser levado ainda mais longe. Como agora quero mostrar, muitos escritores se afastaram suficientemente do terreno do materialismo histórico como um todo para fixar seus projetos dentro do horizonte de um "pós-marxismo" em desenvolvimento.

No rastro do pós-marxismo

Não surpreendentemente este é um campo altamente controvertido e na Figura 3.2 procurei situar alguns de seus contornos cambiantes à medida que atravessam a geografia humana. Outras disciplinas e outros discursos determinariam outros diagramas. Este é deveras um mapa de momento e eu ficaria surpreso se essas configurações permanecessem estáveis por muito tempo ou se outros (e melhores) mapas do mesmo terreno não pudessem ser produzidos. Nele faço a distinção entre dois fluxos, cada um é, em certo sentido, uma resposta crítica ao materialismo histórico — motivo pelo qual insisto em sua vital importância: inigualado, creio, por qualquer outro discurso na história da geografia do pós-guerra — e cada um deles também mantém uma relação tensa com o outro. É essa rede "agonística", com sua matriz de respostas críticas e contra-argu-

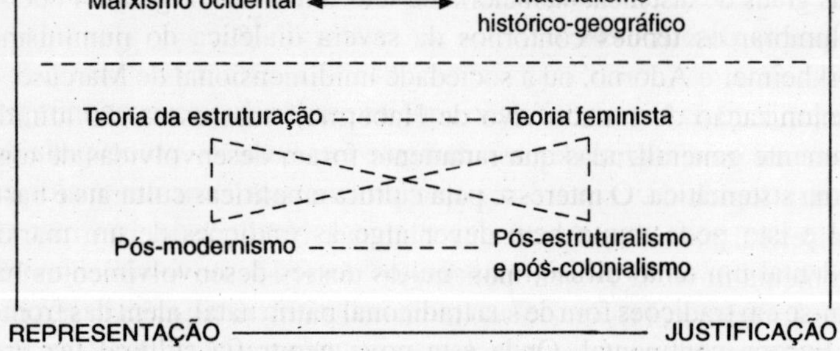

FIGURA 3.2 *Marxismo, pós-marxismo e geografia humana*

mentos que transforma o diagrama em algo mais do que uma mera classificação ao captar a dinâmica político-intelectual que surge através e que modela sua contínua transformação.

Antes que eu me ponha a caminho munido deste mapa como guia, quero estabelecer alguns limites de segurança em torno de minha viagem. Primeiro, não pretendo dar a entender que existe apenas uma simples progressão à medida que se move do alto do diagrama em direção à base. O marxismo não está absolutamente escapando, embora os acontecimentos na Europa Oriental e na União Soviética tenham despedaçado claramente suas mais rígidas ortodoxias, e no Ocidente o materialismo histórico continue a se desenvolver, criticamente e em grande parte construtivamente, em resposta a discursos que por sua vez, freqüentemente, estão respondendo a suas formulações. Em segundo lugar, esses movimentos ulteriores têm em comum mais do que uma relação crítica com o marxismo: os discursos localizados abaixo da linha intermediária do diagrama concebem a teoria de uma maneira radicalmente diferente daqueles situados acima da linha. Em geral, os diferentes discursos pós-marxistas são muito menos "arquitetônicos" em suas sensibilidades, o que significa que eles são muito mais cautelosos em propor generalizações que reivindiquem universalidade ou inteireza. Isto não significa que eles assinalam o retorno ao empirismo radical, ainda menos que se renderam à paralisia teórica: apenas que são muito mais desconfiados do retorno da Grande Teoria e procuram desmanchar suas cercas e subverter seus imperialismos. Em terceiro lugar, considero os quadrantes que emolduram o diagrama como questões que deveriam encabeçar toda teoria social crítica e que deveriam, portanto, também orientar a elaboração de toda e qualquer geografia humana crítica.

Espaços discursivos

De um lado da Figura 3.2 estão aqueles para os quais a economia política ofereceu uma análise demasiadamente estrutural — preocupada demais com a lógica do capital — e que procuravam abrir um maior espaço conceitual para o agenciamento humano. Na verdade, isto não era um problema novo. O projeto político do materialismo histórico em ambas suas formas, a clássica e a moderna ocidental, já havia sido traspassado há muito por aquilo a que Anderson (1983, p.34) chamava de uma "permanente oscilação" entre dois princípios explanatórios: a lógica estrutural do modo de produção e o consciente e coletivo agenciamento dos seres humanos. Marx sabia, é claro, que as pessoas fazem a história, mas ele também reconheceu que elas não agem assim por puro prazer nem em circunstâncias de sua própria escolha. No final dos anos 70 um grupo de escritores, ao desenvolver as implicações desta formulação ilusoriamente simples, se deslocaram para além das teses originais de Marx — embora seus escritos continuassem indispensáveis para muitos de seus argumentos — para dar forma ao que Giddens, seu autor principal, denominou uma teoria de estruturação "pós-marxista" que seria capaz de integrar as intersecções variáveis entre "agenciamento" e "estrutura" dentro do mesmo esquema conceitual. O quanto este projeto particular se afastou realmente do materialismo histórico ainda é assunto de debate. Giddens não só reafirmou muitas das principais caracterizações que Marx fez do capitalismo (incluindo, ocasionalmente, a teoria do valor do trabalho), mas alguns críticos insistem que muitas de suas principais proposições, que, supostamente, avançariam em outras direções radicais, foram, na verdade, antecipadas de diferentes maneiras por Marx e pelo desenvolvimento de outras tradições do marxismo ocidental (Wright, 1989; Gregory, 1990). Giddens não é penitente — sua reformulação da teoria social não é apenas uma crítica do materialismo histórico, afirma ele, mas também uma "desconstrução" do materialismo histórico — e, no entanto, não há dúvida de que muitos dos que endossaram suas idéias, em geografia humana pelo menos, conservaram uma afiliação mais próxima com o marxismo ocidental do que o próprio Giddens se permite.

Do outro lado — e um tanto distanciados da teoria da estruturação — estão aqueles para os quais a economia política é um discurso totalmente masculino. As relações entre o feminismo e o materialismo são complexas, e não desejo minimizar as ligações entre eles. Muitas das tentativas de elaborar uma geografia feminista foram (e são) devidas a um feminismo confessadamente socialista. Mas o desenvolvimento de uma geografia como essa teve, não obstante, de enfrentar a objeção principal de que o materialismo histórico é, por sua própria natureza, tão preocupado com questões de classes que as modalidades de gênero e sexualidade foram marginalizadas. Essa estratégia de deslocamento não se restringe todavia ao materialismo histórico, e a teoria da estruturação não está absolutamente imune. Giddens propôs uma tipologia de sociedades destinada a esclarecer algumas das características particulares da modernidade: e isto também leva a uma distinção entre "dividida em classes" e sociedades de "classes", o que confirma plenamente a importância das classes e deixa de conceder ao gênero a mesma importância constitutiva dentro da modernidade. Algumas críticas feministas desaprovariam o estilo próprio de Giddens teorizar. De acordo com elas, a sua moderação repete o modo masculino de conhecimento que — à semelhança de grande parte da economia política preponderante — tende a ser abstrato, autoritário e unívoco.

A despeito das tensões entre a teoria da estruturação e a teoria feminista, porém, ambas apresentam o mesmo movimento duplo que caracterizou o comprometimento entre o materialismo histórico e a geografia humana. Em cada caso a teoria social foi inicialmente projetada para dentro da geografia humana como uma maneira de resolver uma série "interna" de dilemas ou ausências (que, não obstante, eram compartilhadas pelas outras humanidades e ciências sociais); então, como conseqüência direta deste mapeamento conceitual, a própria aespacialidade da teoria social tornou-se uma questão em si. Em cada caso, é este movimento de retorno que ampliou ainda mais o discurso da geografia e, como quero demonstrar agora, estimulou a continuada exploração transdisciplinar do espaço profundo.

Em suas versões iniciais (por exemplo Giddens, 1979) a teoria da estruturação foi incorporada à geografia humana como meio de superar o profundo dualismo entre estrutura e agenciamento que traspassou a análise de espaço e de lugar. Havia projetos paralelos de "articulação" em outras disciplinas que fracassaram em virtude de problemas semelhantes, talvez o mais notadamente em história social, mas a obra de Giddens diferenciou-se da maioria deles por seu rigor filosófico e teórico. Não estou certo que possa ser descrita como uma "Grande Teoria" — pelo menos não no sentido usual deste termo. A meu ver, a teoria da estruturação é melhor compreendida como um programa de pesquisa em desenvolvimento em que as pretensões teóricas e os elementos empíricos se deslocam numa espiral progressiva de interrogação e reformulação: uma maneira de pensar acerca das coisas que modifica as enormes pretensões da "Teoria com T maiúsculo". Mesmo assim, as sensibilidades do projeto de Giddens encontravam, indubitavelmente, uma platéia particularmente receptiva em uma disciplina que fora tão rigorosamente atenta aos imperativos teóricos da ciência espacial e ao materialismo histórico-geográfico. Não creio que essa receptividade tenha sido uma questão de tentar obter credenciais acadêmicas ou seguir o modismo intelectual. Para usar apenas o exemplo mais óbvio, não importa quais as analogias entre a teoria de estrutura e a história socialista-humanística de E.P. Thompson — e essas não deixam de ser consideráveis — a amarga polêmica de Thompson contra a *pobreza* da teoria contrastava de modo mais veemente contra a insistência de Giddens no *poder* da teoria (cf. Thompson, 1978; Giddens, 1987).

Existem ainda outras diferenças entre eles, e uma das mais importantes diz respeito à maior sensibilidade de Giddens por espacialidades. Em suas versões mais recentes (por exemplo, Giddens, 1981, 1985) a teoria da estruturação começou a registrar a alegação de que as pessoas fazem não só histórias como também geografias: que as relações tempo-espaço não são incidentes na constituição das sociedades e na condução da vida social. As interpenetrações de estrutura e agenciamento só poderiam ser compreendidas, assim parecia dizer Giddens, interpretando as maneiras como o tempo e o espaço estão "enfeixados dentro" da conduta da vida social. Giddens desenvolve esta afirmação ao fazer uma simples distinção analítica que tem implicações de longo alcance (Figura 3.3). Ele afirma que grande parte da vida social é moldada dentro de sistemas de interação face-a-face, que são, num sentido importante, embutidos no *lugar*. No decorrer de suas vidas cotidianas as pessoas se deslocam de modo mais ou menos rotineiro de um lugar para outro traçando rotas no tempo e no espaço, e se valem de elementos desses diversos cenários na condução de seus afazeres. Esta complexa trama do tecido da vida cotidiana pode ser captada — graficamente e mesmo teoricamente — nas seqüências de padronização da rotina tempo-espaço expostas nas geografias-tempo de Hägerstrand. Porém, uma das conseqüências mais características da modernidade, assim sustenta Giddens, é o progressivo desentranhamento de esferas de vida social das proximidades do aqui e agora. Isto não quer dizer que a vida social não está mais ancorada ao lugar — ela ainda, muito literalmente, "tem lugar" — mas essas amarras estão se "estirando" por quantidades variáveis de tempo e espaço. Este processo de distanciamento tempo-espaço estrutura-se em sistemas de interação mediada (isto é, indireta) que dissolvem e recombinam redes locais de relações interpessoais por um espaço cada vez mais global. Giddens presta uma atenção especial ao desenvolvimento de sucessivos sistemas de comunicação, incluindo a escrita, impressa, telecomunicações e mídia eletrônica e ao desenvolvimento de sucessivos sistemas de troca, incluindo o dinheiro e redes de transferências de crédito. O mundo moderno é influenciado pela intimidade das intersecções entre os dois: mais obviamente pela maneira como as redes eletrônicas possibilitam os mercados financeiros através dos continentes a implodir em atordoantes constelações de compras e vendas (ver Gregory, 1989).

FIGURA 3.3 *Relações tempo-espaço e teoria da estruturação*

Giddens insiste na importância do distanciamento tempo-espaço porque ele tem implicações tão radicais na conceitualização convencional de "sociedade" e nas elaborações normais de "lugar". A sociedade não pode mais ser expressa como uma totalidade com fronteiras claramente demarcadas, afirma ele, visto que não há razão para supor que essas teias de interação irão unir-se em configurações geométricas estáveis. Se, como Mann (1986, p.4) insiste, "as sociedades são muito mais confusas do que nossas teorias a seu respeito", então — como ele também reconhece — isto é em grande parte devido a uma conseqüência direta de suas espacialidades. Por extensão, poder-se-ia argumentar que por todo o período em que a geografia humana ficou entregue a uma ciência espacial baseada em ordem abstrata, geométrica — padronizada — ela foi constitutivamente incapaz de assimilar essas instáveis e emergentes configurações de modernidade. O reverso dessas vastas transformações globais é o que Harvey (1989) chama "compressão tempo-espaço". Isto implica numa crônica e profundamente perturbadora mudança em nossa experiência diária de tempo e espaço, durante a qual, assim sustenta Giddens (1990, p.19), o lugar tornou-se "fantasmagórico": os lugares são "profundamente infiltrados e configurados em termos de influências bastante distantes deles" (Figura 3.4). Mas o que Giddens ignora em grande medida — e o que provocou por parte de Harvey alguns dos mais enérgicos escritos nos últimos anos — é que esses desafios a idéias de sociedade e lugar profundamente sedimentadas resultaram em uma profunda crise de representação. Isto leva à possibilidade de compreender e de algum modo reapresentar essas intrincadas, múltiplas e compostas geografias que misturam "presença" e "ausência" de maneiras tão voláteis. A resposta de Harvey (1989) é a de reafirmar a importância da obra de Marx, mas vários outros autores se deslocaram para além dos horizontes tanto do materialismo histórico quanto da teoria da estruturação para explorar as possibilidades do pós-modernismo.

FIGURA 3.4 *Distanciamento tempo-espaço e compressão tempo-espaço*

A geografia feminista também acarreta uma crise de representação. Embora isto dificilmente possa ser explicado por processos de compressão tempo-espaço, tem importantes implicações para a espacialidade da vida social. A geografia humana ocupava-se inicialmente em desafiar as ortodoxias do que se poderia bem chamar de uma geografia meio-humana, uma geografia que virtualmente ignorava a outra metade da humanidade, por meio da elaboração de uma "geografia de mulheres" que chamou a atenção para a especificidade que as mulheres tinham da experiência de lugar e os contornos de seus espaços de atividade. Dessa forma, grande parte da geografia humana, à semelhança de outras humanidades e ciências sociais, pressupunham que o mundo masculino era o mundo normal — na verdade, o *único* mundo — não só por sua linguagem sexista mas por seus próprios temas, proposições e (até) filosofias. Grande parte da obra inicial em geografia feminista surgiu em associação direta com o materialismo histórico-geográfico, e esta proximidade foi assinalada por uma ênfase sobre geografias de trabalho assalariado e não-assalariado. Essas modalidades de exploração econômica são imensamente importantes, é claro, mas assim também o são uma série de outras questões incluindo (por exemplo) a violência de homens contra mulheres, que têm suas próprias espacialidades mas que não podem ser derivadas diretamente do materialismo histórico. Embora essa incipiente projeção do feminismo para dentro da geografia tenha desafiado os vocabulários, as bases empíricas e, ocasionalmente, até as lógicas da "geografia preponderante", ela parece ter tido um reduzido impacto direto sobre a teoria feminista em si. Parte da razão disso talvez fosse a simplicidade comparativa da incipiente geografia feminista. Se esses estudos iniciais deram pouca atenção explícita a debates mais complexos dentro de outras áreas do feminismo, no entanto, acho que foi uma estratégia deliberada: foram tantas as inovações temáticas e teóricas dentro da geografia que tiveram suas origens na estratosfera conceitual, que a introdução de idéias a um nível muito mais imediato e acessível disse muito a respeito do bem diferenciado projeto político e intelectual proposto pelo feminismo. A geografia feminista foi entendida desde o início como um discurso *sobre* exclusão e não um discurso *de* exclusão.[9]

Nada disso desmente a sofisticação do feminismo de um modo mais geral, e desenvolvimentos subseqüentes viram questões de espacialidade dispostos no âmago de uma teoria feminista que veio a articular uma "política de localização" distinta. Este é um campo rico e vital, e me aflijo em invadi-lo. Porém, quando Bell Hooks (1990, p.145-9) escolhe "a margem como um espaço de abertura radical"; quando ela escreve a respeito do esforço "para mudar a maneira como falo e escrevo, a fim de incorporar um sentido de lugar na maneira de contar, de não apenas dizer quem sou no presente mas de onde venho"; quando ela insiste no esforço "de criar espaço onde há um acesso ilimitado a prazer e poder de conhecimento: quando ela diz todas essas coisas, ela quer que suas metáforas espaciais sejam compreendidas no insistentemente mais material dos sentidos. Ela quer abrir um "espaço de resistência", para a produção de um contradiscurso "*que não é achado apenas nas palavras mas nas maneiras de ser e na maneira de viver*" (a ênfase é minha). Este é um projeto muito mais politizado do que a teoria da estruturação e, por esta razão, coloca questões muito mais urgentes acerca da autoridade e da autorização.

Vozes múltiplas

As aproximações entre o materialismo histórico, a teoria da estruturação e a teoria feminista desafiaram, de diferentes maneiras e em graus variados, as maneiras de preparar o mundo-como-exposição. Levantaram sérias questões sobre as posições de vantagem adotadas pela geografia humana e as outras humanidades e ciências sociais, e de fato, subverteram as óticas de representação com as quais esses discursos têm tradicionalmente contado. Muitos escritores são agora bem mais céticos em relação às maneiras como agem os impulsos característicos da geografia humana e a teoria social, como diz Thrift (1985), "para completar o incompleto, para estruturar o parcialmente estruturado [e] para ordenar o apenas parcialmente ordenado". Na Figura 3.2 diferenciei duas respostas para esta questão: de um lado, o pós-modernismo, e do outro, o pós-estruturalismo e o pós-colonialismo.

O pós-modernismo atraiu vários escritores que sustentavam que a sua sensibilidade a diferenças e o seu interesse por espacialidade oferecem a oportunidade de reelaborar a geografia humana de modo a recuperar alguns de seus tradicionais interesses que foram virtualmente extintos pela ciência espacial e de os configurar dentro de um novo projeto político-intelectual. Muitas dessas discussões elegeram a arquitetura como seu modelo paradigmático de pós-modernismo e não é difícil entender a sua atração para aqueles que são levados para as visibilidades do panorama cultural ou para as materialidades de investimento e intervenção no ambiente estabelecido (Dear, 1986; Ley, 1987). Saber se a arquitetura dará realmente conta de todas as demandas que lhe são formuladas é problemático. Uma vez que se supõe que o pós-modernismo represente uma resistência a todo e qualquer esforço de domesticação da diferença por meio do registro de um código-chave ou metanarrativa, torna-se difícil ver como um determinado discurso possa ser emblemático de todos os outros. Meu receio particular, porém, é que a tentativa de se usar a arquitetura como uma ilustração para o pós-modernismo resulte numa grosseira caricatura do modernismo. Dizem-nos freqüentemente que o pós-modernismo rejeita as geometrias universais de Le Corbusier e de outros arquitetos, por exemplo, e os substitui por uma nova sensibilidade para a diferença: para as especificidades de lugar. Meu argumento não é tanto que outras versões da arquitetura pós-moderna levaram as desumanidades incorporadas daquele austero alto modernismo para ainda mais longe — o que realmente fizeram — mas que *outros modernismos* em *outras esferas da vida social* fizeram intervenções muito mais radicais do que este relato permite. O modernismo é uma espécie de valise que carrega uma porção de objetos, imagino, mas Lunn (1985) sugere que ela pode ser desfeita nas seguintes caracterizações gerais:

1. Um desafio às convenções do realismo e do naturalismo, as quais representavam a arte como um reflexo transparente ou "espelho" da realidade: "Artistas, escritores e compositores modernos freqüentemente chamam a atenção para a mídia ou os materiais com os quais estão trabalhando" e seu trabalho "muitas vezes revela propositadamente sua própria realidade como uma construção ou um artifício" (p.34).
2. Uma ampliada percepção da simultaneidade e da justaposição: "Em grande parte da arte modernista, a narrativa ou estrutura temporal está enfraquecida, ou até desaparece, em benefício de uma ordenação estética baseada na sincronicidade" em que "as coisas não tanto se espalham ao cair, mas sim caem todas juntas" (p.35).
3. Um interesse pelo paradoxo, ambigüidade e incerteza: "Os modernistas vêem a realidade como necessariamente elaborada a partir de perspectivas relativas, enquanto procuram explorar a riqueza estética e ética de ambíguos sons, imagens e pontos de vista autorais" (p.36).
4. Uma rejeição do sujeito humano integrado e o centrado corpo humano (p.37).

Essas preocupações prenunciam claramente o atual programa do pós-modernismo, mais particularmente em seu desafio ao tomar-como-certo e em sua aceitação de fazer experiências com outras, não menos "confiáveis", representações do mundo. Isto não quer dizer que o modernismo não tivesse seus problemas; nele, o sexismo também deixou a sua cicatriz, e ele foi partícipe em diversos racismos e colonialismos. Mas, ao enfrentar e entender essas complicações — ao invés de simplesmente varrê-las para o lado e pretender que foram superadas — é possível formar um entendimento mais claro da persistência desses mesmos dilemas no pós-modernismo. São questões eminentemente políticas e se elas não forem levadas em consideração, receio que o interesse na crise da representação virá a oscilar na ponta de um esteticismo. É evidentemente importante pensar a respeito das questões formais de composição e de estratégia textual, e esses não são absolutamente assuntos secundários. Parece-me que geralmente a geografia humana foi surpreendentemente conservadora em suas representações e até recentemente mostrou notavelmente pouco interesse nos pressupostos inseridos em suas cartografias, ilustrações e narrativas. Isto está mudando, mas esses temas não podem evidentemente ser anunciados em retiro escolástico (uma noção curiosa nestes dias de qualquer modo) porque eles têm a mais prática e insistentemente material das conseqüências (ver Harley, 1988; 1989).

Uma das contribuições mais significativas do pós-modernismo é, supostamente, sua atenção a uma "multiplicidade de vozes", aos perigos de universalizar determinado ponto de vista, mas em muitos casos isto não passa de muito mais do que uma nota promissóra. Muitas das assim chamadas etnografias experimentais, que tanta atenção despertaram em geografia humana, continuam, contudo, a marginalizar as opiniões das mulheres, por exemplo, e as relações entre feminismo e pós-modernismo estão longe de ser inequívocas (Nicholson, 1990). Mas pós-estruturalismo e pós-colonialismo levantam a mesma questão em uma arena maior e ainda mais inquietante. Pós-estruturalismo é um termo inadequado, inventado por comentaristas americanos para caracterizar um estilo particular de trabalho intelectual francês. Uma de suas preocupações mais características é uma conceituação distintamente não-humanista do sujeito humano, a assim chamada "descentralização do sujeito" que dedica uma atenção particular às maneiras como as pessoas ocupam posições-sujeito diferentes, sobrepostas e às vezes contraditórias. Estas titulações compostas de classe, gênero e raça deveriam ser de grande interesse para qualquer geografia humana e tornar a maioria de suas suposições acerca da identidade, percepção e atuação humana, altamente problemáticas (ver Deutsche, 1991). Pós- colonialismo é um termo ainda mais difícil, não menos porque está longe de ser claro se o colonialismo foi relegado a um passado remoto. Ademais, a história da moderna geografia humana está tão intrinsecamente ligada à história do colonialismo que estas cumplicidades introduziram uma série de pressupostos não-reconhecidos e não examinados no próprio âmago da disciplina anglo-americana, que é altamente insensível aos significados, valores e costumes de outras culturas. Surpreendentemente, a crítica de Said (1978) ao orientalismo teve pouco impacto imediato sobre a geografia humana, mas o desenvolvimento de uma crítica pós-colonial mais seletiva — uma crítica que reconhece que o que Said descreveu como um orientalismo monolítico era, na verdade, fragmentado, heterogêneo e complexo, constituído de diferentes constelações de poder e conhecimento em diferentes lugares — tornou impossível ignorar os privilégios tacitamente admitidos por muitos autores britânicos e norte-americanos. Até alguns entre os autores aparentemente mais radicais aceitaram a posição vantajosa — e uma opinião — que tacitamente adota as posições e pressupostos de uma cultura intelectual ocidental ou que abertamente privilegia "o Ocidente" como um modelo ou espelho para outros povos e outras sociedades. O marxismo ocidental, que outrora parecia tão liberador ao romper com o cânone marxista clássico, é agora visto por muitos comentaristas de esquerda como um discurso distintamente ocidental que sofre dos imperialismos e cerceamentos de seu próprio adjetivo (Young, 1990). A teoria da estruturação preocupa-se com interpretações da modernidade em que a capacidade das pessoas fora do Ocidente de pensar e agir de diferentes maneiras é virtualmente ignorada. E os primeiros feminismos são considerados "essencialistas", reduzindo as diferentes situações, experiências e interesses de diferentes mulheres a um modelo único de "mulher" invariavelmente representado pela imagem da escritora branca, de classe média e heterossexual (Spivak, 1988). A extrema ira com que essas diferentes objeções são formuladas deixa claro que elas não se dirigem apenas (ou mesmo essencialmente) à representação mas também, e de maneira mais urgente, à *autorização*. Com que direito e com autorização de quem pode alguém reivindicar estar falando por aqueles "outros", convocá-los e exibi-los no mundo-como-exposição? Nos termos de quem se cria um espaço em que lhes é permitido falar? Partindo desta perspectiva, a representação, em seus sentidos político e textual, é com demasiada freqüência transformada na arte da incorporação e da subsunção.

Não possuo respostas imediatas para essas perguntas mas não duvido de sua seriedade. Elas colidem com algumas das mais tidas-como-certas (e, como conseqüência, raramente examinadas) práticas da investigação geográfica. Mas, ao descentrar nossas suposições familiares, elas não devem certamente condenar-nos a nossos próprios mundos excêntricos. O atual desafio para a geografia humana é, creio eu, achar maneiras de compreender esses outros mundos — inclusive nossas relações com eles e nossas responsabilidades para com eles — sem ao mesmo tempo cometer invasões, colonizações e violências.

A Arca de Noé

Espero que o significado do trecho da maliciosamente divertida *History of the world in 10 1/2 chapters* de Julian Barnes esteja claro agora. Embora ache que o diálogo entre a teoria social e a geografia humana foi imensamente produtivo, não creio que a teoria social seja uma Arca de Noé que possa salvar a geografia humana da inundação. Permitam-me apresentar três razões que decorrem dos argumentos estabelecidos neste ensaio. Em primeiro lugar, o casco da teoria social está tão carcomido que uma importante reconstrução é necessária para manter o barco flutuando. A teoria social não se apresenta pronta-para-uso e, como qualquer outro discurso, ela introduz sorrateiramente suas próprias suposições e seus pontos cegos. Ela é sempre parcial, mas essas diferentes parcialidades — que estão imbricadas em nossas próprias geografias humanas — devem ser levadas em conta. Em segundo lugar, uma nova arca não precisaria ser inteiramente construída de cipreste: é o paroxismo da loucura supor que qualquer conjunto único de materiais se presta igualmente bem a todas as finalidades. Muitos críticos desaprovam agora a "teoria totalizante", freqüentemente em termos singularmente totalitários, mas minha preocupação não é tanto que se deva abandonar as metanarrativas (plural), mas sim que é preciso observar cuidadosamente o que elas colocam no seu lugar e, igualmente, o que elas excluem. Visto que nenhum sistema teórico é capaz de fornecer um completo e satisfatório conjunto de respostas, precisamos encontrar maneiras de conviver — crítica e criativamente — com a dissonância teórica. E, em terceiro lugar, a arca não deve abicar no topo de uma montanha. A teoria social não é simplesmente um treino, um exercício de ginástica conceitual: se ela deixa de tratar de importantes questões políticas, de ocupar-se com os interesses dos homens e mulheres comuns — em todas as suas diversidades — e de ampliar nossas "geografias imaginativas", então o cupim sem dúvida fará o seu trabalho.

Notas

1. A metáfora vem acompanhada de outras bagagens, é claro, e a linguagem da exploração, descoberta e, certamente, "viagem" levanta mais questões embaraçosas do que posso tratar aqui.
2. O termo "ciência espacial" vem de Hartshorne (1959, p.157), que não só descreveu a geografia como uma ciência espacial mas identificou duas outras: significativas para o argumento que desenvolvo aqui, foram elas a astronomia e a geofísica. Considero importante perturbar os que retrataram Hartshorne como o arquiteto de uma geografia totalmente antiética à ciência espacial; havia diferenças entre o seu projeto e a Nova Geografia que surgiu nos anos 60, mas havia também poderosas continuidades.
3. As partes centrais deste ensaio prenunciam e se valem de alguns dos argumentos já estabelecidos por mim em *Geographical Imaginations* (Oxford: Basil Blackwell), e uma elaboração dessas idéias será encontrada naquele livro.
4. Estou ciente de que os escritos posteriores de Habermas assinalam uma série de significativos desvios de sua discussão inicial de interesses constitutivos-de-conhecimento; mas ele não abandonou de todo aqueles interesses iniciais e, de qualquer maneira, muitas de suas discussões de ciência e tecnologia enquanto ideologias são separáveis desses emaranhados teóricos e continuam tendo considerável influência sobre o presente.

5. Muito embora Weber tenha chamado a atenção para a natureza altamente constrita desse conceito de racionalidade, ele não pretendeu com isto criticar a economia marginalista: ver Clarke (1982).
6. Não se deve esquecer que a geografia também foi introduzida do outro lado da lápide: que seu caráter cada vez mais tecnocrático foi partícipe nos instrumentalismos que muitos movimentos radicais estavam contestando; que ela foi varrida por pressupostos sobre classes, etnicidade e gênero mas que quase paralisaram a busca por justiça social; e que ela estava envolvida no planejamento e na execução de estratégias dos Estados Unidos no Vietnã, e até travou uma guerra ecológica contra os norte-vietnamitas. *Antipode: a journal of radical geography*, publicado pela primeira vez em agosto de 1969, estava na vanguarda de uma resposta crítica a esses desenvolvimentos dentro da disciplina anglófona.
7. Penso particularmente em Althusser e Poulantzas: ver Benton (1984).
8. Não sou deslumbrado a respeito. Benhabib (1986) sustenta que uma teoria social crítica deveria envolver tanto um momento diagnóstico-explanatório como um momento utópico-antecipatório, mas não há dúvida que a geografia humana crítica mostrou mais do que um mero interesse no primeiro do que no segundo. É especialmente racional dar-se conta com que rapidez a discussão da obra de Harvey, *Social justice and the city*, se afastou das duas primeiras palavras do título e se fixou nas duas últimas.
9. Dito isto, reconheço que muitos escritos feministas insistem que os homens não podem ser feministas e eu respeito suas objeções a tentativas de cooptar seu trabalho em alguma estrutura supostamente mais geral (ou seja, decididamente mais masculina). Moore (1988) descreveu isto como uma espécie de "turismo de gêneros" em que os "teóricos machos são capazes de empreender excursões no mundo da feminilidade" com a certeza de terem uma passagem de volta ao mundo da masculinidade. Para uma tentativa preliminar de explorar alguns panoramas de masculinidade, ver Jackson (1991).

Referências bibliográficas

Anderson, P. (1983) *In the Tracks of Historical Materialism* (Londres: Verso).

Baynes, K., J. Bohman e T. McCarthy (orgs.) (1987) *After Philosophy: End or Transformation?* (Cambridge, Mass: MIT Press).

Benhabib, S. (1986) *Critique, Norm and Utopia: a study of the foundations of critical theory* (Nova York: Columbia University Press).

Benton, T. (1984) *The Rise and Fall of Structural Marxism: Althusser and his influence* (Londres: Macmillan).

Castells, M. (1983) *The City and the Grassroots: a crosso-cultural theory of urban social movements* (Londres: Edward Arnold).

Clarke, S. (1982) 'From marginalism to modern sociology', em seu *Marx, marginalism and modern sociology* (Londres: Macmillan), p.186-242.

Clifford, J. (1986) 'Partial truths', em James Clifford e George Marcus (orgs.), *Writing Culture: the poetics and politics of etnography* (Berkeley: University of California Press), p.1-26).

Dear, M. (1986) 'Postmodernism and planning', *Environment and Planning D: Society and Space,* vol.4, p.367-84.
Deutsche, R. (1991) 'Boys town', *Environment and Planning D: Society and Space,* vol.9, p.5-3).
Eckersley, R. (1990) 'Habermas and green political thought', *Theory and Society,* vol.19, p.739-76.
Foucault, M. (1979) *Discipline and Punish: birth of the prison* (Londres: Peregrine Books).
Foucault, M. (1980) *Power/Knowledge: selected interviews and writings* (Brighton: Harvester Press).
Giddens, A. (1979) *Central Problems in Social Theory: action, structure and contradiction in social analysis* (Londres: Macmillan).
Giddens, A. (1981) *A Contemporary Critique of Historical Materialism,* vol.1, *Power, property and the state* (Londres: Macmillan).
Giddens, A. (1985) *A Contemporary Critique of Historical Materialism,* vol.2, *The nation-state and violence* (Cambridge: Polity Press).
Giddens, A. (1987) 'Out of the orrery: E.P. Thompson on consciousness and history', em seu *Social Theory and Modern Sociology* (Cambridge: Polity Press), p.202-24.
Giddens, A. (1990) *The Consequences of Modernity* (Stanford: Stanford University Press).
Gregory, D. (1989) 'The crisis of modernity: human geography and critical social theory', em R. Peet e N. Thrift (orgs.), *New Models in Geography,* vol.2 (Londres: Unwin Hyman), p.348-85.
Gregory, D. (1990) "Grand maps of history": structuration theory and social change', em J. Clark, C. Modgil e S. Modgil (orgs.) *Anthony Giddens: consensus and controversy* (Brighton: Falmer Press), p.217-33.
Gregory, D. (a ser publicado) *Geographical Imaginations* (Oxford: Blackwell Publishers).
Habermas, J. (1971) *Toward a Rational Society* (Londres: Heinemann).
Habermas, J. (178) *Knowledge and Human Interests,* 2ª ed. (Londres: Heinemann).
Habermas, J. (1987) *The Theory of Communicative Action,* vol.II, *The critique of functionalist reason* (Cambridge: Polity Press).
Haggett, P. (1965) *Locational Analysis in Human Geography* (Londres: Edward Arnold).
Hagget, P. (1990) *The Geographer's Art* (Oxford: Blackwell Publishers).
Haraway, D. (1991) *Simians, Cyborgs and Women: the reinvention of nature* (Nova York: Routledge).
Harley, J.B. (1988) 'Maps, knowledge and power', em D. Cosgrove e S.Daniels (orgs.), *The Iconography of Landscape* (Cambridge University Press), p.277-312.
Harley, J.B. (1989) 'Desconstructing the map', *Cartographica,* vol.26, p.1-20.
Hartshorne, R. (1959) *Perspective on the Nature of Geography* (Washington: Association of American Geographers).
Harvey, D. (1973) *Social Justice and the City* (Londres: Edward Arnold).
Harvey, D. (1982) *The Limits to Capital* (Oxford: Basil Blackwell).
Harvey, D. (1989) *The Condition of Postmodernity: an enquiry into the origins of cultural change* (Oxford: Blackwell Publishers).

Heisenberg, W. (1972) *Physics and Beyond: encounters and conversations* (Nova York: Harper e Row).

hooks, b. (1990) *Yearning: race, gender and cultural politics* (Toronto; between the lines).

Jackson, P. (1989) *Maps of Meaning: an introduction to cultural geography* (Londres:Unwin Hyman).

Jackson, P. (1991) 'The cultural politics of masculinity', *Transactions of the Institute of British Geographers,* vol.16, p.199- 213.

Jameson, F. (1990) *Postmodernism or the Cultural Logic of Late Capitalism* (Durham: Duke University Press).

Ley, D. (1987) 'Styles of the times: liberal and neoconservative landscapes in inner Vancouver, 1968-1986', *Journal of Historical Geography*, vol.13, p.40-56.

Lunn, E. (1985) *Marxism and Modernism: Lukàcs, Brecht, Benjamin, Adorno* (Londres: Verso).

Mann, M. (1986) *The Sources of Social Power*, vol.1, *From the beginning to C.1760* (Cambridge University Press).

Massey, D. (1984) *Spatial Divisions of Labour: social structures and the geography of production* (Londres: Macmillan).

Merchant, C. (1990) 'The realm of social relations: production, reproduction and gender in environmental transformations', em B.L.Turner II, W.C. Clark, R.W. Kates, J.F. Richards, J.T. Mathews, W.B. Meyer (orgs.), *The Earth as Transformed by Human Action* (Cambridge University Press), p.673-84.

Mills, C. Wright (1959) *The Sociological Imagination* (Nova York: Oxford University Press).

Mirowski, P. (1988) 'Physics and the "Marginalist Revolution"', em seu *Against Mechanism* (Totowa, NJ: Rowman e Littlefield), p.11-3.

Mirowski, P. (1989) 'The ironies of physics envy', em seu *More Heat than Light: economics as social physics, physics as nature's economics* (Cambridge University Press), p.354-95.

Mitchell, T. (1988) *Colonising Egypt* (Cambridge University Press).

Mitchell, T. (1989) 'The world-as-exhibition', *Comparative Studies in Society and History*, vol.31, p.127-36.

Moore, S. (1988) 'Getting a bit of the other: the pimps of postmodernism', em R. Chapman e J. Rutherford (orgs.), *Male order* (Londres: Lawrence e Wishart), p.165-92.

Nicholson, L. (1990) *Feminism/Postmodernism* (Nova York: Routledge).

Poster, M. (1990) *The Mode of Information: poststructuralism and social context* (Cambridge: Polity Press).

Rouse, J. (1987) *Knowledge and Power: toward a political philosophy of science* (Ithaca: Cornell University Press).

Said, E. (1978) *Orientalism* (Londres: Routledge & Kegan Paul).

Sheppard, E. e T. Barnes (1990) *The Capitalist Space-Economy: geographical analysis after Ricardo, Marx e Sraffa* (Londres: Unwin Hyman).

Smith, N. (1990) *Uneven Development: nature, capital and the production of space*, 2ª ed.(Oxford: Blackwell Publishers).

Soja, E. (1989) *Postmodern Geographies: the reassertion of space in critical social theory* (Londres: Verso).

Spivak, G.C. (1988) *In Other Worlds: essays in cultural politics* (Nova York: Routledge).

Thompson, E.P. (1978) *The Poverty of Theory and Other Essays* (Londres:Merlin).

Thrift, N. (1985) 'Bear and mouse or bear and tree? Anthony Giddens's reconstitution of social theory', *Sociology*, vol.19, p.609-23.

Woolgar, S. (1988) *Science: the very idea* (Londres: Tavistock).

Wright, E.O. (1989) 'Models of historical trajectory: an assessment of Gidden's critique of Marxism', em D. Held e J.B.Thompson (orgs.), *Social Theory of Modern Societies: Anthony Giddens and his critics* (Cambridge University Press), p.77-102.

Young, R. (1990) *White Mythologies: Writing History and the West* (Londres: Routledge).

Parte II

PERSPECTIVAS EM GEOGRAFIA HUMANA

4

O desafio ambiental

TIM BAYLISS-SMITH E SUSAN OWENS

Introdução

O relacionamento entre as pessoas e o ambiente natural sempre foi uma das principais preocupações da geografia. Partindo de um passado um tanto desacreditado, contaminado pelos excessos do determinismo ambiental, chegamos a uma situação em que muitos geógrafos estão basicamente engajados em debates a respeito das questões ambientais e políticas. É da natureza dessas questões, no entanto, que sua análise demande um tratamento interdisciplinar que envolve tanto as ciências naturais e sociais como também as humanidades. Neste capítulo, concentramo-nos nessas áreas em que os geógrafos humanos, juntamente com outros cientistas sociais, deram importantes contribuições para o debate.

"O ambiente" é um campo amplo e diversificado e não precisamos reiterar a maneira como as questões ambientais galgaram a uma posição de destaque na agenda política, tanto nacional como internacionalmente, durante as últimas duas décadas. Neste capítulo só podemos abordar alguns temas importantes e não pretendemos enfeixar o assunto como um todo. Nos concentraremos, portanto, em cinco áreas, cada uma delas sujeita a intensa polêmica nos últimos anos, com novos trabalhos empíricos e debate teórico para o qual os geógrafos deram importantes contribuições. Repassamos primeiro o significado social de ambiente, em si uma área muito disputada, e a maneira como diferentes perspectivas condicionam nossa percepção de problemas ambientais. Intimamente ligada a isto está a análise do ambientalismo como um movimento social e consideramos as tentativas de explicar este fenômeno e situá-lo em um quadro teoricamente coerente. Passamos depois a examinar a questão das causas dos problemas ambientais, usando a fome como estudo de caso para demonstrar o quanto as "explicações" simplistas e reducionistas e as receitas podem ser perigosas. Daí nos voltamos para um exemplo diferente — o da poluição no Ocidente —, e abordamos a pergunta, "o que determina o resultado do conflito ambiental?" e examinamos as implicações de atividades empíricas e teóricas relevantes. No final investigamos o papel das técnicas formais tais como a avaliação ambiental no processo decisório e o conseqüente debate sobre suas utilidades e limitações.

O significado social do ambiente

A definição dada por Einstein para o ambiente como sendo "tudo que não seja eu" é encantadora em sua simplicidade, mas se esquiva da dificuldade de compreender o significado social de ambiente, e de desenredar a influência de diferentes interpretações na percepção e definição de problemas ambientais.

Embora "ambiente" seja um conceito multidimensional, podemos diferenciar interpretações que são, em grande medida, antropocêntricas das que têm base bioética. Nas primeiras o ambiente é visto como provedor para a sociedade humana de sustento para a vida, recursos naturais, adjacências sadias e satisfação estética; ele abarca interesse por sobrevivência, esgotamento de recursos naturais, saúde e amenidade (Goodin, 1976, comentado por Blowers, 1985). Esta filosofia é muitas vezes associada com a idéia de que os problemas ambientais podem ser solucionados pela "administração de recursos", o uso criterioso de recursos naturais para que possam prover o máximo de benefício para a humanidade.

A análise econômica neoclássica de problemas ambientais também tende a ver o ambiente em termos de utilidade. Bens ambientais tais como ar puro e água limpa não são trocados no mercado, e a poluição é uma "externalidade negativa" — um custo cobrado dos outros sem consentimento ou compensação. Os problemas ambientais, de acordo com esta perspectiva, ocorrem porque as condições sob as quais o mercado não-regulado aloca recursos eficientemente são violadas pela existência de recursos de propriedade comum, tais como a atmosfera e por externalidades como a poluição (ver, por exemplo, Beckerman, 1989; Common, 1988; Pearce et al., 1989). As soluções podem então ser vistas em termos de corrigir as falhas do mercado, estabelecendo, por exemplo, o preço de bens ambientais que antes eram "gratuitos" ou taxar a poluição. Fazer isso sugere que o ambiente tem utilidade, embora muitos economistas aceitem isto que, tanto como valor de uso, o ambiente também tem "valor de existência" (Pearce, 1989).

É este conceito de "valor de existência" que está ausente das perspectivas mais puramente antropocêntricas sobre o ambiente. A crença de que o mundo não-humano tem interesses e relevância moral demasiado independentes de sua utilidade social, forma uma linha diferenciada de filosofia ambiental. É impossível fazer justiça aqui a um assunto que tomou a forma de um debate complexo (para discussão adicional, ver Johnson, 1991; Paehlke, 1989; O'Riordan, 1981; Sprigge, 1991), mas é importante reconhecer a influência dessas duas perspectivas fundamentais — a antropocêntrica e a bioética — sobre o moderno movimento ambiental. Voltaremos a esse assunto mais à frente.

Alguns autores foram extremamente críticos com relação ao que vêem como preocupação dos "ambientalistas" com a "natureza". Pepper (1987, p.76) argumenta que grupos de pressão fazem campanhas "em favor do que consideram ser 'natureza' — isto é, baleias, focas, outros animais selvagens, a floresta tropical", enquanto demonstram escassa preocupação acerca dos ambientes daqueles que vivem, por exemplo, em conjuntos habitacionais no interior de cidades (para não falar nas condições desesperadoras na África, Ásia ou América Latina). Numa linha semelhante, Weston (1986, p.2) insiste que "o ambiente é muito mais do que 'natureza'; é o mundo social, político, econômico e físico em que vivemos".

Todavia, enquanto o descaso para com as condições humanas possa ser uma característica de certos elementos bioéticos e estéticos/amenidade no significado social do ambiente, existe pouca evidência para sustentar a opinião de que o movimento ambiental se interessou unicamente pela natureza. Os elementos de sobrevivência, esgotamento de recursos e de saúde pública do ambiente foram no mínimo igualmente importantes. Nos últimos anos da década de 60 e no início dos anos 70, por exemplo, a principal preocupação dos ambientalistas foi um interesse neomalthusiano quanto à exaustão de recursos não-renováveis e a impossibilidade (como eles entendiam) de crescimento continuado num mundo finito. Eles se preocupavam com a sobrevivência ou pelo menos, como os críticos foram rápidos a salientar, com a sobrevivência das porções mais afluentes da humanidade. À medida que o interesse se desviou para a necessidade de desenvolvimento sustentável, ele conserva uma dimensão fortemente utilitária. Ademais, muitas campanhas ambientais se concentraram em torno de questões como energia, poluição e transporte, freqüentemente com um forte componente de saúde pública (a campanha para a eliminação do chumbo da gasolina é um exemplo clássico); e uma crescente preocupação com importantes problemas no Terceiro Mundo, tais como desmatamento e erosão, é direcionada não apenas para os impactos sobre a " natureza", mas sobre a sobrevivência, tanto cultural como econômica, dos povos nativos.

Evidentemente, o significado de ambiente tem importantes dimensões filosóficas e políticas. Podemos ter uma perspectiva adicional dessas dimensões ao examinarmos as origens e a natureza do moderno movimento ambiental.

Ambientalismo

O ambientalismo, enquanto movimento social, provou ser, no mínimo, uma fonte de fascinação tão rica para os cientistas sociais quanto os problemas ambientais em si. Geógrafos, juntamente com sociólogos, psicólogos sociais e cientistas políticos, foram proeminentes nesse debate e deram importantes contribuições para nossa compreensão das origens, evolução e ideologias do moderno movimento ambiental.

Embora seja amplamente aceito que o movimento moderno tenha suas origens nos anos 60, as raízes filosóficas e ideológicas do ambientalismo têm uma história muito mais longa. David Pepper (1984), em uma síntese abrangente, encontrou várias raízes na ciência clássica, no conservacionismo e romantismo do século XIX, nas obras de Malthus e Darwin e numa série de ideologias políticas. Lowe e Goyder (1983) também demonstram que o movimento tem uma longa história, mas eles colocam a ênfase especial de suas raízes no último período da era vitoriana quando:

> houve uma reversão nas perspectivas racionalistas e progressivistas derivadas do "Iluminismo" que, com sua certeza na perfectibilidade de todas as coisas, sempre buscou a melhoria da natureza e da sociedade por meio do emprego da razão e da engenhosidade humana (Lowe e Goyder, 1983, p.19).

Esses autores sustentam que o interesse ambiental era uma parte integral da reação intelectual do último período vitoriano a muitos dogmas do liberalismo econômico. Grupos liderados por filósofos sociais tais como John Ruskin e William Morris expressaram suas dúvidas quanto ao industrialismo e ao urbanismo e combateram vigorosamente a destruição da herança cultural e o mundo natural, que "representavam continuidade, estabilidade e tradição, contra o agitado e infundado remexer do capitalismo industrial" (ibid., p.20).

Lowe e Goyder identificam mais duas "eras de ambientalismo" que se destacam como períodos particularmente ativos na evolução do movimento. Um ocorreu em pleno ano entre-guerras, quando a base social se ampliou e muitos novos grupos de pressão foram formados, e o segundo — basicamente o surgimento do moderno ambientalismo — manifestou-se nos anos 60 e no início dos anos 70. Poderíamos acrescentar agora um terceiro, associado com o ressurgimento da preocupação com todas as coisas "verdes" identificado a partir da metade dos anos 80 em diante. O ponto essencial, porém, é o da continuidade de muitas idéias ao longo de um período de um século ou mais, embora as questões específicas e a expressão política da preocupação com o tema tenham variado tanto no tempo quanto no espaço.

Não é surpreendente que um movimento com uma longa história e diferentes raízes fosse eclético ao extremo ou que tendesse a desafiar tanto a classificação como a simples explicação. No estudo de Lowe e Goyder sobre grupos ambientais na política, o movimento é considerado como "um episódio de comportamento coletivo, cujas manifestações formais são os grupos ambientais separados" (ibid., p.1), embora reconheçam que os grupos são apenas um indicador de um movimento social mais amplo e incluem em sua definição um "público atento" solidário e mais geral. A investigação tendeu para o enfoque (como na obra de Lowe e Goyder) do ambientalismo ocidental, mas existe também um crescente interesse em movimentos ambientais no Terceiro Mundo e no que costumava ser o Bloco Oriental (Adams, 1990; Durning, 1990; Pryde, 1991; Urfi, 1987; Waller, 1989). Todavia, muitos temas subjacentes são semelhantes.

A maioria dos estudos confirma que o movimento ambiental abrange uma ampla gama de interesses e objetivos, mas a divisão ecocentrista/tecnocentrista formalizada por O'Riordan (1981), sem embargo, proporcionou uma estrutura analítica duradoura. O ecocentrismo é associado com uma visão não-utilitária do mundo natural, com bioética, antimaterialismo, rejeição da noção de ciência "objetiva" e pouca fé no "dilema técnico". Em contraste, os tecnocentristas consideram o acréscimo em riqueza material como universalmente desejável, e exeqüível com a administração séria de recursos; o mundo deles é um mundo em que ciência e tecnologia "isentas de valor" garantem um potencial quase infinito para o uso de recursos naturais a serviço da humanidade. Embora muita complexidade seja inevitavelmente perdida quando um amplo espectro de valores e crenças é reduzido a uma simples dicotomia, permanece o fato de que "os dois modos são eminentemente reconhecíveis em quase todos os debates públicos acerca de questões ambientais" (Pepper, 1984, p.30). Isto é assim apesar da maneira como o conceito de desenvolvimento sustentável tendeu a relativizar algumas das divisões, pelo menos em relação às posições anteriormente polarizadas sobre crescimento econômico e o ambiente.

Um dos aspectos mais interessantes do ambientalismo "é o desafio que ele apresentou para as estruturas políticas existentes, orientadas como são para os conflitos convencionais entre classes econômicas e o ajuste funcional dos interesses do produtor" (Lowe e Rudig, 1986, p.529). O movimento como um todo não pode ser identificado com uma determinada ideologia política, nem existe qualquer alinhamento claro da dimensão ecocentrista/tecnocentrista com a tradicional classificação de direita-esquerda. Os ambientalistas freqüentemente alegaram que as questões verdes transcendem de alguma maneira outras ideologias políticas (ver, por exemplo, Porritt, 1984; Paehlke, 1989), os ecocentristas porque alegam representar um paradigma totalmente novo, e os tecnocentristas porque tendem a considerar os problemas ambientais como politicamente neutros. A última asserção pode ser prontamente descartada, mas a visão de que o ecocentrismo constitui um "novo paradigma" recebeu uma considerável atenção na literatura.

David Pepper (1984) aponta para o paradoxo de um movimento ecocentrista que, na qualidade de proponente da mudança social radical, é basicamente progressista e freqüentemente considerado de centro-esquerda, enquanto que sob outros aspectos pode ser acusado de elitista e reacionário, perseguindo essencialmente interesses baseados em classes na preservação do *status quo*. O ecocentrismo tem muitas raízes e valores em comum com o anarco-comunismo e socialismo: existe uma semelhança gritante nas obras de, por exemplo, Peter Kropotkin, Robert Owen e William Morris com as de ecocentristas modernos. Por outro lado, a ênfase neomalthusiana de alguns segmentos do movimento ambiental nos anos 70 relativos a população zero e crescimento econômico, com escassa atenção para as desastrosas implicações dessas políticas para os pobres, levaram a amargas acusações de "ecofascismo" e, por um tempo pelo menos, a uma profunda desconfiança no ambientalismo por parte dos desvalidos tanto em escala global como nacional. A visão de uma sociedade descentralizada que tanto impregnou a literatura ecocentrista (tipificada por "Blueprint for Survival" de Goldsmith et al., 1972) também pode ser considerada como progressista (na tradição anarco-socialista) ou profundamente conservadora em seus (às vezes implícitos) pressupostos acerca das estruturas sociais e o papel específico dos gêneros.

Durante os anos 80 a noção simplista de crescimento zero foi submetida a muitos exames minuciosos, e em grande parte suplantada pelo conceito de "desenvolvimento sustentável". Isto apareceu pela primeira vez na Estratégia de Conservação Mundial (IUCN e WWF, 1980) mas é mais comumente associada com o relatório da Comissão Mundial sobre Ambiente e Desenvolvimento (CMAD), o Relatório Bruntland, publicado em 1987. Ambos, em contraste com trabalhos anteriores, tinham uma dimensão fortemente centrada no Terceiro Mundo. Bruntland capta a essência de sustentabilidade como segue:

> O ambiente e o desenvolvimento não são desafios independentes; eles estão inexoravelmente ligados. O desenvolvimento não pode subsistir sobre uma base de recursos ambientais em deterioração; o ambiente não pode ser protegido quando o crescimento deixa de contabilizar os custos da destruição do ambiente (CMAD, 1987, p.37).

O que era necessário, dizia o relatório, era desenvolvimento econômico que fosse sustentável em termos de seu impacto sobre os recursos da biosfera; isto não pressupõe crescimento zero mas obedece limites — possivelmente ampliáveis — impostos pela necessidade de se respeitar a integridade dos ciclos biogeoquímicos.

Muito embora na prática a sustentabilidade se tenha revelado difícil de definir (muito menos ser alcançada), o conceito contribuiu para mudar a percepção de que "ambiente" era um luxo apenas disponível para os ricos para a idéia de uma necessidade, tanto para a sobrevivência como para o subseqüente desenvolvimento econômico. Essa mudança tornou mais difícil para os críticos sustentarem o argumento de que o ambientalismo é apenas sobre manutenção de privilégios dos mais bem aquinhoados (embora os novos controles devam ser claramente justificados para que não sejam considerados como um disfarçado protecionismo econômico). Esta é uma instância em que é crucial fazer uma distinção entre diferentes significados de "ambiente": no sentido de sobrevivência, saúde e destruição de recursos renováveis são tipicamente os pobres que mais sofrem com a degradação ambiental e que potencialmente mais têm a lucrar com as melhorias (este ponto fica evidente a partir de nosso exame da escassez de alimentos mais abaixo). Quando "ambiente" significa amenidade, estética e bioética, o debate se torna muito mais complexo.

Embora seja impossível definir ambientalismo em termos de um particular conjunto de valores políticos, não se deduz daí, como algumas vezes foi inferido, que ele transcende divisões politicamente bem estabelecidas. Ele claramente não o faz. O atual estágio deste particular debate foi provavelmente melhor resumido por Scott (1990, p.100) em seu recente trabalho sobre ideologia e novos movimentos sociais:

> Ao invés de considerar a ideologia ecológica coerente e não-ambígua, como os seus críticos e alguns de seus defensores intentaram, talvez fosse melhor considerá-la como díspare e eclética sob certos aspectos. Primeiro, apossou-se de elementos de ideologias existentes... e deu-lhes uma conotação ecológica. Segundo, essas pré-existentes divisões ideológicas diferenciam variedades de ideologia ecológica.

Poderíamos esperar que se lance uma luz sobre as ideologias ambientais por meio de uma cuidadosa análise dos fatores por trás das causas do moderno ambientalismo. As tentativas de explicar este fenômeno atraíram muita atenção por parte dos cientistas sociais. Além de um importante conjunto de levantamentos investigativos essencialmente ateóricos (procurando medir, por exemplo, o grau e a estabilidade do interesse pelo ambiente, e de correlacionar opiniões ambientais com características demográficas), assistimos ao desenvolvimento de perspectivas teóricas básicas como também a estudos de casos específicos de grupos de pressão e conflitos.

Um dos conceitos mais influentes foi a tese de Ronald Inglehart sobre "mudança pós-materialista de valor" — a mudança do predomínio de valores econômicos e de segurança básica para as necessidades "de ordem superior" por amor, estima e status, e por satisfação intelectual e estética (Maslow, 1970). Inglehart (1971, 1977, 1981) sustentou que tal mudança em valores podia ser identificada na sociedade ocidental durante o período pós-guerra de relativa prosperidade e segurança e, embora não se dedicasse inicialmente a questões ambientais, ele deu a entender em trabalhos subseqüentes que os pós-materialistas "fornecem os ideólogos e o apoio essencial para os movimentos ambientais, antinucleares e de crescimento zero" (Inglehart, 1982, citado em Lowe e Rudig, 1986, p.516).

Relacionado com o conceito da "mudança pós-materialista de valor" está a hipótese acima mencionada de que o ecocentrismo representa um novo paradigma implicando num desafio à essência dos valores e crenças do capitalismo industrial. Esta tese é expressa de maneira mais coerente na obra dos sociólogos Stephen Cotgrove e Andrew Duff (1980, 1981), que examinaram as atitudes de ambientalistas radicais, industrialistas e sindicalistas. Eles descobriram que o ecocentrismo era caracterizado por uma complexa "visão de mundo" que não se restringia a questões ambientais. Elementos dessa visão de mundo (sobre coletivismo e relações no trabalho, por exemplo) eram partilhados com sindicalistas, mas havia uma divergência quanto a questões de crescimento e prosperidade material. Significativamente Cotgrove e Duff também descobriram que não era simplesmente a "classe média" que adotava ideais ecocentristas, mas um elemento específico da classe média principalmente empregado no setor de serviços. Esta observação os levou a oferecer uma provável explicação para o ambientalismo como "uma expressão dos interesses daqueles cuja posição de classe no setor não produtivo os situa na periferia das instituições e dos processos de sociedades do capitalismo industrial" (Cotgrove e Duff, 1980, p.341). Outros também têm fundamentadas explicações para o ambientalismo com base no conceito de uma "nova classe" que procura estabelecer-se como elite política e possui um auto-interesse objetivo na manutenção e extensão dos estados previdenciários e regulamentadores. Lowe e Rudig (1986) oferecem uma excelente recapitulação desse trabalho. Talvez seja proveitoso estender esta linha de argumentação à análise das ligações entre ambientalismo e movimentos intelectuais radicais em contextos culturais diferentes: uma característica notável dos movimentos ambientalistas nos antigos estados socialistas, por exemplo, foi a sua íntima interligação com o nacionalismo étnico (Amonashrilli, 1990; Smith, 1991).

A teoria da mudança de valor pós-materialista não oferece uma base inteiramente satisfatória para a sociologia ambiental. Tem sido criticada por vários motivos (Lowe e Rudig, 1986), mas dois aspectos são particularmente importantes. Primeiro, tais "explicações" para o ambientalismo desassociam efetivamente o movimento de problemas ambientais reais. Como declaram Lowe e Rudig (1986, p.518):

> O ambiente é visto como apenas uma entre muitas questões "pós-materialistas" que repentinamente atingiram um destaque não relacionado com qualquer mudança no ambiente, devido a uma alteração em valores entre as pessoas que não tinham outra coisa com que se preocupar.

Um segundo problema é que as explicações para a mudança de valor, baseadas na "hierarquia das necessidades humanas" de Maslow (1970), presumem que a qualidade ambiental é um luxo, uma preocupação apenas de pessoas que "não têm outra coisa com que se preocupar". Para uma grande quantidade de aspectos cruciais da preocupação com o ambiente, tal pressuposição simplesmente não se justifica. Em nenhum outro lugar isto é mais bem evidenciado do que no complexo conjunto de interações humanos-ambiente que levam à fome e à penúria. Tais problemas formaram um importante elemento constitutivo do ambientalismo. Ao reconhecer, pois, que nossa compreensão do movimento como um todo ainda é incompleta (e que pode beneficiar-se de uma percepção que deveria ter sido feita antes que estivesse mais plenamente desenvolvida), seguimos para examinar esta questão específica de maneira um tanto pormenorizada, demonstrando a complexidade dos fatos subjacentes e o perigo de "soluções" simplistas.

A fome e os riscos enquanto questões ambientais

A despeito das oportunidades oferecidas pelos modernos meios de transporte, poucas pessoas no Ocidente têm experiência direta do Terceiro Mundo — talvez não sejam muito mais numerosas do que nos tempos coloniais. Contudo, os problemas do Terceiro Mundo penetraram na consciência popular de forma contundente. Existe também uma nítida percepção do caráter interdependente dos problemas ambientais e de seu caráter regional e mesmo global, e esta nova visão do mundo talvez seja a mudança mais fundamental na cultura do final de nosso século XX. Como MacLuhan (1967, p.62) observou há 25 anos, "vivemos agora em uma aldeia global, uma performance simultânea":

> Num ambiente em que reina a informação elétrica os grupos minoritários não podem mais ser reprimidos — ignorados. Pessoas demais sabem demasiado uma da outra. Nosso novo ambiente compele ao compromisso e à participação (McLuhan, 1967, p.44).

Embora formulada sob a forma de fluxo de informações, essa metáfora de "aldeia global" é igualmente válida para o ciclo hidrológico, a camada de ozônio e a propagação do dióxido de carbono.

Como estão sendo definidos e explicados agora os problemas ambientais do Terceiro Mundo? Nos concentramos aqui em questões relacionadas: fome e ameaças de riscos. Na década passada algumas excelentes análises geográficas surgiram de áreas tais como o Sahel, Bangladesh e Nova Guiné, sobre as origens da vulnerabilidade a riscos, sobre o conhecimento técnico inerente e outros mecanismos de defesa, e como esta proteção é desgastada ou intensificada por políticas de desenvolvimento (Watts, 1983a; Hewitt, 1983; Stoddart e Pethick, 1984;

Richards, 1985; Blaikie e Brookfield, 1987; Corbridge, 1988; Adams, 1985, 1990). Neste trabalho, o alimento é igualmente considerado como o mais fundamental dos recursos que as pessoas obtêm de seu ambiente. Como tal, o grau em que uma população tem um suprimento adequado e garantido de alimentos representa uma medida-chave da adequação dos relacionamentos ecológicos desta população pelo menos a curto prazo. Nesse sentido, a escassez de alimentos cabe claramente dentro da categoria de preocupação ambiental.

Se adotarmos esta perspectiva, uma escassez de alimentos ou um flagelo natural que venha a atingir uma população tornar-se-á, então, um sintoma de perda de controle sofrido por essa população sobre os processos ambientais sócio-econômicos que governam seu sistema para manter a vida. No Ocidente a maioria das pessoas concordaria agora que esta "perda de controle" não é meramente o trágico destino de milhões de lavradores no Terceiro Mundo, mas é algo que todos nós estamos começando a vivenciar em nosso mundo-estufa interdependente, e certamente algo sobre o qual todos nós temos responsabilidades. Somos todos náufragos no mesmo salva-vidas, ou para usar uma outra metáfora, que tem aparecido freqüentemente na literatura ambientalista, somos todos astronautas a bordo da Espaçonave Terra e temos um interesse comum em seu sistema de manutenção da vida.

Uma visão de mundo que enfatiza os encadeamentos em diferentes escalas espaciais e temporais era outrora exclusiva dos geógrafos em seu isolamento acadêmico. Em grau espantoso, tornou-se a visão de mundo que passou a ser compartilhada de modo geral entre a maioria das pessoas instruídas no mundo ocidental. No entanto, esta maré montante de interesse por relacionamentos humanos-ambiente não significa necessariamente que nossa compreensão tenha melhorado, e isto está bem exemplificado por muitas e variadas percepções do "problema mundial de alimentos".

As estatísticas sobre a situação nutricional sempre foram imperfeitas, mas o quadro geral é muito claro: apesar de importantes avanços tecnológicos e uma Revolução Verde na agricultura tropical, na realidade, o problema mundial de alimentos não está diminuindo. Um número crescente de pessoas está sofrendo de ingestão deficiente de alimentos, mas ao mesmo tempo eles se encontram em um número menor de países no mundo e representam uma proporção declinante da população total do mundo (Grigg, 1985). Assim, embora a ingestão deficiente de alimentos continue sendo um problema universal, em proporção maior do que nos anos 50, seus efeitos diretos estão restritos a determinados grupos sociais que vivem em determinadas regiões geográficas. É entre os pobres das áreas rurais da região sub-saariana na África e no sul e no leste da Ásia que encontramos hoje as principais vítimas do déficit alimentar (FAO, 1987). Além do mais, no interior dessas regiões os que correm perigo encontram-se particularmente em comunidades que vivem em ambientes expostos a secas, inundações, furacões e surtos de tempestades sazonais. Os que sofrem de pobreza e desnutrição tendem, portanto, a ser as mesmas pessoas que são vulneráveis aos efeitos dos riscos naturais.

O fato de que as principais vítimas de desnutrição, escassez de alimentos e riscos naturais estão agora restritas a ambientes rurais marginais e a grupos marginalizados de pessoas dentro desses ambientes afeta nossa percepção de seus problemas e estimula mitos e equívocos. Os lugares em que vivem pessoas vulneráveis são pouco freqüentados pelos bem-sucedidos, os prósperos e os poderosos, enquanto que os pobres, que precisam ganhar a vida em tais áreas, têm pouca voz ativa ou representação. Há o "enviesamento da estação da seca" e há o "enviesamento da pista asfaltada", visto que os forasteiros raramente viajam para longe de estradas ou em estações difíceis do ano (Chambers, Longhurst e Pacey, 1981). Como conseqüência, embora o interesse universal possa ser estimulado através de imagens de fome, seca e inundação transmitidas pela televisão, as causas subjacentes de cada crise geralmente não são muito compreendidas.

Toda vez que há uma crise de alimentos que por breves momentos concentra a atenção do mundo sobre o que de outra maneira seriam pessoas esquecidas e lugares remotos, a mídia oferece uma análise imediata. Inclina-se a responder a pergunta "por quê?" de uma das seguintes maneiras:

— A escassez de alimentos é conseqüência da degradação ambiental ou de perturbações climáticas, ambas ultimamente interpretadas como sintomas do efeito estufa.

— A escassez de alimentos é sintoma de uma crise malthusiana e resulta do crescimento populacional acima dos limites dos recursos de subsistência.

— A escassez de alimentos é causada pelo declínio nas práticas ecológicas tradicionais, que costumavam permitir que pessoas em sociedades não-ocidentais vivessem em harmonia com seu ambiente.

— A escassez de alimentos é causada por aqueles que dirigem ou administram mal o sistema econômico, por exemplo pela ineficiência ou corrupção de governos nacionais ou o interesse pessoal daqueles que manipulam condições de comércio internacional, empréstimos bancários e programas de ajuda.

— A escassez de alimentos é resultante do isolamento, ignorância e conservacionismo, o que significa que lavradores produzem em uma situação de racionalidade limitada, e, portanto, tomam decisões erradas.

Ao mesmo tempo que esses modelos são mais sofisticados do que as antigas idéias que culpariam os famintos por seu próprio infortúnio, nenhum oferece por si só uma explicação adequada para a maioria dos casos de deficiência no suprimento de alimentos. Mas se qualquer um dos cinco modelos for isolado, defendido, e lhe for concedido status de "explicação", então poderá rapidamente ser levado a parecer convincente. Cada teoria pode ser "testada" pela escolha cuidadosa de evidências, e cada uma também tem o poder de convencer por meio de sua própria lógica interna. É dessa maneira que os modelos explanatórios podem alcançar o status de ideologia, com uma influência de longo alcance sobre as posturas e políticas públicas. O processo foi bem demonstrado por David Harvey (1974) em sua comparação dos modelos malthusiano e marxista de população e recursos. Essas opiniões alternativas eram elementos cruciais do polarizado debate ambiental que se seguiu a uma sucessão de publicações neomalthusianas no início dos anos 70 — particularmente Dennis Meadows et al.'s (1972) *Limits to Growth* e os escritos de Paul Ehrlich (por exemplo, 1970), que consideravam o crescimento populacional como a raiz de todos os problemas ambientais. Examinaremos agora rapidamente a plausibilidade de cada um dos cinco modelos acima.

Um ambiente natural mais hostil?

Este modelo tende a considerar os seres humanos como vítimas indefesas de sua capacidade de poluir e de rachar seu habitat planetário. Ligada à idéia de que os problemas ambientais de algum modo transcendem sistemas políticos e econômicos, este ponto de vista tornou-se predominante durante as duas últimas décadas (e talvez seja mais conspícuo na percepção popular do que Malthus ou Marx). Até os anos 70, calamidades como a seca saheliana de 1972 — e a sucessão de ciclones tropicais que devastaram Bangladesh à época de sua independência, foram considerados ocorrências aleatórias. Os esforços para demonstrar que as secas ou os furacões estavam se tornando mais freqüentes não conseguiram convencer, por falta de dados de longo prazo e devido ao claro indício, na história, de ocorrências geofísicas de igual ou maior magnitude (Lamb, 1977). O impacto humano de secas e tempestades pode não ter sido tão devastador no passado, mas isso não foi porque a natureza em si não era então menos hostil do que é agora.

Os acontecimentos desde os anos 70 devem levar-nos a reconsiderar essa avaliação. O consenso científico agora é que o aquecimento global (não importa qual a sua causa) vem de fato ocorrendo, especialmente dos anos de 1880 para os anos de 1940 e a partir da segunda metade dos anos 60. Nem todas as regiões sentiram o errático mas gradual aumento na temperatura (não, por exemplo, nos Estados Unidos) mas como uma conseqüência geral deveremos agora levar a sério o vaticínio de um futuro de maiores rigores climáticos, que causarão secas, inundações e maior propensão a tempestades.

Em seu encanto com esse novo consenso científico existe o perigo de a opinião popular começar a atribuir todos os problemas, inclusive desnutrição e fome, ao "efeito estufa". Uma pesquisa abrangente mostra que, ao contrário, eventos naturais só se tornam perigosos quando os seres humanos se estabelecem em lugares vulneráveis e dependem de recursos vulneráveis para seu sustento (Sen, 1981; Watts, 1983b; Swift, 1989). O clima em si não é perigoso mas as pessoas podem criar para elas mesmas circunstâncias perigosas através de uma adaptação inadequada. Pelo menos desde os anos 60 os geógrafos se destacaram nesta área de trabalho (White, 1974; Burton, Kates e White, 1978), e é claro que a necessidade de uma melhor compreensão das dimensões física e humana de ocorrências perigosas não irá diminuir.

Um mundo superpovoado?

O segundo mito a respeito da escassez de alimentos é a falácia biológica de Malthus que reconquistou terreno sob forma revista durante os anos 70. Como conseqüência, o espectro da superpopulação é freqüentemente vinculado na mente popular a problemas ambientais tais como o efeito estufa, mesmo que tais fenômenos sejam muito mais o resultado de como usamos o planeta do que de quantos de nós o usa. Mesmo assim, a ligação que Malthus fez entre um suprimento de alimentos em lenta expansão e uma demanda em rápida progressão devido ao crescimento populacional mantém seu poder de convencimento.

O crescimento populacional é, sem dúvida, parte do problema da subnutrição (FAO, 1987). É igualmente certo que nunca é a explicação completa e, na verdade, limitar a população não é necessariamente um elemento importante para qualquer solução. Mas o problema real com o modelo malthusiano é que ele oferece uma visão abstrata e simplificada do mundo real, e assim gera um diagnóstico distorcido de pobreza e fome e um igualmente distorcido prognóstico sobre o que fazer a respeito (Harvey, 1974). O verdadeiro papel do crescimento populacional só é revelado por uma análise em microescala do porquê da degradação da terra agrícola ou a sua indisponibilidade para os necessitados, ou por que determinadas famílias não obtêm um suprimento de alimentos que seja adequado ou garantido. Essa análise revelará a importância de fatores tais como ocupação de terras, área de pasto excessiva, dependência econômica ou condição social marginalizada, que não aparecerão em modelos regionais de demanda populacional e de oferta agregada de alimentos.

Um mundo sem sabedoria tradicional?

Por milhares de anos ser capaz de enfrentar a incerteza no suprimento de alimentos foi de vital importância para as populações agrárias que vivem em ambientes oscilantes. Não é surpreendente, portanto, que nas regiões mais desprovidas do Terceiro Mundo achamos sociedades que desenvolveram uma sofisticada cadeia de reações ou mecanismos de defesa (Chambers, 1983). Esses últimos incluem medidas econômicas e sociais para neutralizar secas, inundações e tormentas, como também outras ocorrências intermitentes não-previsíveis tais como nascimentos, óbitos e casamentos (De Garine e Harrison, 1988). Estratégias para enfrentar a incerteza incluem práticas de administração ambiental, ajustamentos sociais, como por exemplo a troca recíproca de alimentos ou mão-de-obra, e adaptações biológicas tais como as mudanças nos níveis de atividade (Longhurst, 1986; Rahmato, 1987; Corbett, 1988).

Uma crise que se estende para além dos extremos normais de sazonabilidade ou flutuações de mercado exigirá medidas mais extremas para evitar a escassez de alimentos. Em Hausaland, na região norte da Nigéria, por exemplo, essas medidas de crise incluem operações de recuperação de fazendas, a venda ou hipoteca de ativos, e a migração, às vezes com animais (Watts, 1983a, 1988). Medidas de ajuda e assistência de benfeitores também são importantes. Em anos recentes a tendência tem sido de que algumas dessas reações serem contrariadas enquanto outras se tornaram necessárias mesmo em face de sazonabilidade normal. Em

Hausaland como em outros lugares existe abundante evidência de que a eficácia das estratégias tradicionais de defesa estão sendo desgastadas, e não são mais suficientes para evitar a fome e a penúria.

Se elas não são mais viáveis hoje, quão eficazes foram essas adaptações no passado? Devemos enfrentar esta questão antes de levar em consideração o restabelecimento de práticas tradicionais como estratégia plausível para lidar com os choques mais rigorosos do século XXI. A visão de uma anterior "idade de ouro" de adaptações bem-sucedidas contém um grão de verdade, mas se for aceita sem questionamentos (como em algumas bibliografias ecocentristas) ela se transformará ainda em outro mito perigoso. Embora seja verdade que em muitas áreas o grau de degradação e o nível de penúria aumentou muito nos tempos modernos, há também abundante evidência que as diversas circunstâncias que conduzem à degradação e à fome ocorrem repetidamente na história humana.

Até mesmo na Idade da Pedra havia crises ambientais. Em Papua-Nova Guiné os habitantes das regiões montanhosas eram outrora considerados como pessoas "recém-chegadas" às quais faltavam a tecnologia ou os valores culturais que em outros lugares resultam na degradação de recursos e na instabilidade da oferta de alimentos. No entanto, recentes estudos de geomorfologistas e arqueólogos apontam para a grande antigüidade dos impactos agrícolas na Nova Guiné que conduziram a uma ampla conversão de florestas em pastagens 4000 anos atrás. Muito antes que os habitantes do mundo clássico dos gregos e romanos tivessem de enfrentar problemas de erosão do solo, desmatamento e pressão populacional, os habitantes das regiões montanhosas da Nova Guiné também haviam criado para si problemas em escala equivalente (Blaikie e Brookfield, 1987; Bayliss-Smith e Golson, 1992). No caso da Nova Guiné, as práticas de drenagem de alagados, de terraceamento e de agroflorestamento foram todas reações de adaptação a problemas que, sem dúvida, incluíam fome sazonal ao mesmo tempo em que a desnutrição se espalhava à época do contato europeu nos anos 30 (Dennett e Connell, 1988; Bayliss-Smith, 1991).

Deveríamos portanto repelir o que Robert Chambers (1983, p.85) denomina a tentação de "ressuscitar o Nobre Selvagem......no papel do Lavrador Racional cujas ações são exercícios perfeitamente avaliados em otimização que até computadores bem-informados só podem empenhar-se em simular". É óbvio que uma grande quantidade desses bem-informados e racionais tomadores de decisões devem sempre existir em uma sociedade rural, mas é igualmente evidente que em décadas recentes essas pessoas tornaram-se impotentes em evitar a escassez de alimentos e a vulnerabilidade a calamidades. O que saiu errado?

Uma economia política de exploração?

É irônico que os anos 80, um período de colapso para a ideologia marxista oficial, deveriam também assisitir a aceitação tácita dos argumentos marxistas subjacentes no que eles se referem a fome e riscos naturais. Pobreza, vulnerabilidade, impotência e suas conseqüências nutricionais são agora amplamente aceitas como sintomas de "subdesenvolvimento" ou algum outro eufemismo para o mesmo fenômeno. O subdesenvolvimento em si é amplamente interpretado como sintoma de um processo pelo qual valor excedente e produto excedente são extraídos das pessoas sob condições de troca desigual. O Relatório Brandt, a Comissão Brundtland e até o Banco Mundial (usando linguagens diferentes) aceitam todos esta tese básica. Superdesenvolvimento e a resultante crise ambiental é o outro lado da moeda, mas reconhece-se agora que a moeda tem dois lados.

O que ainda divide os que analisam esses problemas não é a realidade dos processos de economia política, mas o grau de primazia de se ajustar a eles. O que confunde os governos e os organismos internacionais é que o capitalismo global parece gerar prosperidade para um número crescente de pessoas mas simultaneamente empobrece uma proporção significativa cujas circunstâncias se tornam por isso mais marginalizadas. Existe também o reconhecimento tardio de que as mulheres, em toda parte, constituem provavelmente um grupo explorado dentro do sistema capitalista que deprecia (na realidade, ignora) o trabalho doméstico e a criação de filhos. E recentemente também um conhecimento dos impactos ambientais de todas as formas de "desenvolvimento" perturbou os legisladores dessas questões básicas de justiça social (Adams, 1990).

Uma análise da economia política que marginalize os fracos e desse modo realce sua vulnerabilidade deve ser elemento de qualquer esforço para explicar por que determinadas pessoas padecem de fome e catástrofes, enquanto outras estão relativamente protegidas (Sen, 1981; Chambers, 1989; Swift, 1989). Todavia, quando o subdesenvolvimento é tido como a suprema verdade, então ele degenera em determinismo econômico e torna-se tão desorientador quanto os modelos de Malthus, do Lavrador Racional e do Dia do Juízo Final.

A racionalidade limitada dos vulneráveis?

Numa economia pura de mercado não existe uma coisa chamada capitalista de sorte. Há bons empresários e maus empresários e os maus vão à falência devido a decisões subotimizadas tomadas em uma situação de conhecimento imperfeito. Quando transferido para a sociedade rural, este modelo faz supor que os fazendeiros pobres são aqueles que trabalham ineficientemente devido a ignorância, isolamento e conservantismo. A Revolução Verde dos anos 70 implicou na adoção de variedades de alto rendimento de arroz e milho e uma nova tecnologia de elevado insumo, e foi visualizada por muitos no Ocidente como o grande salto para a frente que ampliaria os limites para o crescimento e permitiria aos lavradores escapar da limitada racionalidade de sua práticas tradicionais de cultivo. Na verdade a Revolução Verde foi adotada de maneira muito parcial e com resultados extremamente variados (Bayliss-Smith e Wanmali, 1984). Em contraste, onde encontramos "revoluções" bem-sucedidas na agricultura, elas geralmente resultam de existente conhecimento técnico nativo, enquanto o conhecimento e a tecnologia transplantados são raramente tão bem-sucedidos (Richards, 1985).

Também na área de saúde e nutrição, a pesquisa mostra que o que a maioria das pessoas quer fazer é correto e sensato, em outras palavras, racional, mas na maioria das vezes as pessoas são incapazes de agir baseadas em seu conhecimento (Pacey e Payne, 1985). Não é a sua racionalidade que é limitada, mas mais exatamente a sua independência de constrangimentos. Esta simples verdade tem muitas implicações políticas. Por exemplo, se formos levados a acreditar que os lavradores comuns tomam decisões ambientais incorretas porque eles são racionalmente limitados, haveria, então, uma clara necessidade de se estabelecer um órgão administrativo centralizado que não fosse tão limitado. Na realidade, esta abordagem administrativa de cima para baixo que ignora ou até despreza o conhecimento local é ineficiente, e de fato, pode até causar sua própria desgraça. Como Sen (1981) demonstrou, a história de muitos casos de escassez de alimentos é uma história de má administração centralizada face a uma exaurida mas ainda adequada disponibilidade de alimentos.

Como vimos, parte do desentendimento quanto às causas da escassez de alimentos e a vulnerabilidade a calamidades reflete autênticas diferenças de ideologia e interpretação. Além disso, algumas diferenças se originam da grande amplitude de escalas geográficas que devem ser levadas em conta. O sazonal déficit alimentar pelo qual passa uma família tem uma causa imediata que provavelmente se relaciona com recentes acontecimentos de origem local. Ele também tem uma causa fundamental que se relaciona com um processo de longo prazo de crescimento populacional, degradação e/ou condição marginal dentro de uma emergente economia política regional, nacional e internacional. Em outras palavras, há uma encadeada hierarquia de escalas, que se estende desde a pessoa em seu lar dentro de uma determinada comunidade ou localidade, até o alto para as unidades regionais e unidades geopolíticas maiores em que se localiza a micro-realidade.

Os geógrafos tradicionalmente trabalharam em escala regional, mas foram forçados a deslocar-se para escalas diferentes em busca de uma melhor explicação. Com relação à escassez de alimentos, muitos cientistas sociais identificam agora a família como a escala mais satisfatória para fins de análise (Dugdale e Payne, 1987; Corbett, 1988). Todavia, os que formulam as políticas devem generalizar em escala espacial maior, mesmo que ninguém possa assegurar que os aprimoramentos na justiça social em escala macro necessariamente gotejarão até determinadas comunidades ou pessoas necessitadas. Por outro lado, as políticas orientadas para comunidades em particular fracassarão a não ser que levem em conta realidades geopolíticas mais amplas, por exemplo preços de mercado, guerras civis ou dependência da infra-estrutura fornecida pelo governo central, tais como as estradas. O que é preciso, e o que os geógrafos deveriam procurar suprir, é uma análise integrada que admita essa encadeada hierarquia de escalas espaciais, como também reconhecer a dimensão histórica e cultural de cada padrão de uso de recursos.

Em resumo, compreender a desnutrição e a escassez de alimentos nos obrigará em geral a combinar elementos de cada um dos cinco modelos examinados e outros tipos de explicação. O novo desafio da geografia é o confronto da ampla complexidade dos relacionamentos humanos-ambiente: ela não será capaz de contribuir muito para a explicação se adotar uma abordagem reducionista em seu esforço de dar sentido a um mundo real cada vez mais cheio de riscos.

A necessidade de se evitar explicações reducionistas, de levar em conta tanto o específico quanto o geral e de respeitar o papel dos agentes individuais, como também os fatores subjacentes, tornou-se, de fato, um tema cada vez mais importante por todo o campo ambiental. Aplica-se tanto ao conflito ambiental no Ocidente como aos problemas da degradação ecológica e a fome no Terceiro Mundo. Em nossa próxima seção examinamos como este tema foi desenvolvido em um contexto ocidental, e em particular com relação a um conflito específico sobre a poluição no Reino Unido.

O conflito ambiental: o que determina o resultado?

Na seção anterior examinamos a natureza e as causas de um importante problema ambiental: há muitos outros exemplos dessa abordagem amplamente "centrada-em-problemas". Mas os estudos de caso de conflitos ambientais específicos também constituíram elemento importante da tradição de análise de questões e políticas ambientais, especialmente em países ocidentais. Alguns estudos clássicos ao longo dos anos 70, relativos por exemplo a acirrados conflitos sobre linhas de transmissão de energia, represas e estradas (Gregory, 1971; Kimber e Richardson, 1974; Smith, 1975), deram uma importante contribuição à bibliografia. Os estudos de caso tenderam, porém, a ser descritivos e ateóricos, deixando freqüentemente de localizar questões e eventos dentro de uma estrutura conceitual mais ampla ou de usar as conclusões para o avanço da teoria. Uma importante exceção a esta generalização foi o trabalho de Andrew Blowers, especialmente seu clássico estudo de conflitos sobre a poluição oriunda de olarias em Bedfordshire (Blowers, 1984, 1985).

Blowers identifica determinadas questões-chave que são fundamentais para qualquer análise de conflito ambiental:

— Por que existem conflitos ambientais?

— Quais são as questões e os interesses envolvidos?

— Quais são as fontes de poder e como são elas distribuídas?

— Quais são as implicações geográficas e sociais e conseqüências desses conflitos?

— Quais são as explicações mais satisfatórias do resultado?

Ao abordar estas perguntas (que não são muito diferentes das que faríamos a respeito de problemas mais amplos tais como a escassez de alimentos) podemos adotar uma série de diferentes perspectivas teóricas. Muitos estudos de conflitos ambientais assumiram implicitamente um sistema pluralista com ênfase no papel dos agentes individuais e a competição entre eles. O pluralismo é caracterizado por participação, um processo aberto de tomada de decisão, um sistema político receptivo e (em alguns modelos) um estado neutro. Protagonistas influenciam os eventos, o poder não está concentrado e o resultado do conflito será determinado pelo equilíbrio dos interesses em quaisquer circunstâncias especiais. Uma perspectiva estruturalista alternativa considera os resultados como determinados não pela ação dos agentes individuais, mas por aspectos mais fundamentais de mudança social tais como as relações de classes e a reestruturação econômica. De maneira ampla, o estado moderno atuará para criar condições favoráveis à acumulação do capital, muito embora o resultado de conflitos específicos possa não estar restrito dessa maneira. Pepper (1984) e Sandbach (1980) oferecem bons exemplos da perspectiva estruturalista em suas respectivas análises de ambientalismo e conflito ambiental.

O corporatismo é uma perspectiva adicional que combina aspectos de ambas as explicações, a baseada em agenciamento e a estruturalista (Blowers, 1985). Ele reconhece que determinados interesses têm acesso privilegiado a tomadores de decisão e que os órgãos estatais podem cooperar com eles. Associa também o importante conceito da "não-tomada-de-decisão", um termo usado pela primeira vez por Crenson (1971) em seu estudo sobre políticas de poluição nas cidades norte-americanas, para descrever a maneira como determinados grupos têm o poder de evitar o aparecimento de questões na agenda política e a incapacidade ou a relutância daqueles adversamente atingidos de realizar um desafio coroado de êxito.

Blowers admite que os estudos de caso são idiossincráticos, mas sustenta que eles demonstram os processos em funcionamento na sociedade e podem esclarecer o relacionamento entre agenciamentos e estruturas. Seu estudo sobre a controvérsia da London Brick é um exemplo de muitos conflitos semelhantes. Também tira proveito das percepções especiais da observação participante, visto que ele foi membro do Conselho do Condado de Bedfordshire durante o período em questão. Para entender seus argumentos é necessário ter uma visão geral do curso do conflito em si.

Em 1979 a London Brick Company propôs-se a construir duas novas fábricas na tradicional área de fabricação de tijolos em Bedfordshire. Os planos encontraram considerável resistência, orquestrada por um grupo liderado pelo marquês de Tavistock e que incluía ambientalistas, políticos locais e interesses comerciais e rurais. A poluição foi a questão-chave da controvérsia, abrangendo os aspectos de saúde e amenidades da preocupação ambiental. A London Brick sustentava que os controles exigidos por seus oponentes não seriam técnica nem economicamente exeqüíveis e nisto ela foi apoiada pela inspetoria central da poluição do ar do governo. Não obstante, o Conselho do Condado de Bedfordshire esforçou-se em introduzir uma cláusula de controle de poluição em seu projeto para a primeira fase dos novos trabalhos. Pouco depois, a London

Brick anunciou sua intenção de alterar a prioridade a fim de investir em Cambridgeshire, onde havia recentemente recebido permissão para novas construções sem a cláusula de poluição. Depois, à medida que a recessão se aprofundava, escolheu fechar a segunda maior instalação em Bedfordshire, com a perda de 1100 empregos, deixando claro também que se uma permissão satisfatória pudesse ser obtida em Bedfordshire, esta voltaria a ter prioridade no investimento. O emprego, e não a poluição, passou agora a ser o problema maior e a companhia e os sindicatos formaram uma poderosa aliança de interesses. Uma permissão para uma nova construção em Bedfordshire foi posteriormente concedida sem qualquer cláusula de poluição para a primeira fase.

Blowers encontra sustentação para a interpretação estruturalista desse resultado em vários pontos. Primeiro, considerando um período mais longo (incluindo a subseqüente prosperidade advinda da fabricação de tijolos em Bedfordshire), sustenta que a mudança dos fatores econômicos pode ser considerada de excepcional importância: embora o conflito em Bedfordshire tenha sido intenso e demorado, ele pouco influiu na estratégia global da companhia. Segundo, o conflito demonstra as vantagens outorgadas pela relativa mobilidade do capital. Terceiro, a companhia recebeu apoio por parte do estado, implicitamente através do conflito e explicitamente através da então Inspetoria Alkali. Ele conclui que:

> O caso estruturalista parece persuasivo e plausível, oferecendo uma explicação que salienta o contexto econômico mais amplo, o poder relativo do capital sobre o trabalho e mais interesses locais, e os limites de mudança política acessível ao estado em uma economia capitalista (Blowers, 1985, p.22).

Por outro lado, Blowers admite a existência de uma pluralidade de interesses, sendo que cada um exerceu alguma influência no curso do conflito e nos seus resultados específicos. Portanto:

> Sob diversos aspectos — a competição entre interesses, sua habilidade de infiltrar os processos de tomadas de decisão, a transparência e a imparcialidade da tomada de decisão — este caso demonstra o papel dos agenciadores em um sistema político pluralista (ibid., p.23).

Todavia, esta explicação é inadequada por uma série de razões, sobretudo porque deixou de analisar os interesses representados pelos participantes e conseqüentemente as fontes de poder que eles foram capazes de comandar. A London Brick foi, afinal de contas, mais poderosa do que a oposição devido a seu acesso privilegiado a funcionários governamentais e tomadores de decisão e à sua excepcional influência regional e nacional. Essas vantagens estruturais são, no entanto, "mitigadas pela variedade de circunstâncias econômicas e políticas permitindo que os agenciadores afetem os resultados precisos alcançados em diferentes épocas e em diferentes lugares" (ibid., p.24). As perspectivas estruturais e as baseadas em agenciamento não são mutuamente incompatíveis no esforço de explicar o resultado de conflito ambiental.

Ciência, política e participação pública: avaliação dos impactos ambientais

Nossa última importante área de debate também se refere à pergunta "o que determina o resultado do conflito ambiental?" É o debate sobre o papel no processo político de procedimentos e técnicas mais ou menos formalizadas tais como a avaliação ambiental (AA) e a avaliação de riscos. Estamos menos interessados nas técnicas em si do que nas opiniões conflitantes acerca de sua neutralidade e sua influência fundamental no resultado dos acontecimentos. Geógrafos têm estado na vanguarda do desenvolvimento de tais técnicas; trabalho pioneiro sobre avaliação de impacto ambiental no Reino Unido, por exemplo, foi executado no Departamento de Geografia na Universidade de Aberdeen durante os anos 70 (estimulado em parte pelas pressões oriundas do desenvolvimento de recursos de óleo e gás no Mar do Norte). Concentramo-nos aqui sobre AA, embora o debate seja relevante para um conceito mais amplo de avaliação e de participação pública que também incorporaria, por exemplo, diversas formas de audiências e consultas públicas.

O conceito de AA — a identificação prévia dos efeitos ambientais de desenvolvimentos — originou-se nos Estados Unidos nos anos 60 e foi incluído em 1969 na *National Environmental Policy Act*. Isto exigiu que todas as repartições federais apresentassem relatórios de impacto ambiental para importantes projetos, detalhando a sua previsão de efeitos ambientais e, onde fosse necessário, medidas que seriam tomadas para aperfeiçoá-los. Muitos países têm agora alguma forma de legislação de impacto ambiental. A Diretriz de Avaliação Ambiental da Comunidade Européia tornou-se lei para todos os estados membros em 1988, com o objetivo de prever e minorar os efeitos ambientais negativos de novos desenvolvimentos e, é claro, assegurar que medidas semelhantes fossem aplicadas em todos os estados membros para evitar concorrência desleal e "*dumping* ambiental". Até no Terceiro Mundo a AA está se tornando mais proeminente à medida que os governos e os organismos de ajuda tentam reduzir os danos ambientais com demasiada freqüência associados com "desenvolvimento". Organizações internacionais como o Banco Mundial passaram a exigir avaliação ambiental de projetos como uma condição para o financiamento.

A AA cresceu em parte devido ao descontentamento com a análise custo-benefício (ACB). A ACB exige que todos os custos e benefícios que, espera-se, fluam de determinadas decisões sejam reduzidos a uma medida comum, e o dinheiro provou ser o instrumento mais apropriado de medição. Uma transformação dessas é, porém, especialmente difícil para muitas variáveis intangíveis do ambiente, e as primeiras tentativas de incluí-las nas ACB, sobretudo na maneira mais mal afamada da tentativa da Comissão Roskill em estimar localizações alternativas para o terceiro aeroporto de Londres, foram severamente criticadas (ver, por exemplo, Adams, 1970; Buchanan, 1981; Self, 1970).

A AA não requer que todos os impactos sejam medidos em termos monetários. Novas rodovias na Grã-Bretanha, por exemplo, são avaliadas com o uso de uma combinação de ACB e de AA. A primeira estabelece valores monetários em variáveis tais como a economia de tempo, redução de acidentes e economias nos custos da operação de veículos. A segunda avalia, em termos não-monetários, efeitos tais como ruídos, impacto visual e danos ecológicos. Em certa medida, isto simplesmente protela o problema de comparar custos e benefícios tangíveis e intangíveis, e críticos acreditam que subseqüentemente se atribua uma prioridade muito reduzida aos custos ambientais quando se decidir sobre a construção de novas estradas. Alguns economistas sustentam que a avaliação monetária de bens ambientais, embora difícil, daria ao ambiente um perfil mais elevado no processo de tomada de decisão (por exemplo, Common, 1988; Pearce, 1989). Outros afirmam que tentar estabelecer um preço para intangíveis por meio de técnicas que medem a "disposição em pagar" das pessoas é metodológica e conceitualmente falho (ver, por exemplo, Sagoff, 1988). Esta questão transformou-se num intenso debate nos anos 80.

Embora possa ser uma avaliação mais ampla e mais qualitativa, a AA divide com a ACB a noção utilitária de equilibrar custos e benefícios, com suas raízes no conceito econômico neoclássico de eficiência alocativa: considera-se que uma nova alocação de recursos que resulte de uma decisão política é mais "eficiente" se aqueles que lucram, lucram o suficiente para compensar aqueles que perdem, não importando se eles o fazem ou não. Em outras palavras, são os benefícios *líquidos* de decisões que contam, daí a necessidade de uma ACB que reduza os diferentes custos e benefícios em tempo e espaço a um único número que represente "o valor líquido atual". A AA não procura fazer isso, mas conceitualmente é elemento do mesmo processo de comparar os custos e benefícios de determinadas ações.

Em termos gerais, podemos apreciar a crítica das técnicas tais como a AA em dois níveis — a que enfatiza sobre a metodologia e a que alega identificar falhas fundamentais em princípios ou aplicação.

As questões metodológicas serão tratadas aqui de maneira bastante sucinta, embora haja agora uma enorme bibliografia que trata de metodologias para a avaliação de impacto ambiental, tipicamente baseadas em alguma forma de matriz de impacto (Wathern, 1988, oferece uma boa visão global). Questões importantes incluem o que deveria ser submetido à AA (uma das razões que atrasaram a lei na CE por cinco anos) e onde deveriam se situar os limites para uma avaliação. Como, por exemplo, deveriam os analistas tratar (ou até identificar) efeitos de segunda e terceira ordem, que podem estar distantes no tempo e no espaço?. O problema é exemplificado pela pergunta levantada por ocasião da investigação Windscale sobre as instalações de reprocessamento nuclear na Grã-Bretanha — saber se o impacto se estendia aos efeitos da mineração de urânio sobre os sítios sagrados dos aborígines na Austrália.

A medição de impactos é outra questão importante: com freqüência, estes ocorrerão em unidades físicas e devem acarretar conseqüentemente o problema de comparar e combinar coisas incomensuráveis; e alguns impactos continuam obstinadamente difíceis de quantificar. Em seguida existe a questão de como se deveria apresentar a informação. Os primeiros relatórios sobre impacto ambiental nos Estados Unidos ficaram tão amplos numa tentativa de evitar serem contestados na justiça por grupos ambientais, que a legislação teve de ser revista a fim de restringir seu âmbito. Todas essas questões têm sido desenvolvidas nas mentes dos pesquisadores no mínimo por duas décadas. Poucos afirmariam que elas foram resolvidas satisfatoriamente, embora muitos concordem que a exigência formal de se considerar os potenciais efeitos ambientais sobre uma série definida de projetos (na CE isto inclui centrais elétricas, rodovias e grandes usinas químicas, por exemplo) é um passo na direção certa.

A crítica em nível mais elevado preocupou-se principalmente com dois aspectos mais fundamentais de técnicas tais como AA. Primeiro, ela acarretou a rejeição da noção de que essas técnicas oferecem informações objetivas e "isentas de valor" para instruir o processo político, e a idéia (especialmente inferida nos primeiros trabalhos) de que a "ciência" da AA e as "políticas" de tomada de decisão são nitidamente independentes. Segundo, questionou a hipótese de que mais informação e mais debates conduziriam a melhores decisões políticas. Muitos autores se concentraram sobre o potencial que grupos poderosos têm de manipular técnicas formalizadas de tomada de decisão em benefício próprio, e/ou de o estado usá-las no processo de legitimação.

Para alguns críticos a AA era suspeita porque era "basicamente" defensiva:... acerca de áreas de preservação, acerca de territorialismo, acerca de exclusão, não-acesso, não-uso de recursos (Eversley, 1976, p.131). Eversley via a AA como um instrumento elitista que, longe de ser neutro em valor, podia ser usado por aqueles em situação privilegiada para proteger comodidades e com isso negar os benefícios do progresso econômico àqueles que ainda não haviam usufruído deles. Se a AA retardasse a ajuda para uma represa hidroelétrica, ou evitasse a violação de belas paisagens por cabos de transmissão de energia, por exemplo, isto aumentaria o custo da eletricidade para os pobres, mas só protegeria as comodidades de uns poucos. Num contexto de Terceiro Mundo os poucos que usufruem de tais comodidades (por exemplo, através da preservação da vida selvagem) podem até não ser os habitantes do país em questão. Mas as questões ambientais não se encaixam facilmente dentro desse modelo um tanto simplista de conflito de classe. Tais críticas supõem que desenvolvimentos de larga escala e a conseqüente degradação ambiental são, invariavelmente, de interesse dos pobres e eles também presumem um grau de sucesso no impedimento de desenvolvimentos pela oposição ambiental, o que simplesmente não ocorreu na prática. Para outros críticos o uso da AA para *legitimar* desenvolvimentos foi motivo principal de preocupação.

Estruturalistas, tais como Francis Sandbach, encaram o problema não em termos de ativistas de classe média que usam a AA para bloquear desenvolvimentos, mas em termos de aliança corporativista de capital e estado usando técnicas como essas para "converter questões políticas e normativas... em técnicas espúrias" (Sandbach, 1980, p.104). As técnicas seriam usadas — de preferência mais como o sistema de audiências públicas em grandes desenvolvimentos no Reino Unido — para legitimar desenvolvimentos com o fundamento de que uma investigação ampla e objetiva foi realizada e que os custos e os riscos ambientais foram confrontados com os benefícios do projeto. Ao exigir melhores procedimentos de avaliação e maior participação pública, os grupos ambientais foram "iludidos por uma dominante ideologia política de pluralismo ao passo que na realidade as pressões para desenvolver energia nuclear, reciclagem de resíduos,... e uma rede de estradas estão intimamente relacionadas com a natureza e exigências do capitalismo moderno" (ibid., p.125). Críticas basicamente semelhantes poderiam ser aplicadas a muitos prestigiosos projetos de ajuda no Terceiro Mundo.

Ao contrário de Eversley, Sandbach é de opinião que tais desenvolvimentos não são de interesse da massa. Ao mesmo tempo que o conflito ambiental realmente pode algumas vezes envolver a capacidade diferente das classes baixa e média de mobilizar recursos, a sua ênfase recai sobre o conflito "entre as dominantes classes do capital e o resto da comunidade" (ibid., p.133). Blowers poderia concordar, embora provavelmente preferisse uma interpretação estruturalista menos rígida.

Brian Wynne (1975) aborda mais explicitamente a questão de "neutralidade" de todas as formas de avaliação tecnológica, apoiando-se na longamente estabelecida perspectiva filosófica que sustenta que na ciência e na ciência social o simples levantamento de dados é ele próprio carregado de teoria. O levantamento de dados, diz ele, "é seletivamente restrito e estruturado pelo prévio compromisso de concordar em torno de uma determinada idéia dos objetivos, propósito e significado da vida social", e avaliação de tecnologia é:

> uma parte integral de uma tentativa muito mais abrangente de assegurar um consenso social em torno de uma sociedade corporativa industrial centrada no consumidor, em que essas últimas instituições controlam uma esfera muito mais ampla de atividade social do que... até agora (Wynne, 1975, p.108).

Vistas sob esta perspectiva, técnicas tais como as AA não são absolutamente neutras. Wynne, à semelhança de Sandbach, as considera como elemento de um processo de legitimação, necessário para alcançar um grau de consenso em torno das metas do capitalismo corporativo. Isto explicaria a relutância em estender a suspensão de AA de projetos individuais às políticas que os fundamenta (algo pelo qual o sistema de investigação pública britânico também foi muito criticado). "Quando a luz do exame chega às portas das instituições e valores corporativos capitalistas", sustenta Wynne, "o facho é rapidamente desviado para outra direção" (ibid., p.125).

A crítica desses métodos de avaliação é poderosa. Pode, ela própria, ser criticada por sua ênfase no capitalismo ocidental, embora possa ser argumentado que a necessidade de legitimação e consenso foi muito mais aguda nas democracias ocidentais. Na prática, os métodos continuam a ser desenvolvidos com escassa atenção para os elementos mais filosóficos do debate.

Outro problema com a crítica estruturalista é que ela parece não oferecer jamais liberdade de ação para que os agentes modifiquem as restrições dentro das quais eles funcionam: os desenvolvimentos ocorrerão se forem do interesse do capital corporativo e dos grupos ambientais, que participam dos procedimentos de avaliação e as investigações públicas forem meramente levadas a se tornar parte do processo de legitimação. Ao mesmo tempo que muitos reconhecerão nisto um elemento de verdade, os desenvolvimentos ao longo de umas poucas décadas levariam também a considerar que as circunstâncias não foram imutáveis. Poucos poderiam negar que as ponderações alcançaram uma elevada e às vezes dominante posição na agenda política, que a legislação se fortaleceu consideralvelmente e que as atitudes com respeito ao ambiente mudaram sobremaneira. Talvez a pergunta mais interessante para os anos 90 seja saber se tais avanços realmente representam uma mudança de paradigma — o ponto de partida de profundas mudanças estruturais no *status quo* — ou se eles são meramente outro estágio de adaptação e legitimação no capitalismo dos últimos anos do século XX.

Conclusão: geografia ambiental e ciências sociais

Neste capítulo sustentamos que uma percepção de alguma forma de desafio ambiental é agora amplamente compartilhada. O ambiente, que por tanto tempo foi considerado na mente ocidental uma fronteira de oportunidade comercial, ou um recurso de propriedade comum não necessitando cuidado especial, está sendo reavaliado. Percebe-se agora, cada vez mais, que o ambiente é frágil, desprezado e hostil à expansão ilimitada do empreendimento humano, e talvez até à própria vida humana. As razões para esta percepção não se encontram mais na esfera do conhecimento oculto: todos nós reconhecemos agora o encadeamento funcional entre o ambiente local e a biosfera, entre norte e sul, entre pobres e ricos. A tentação de elaborar teorias superabrangentes acerca das origens da crise não foi contida, e somos bombardeados pela mídia com assim chamadas explicações.

Nesta situação o papel da geografia tornou-se um tanto paradoxal. O assunto foi desalojado de sua posição autonomeada de guardião da fronteira interdisciplinar entre a ciência natural e a ciência social. À medida que a busca por uma explicação mais completa para os problemas ambientais se intensificou, os estudiosos oriundos de outras disciplinas descobriram estar convergindo para esta encruzilhada. Enquanto isto, as novas disciplinas da ciência ambiental e da ecologia humana se desenvolveram e também estabeleceram para elas um papel interdisciplinar. Em todos esses casos, a natureza da investigação exige que as pessoas cavem para si um nicho especializado, mas elas o fazem cada vez mais dentro da estratégia de empenho coletivo que admite explicitamente o encadeamento interdisciplinar entre os aspectos dos problemas ambientais da ciência social e da ciência natural. Os geógrafos possuem o treinamento para conceitualizar este encadeamento com relativa facilidade, embora muitos preferissem especializar-se dentro de um campo de conhecimento em contínua expansão.

Neste contexto o desafio ambiental representa um desafio para a própria geografia. Acreditamos — e tentamos mostrar através dos diversos exemplos examinados neste capítulo — que precisamos urgentemente de uma estrutura intelectual holística que nos proporcione os recursos para desvendar e confrontar a natureza interdisciplinar dos problemas ambientais. Concordamos com a opinião de David Stoddart de que:

> Precisamos reconquistar o terreno superior: atacar os verdadeiros problemas: ter uma visão mais ampla: falar francamente para além dos limites subjetivos das grandes questões do dia (com isso não quero me referir às efêmeras políticas de Thatcher, Reagan e Gorbachev) (Stoddart, 1987a, p.334).

Os acontecimentos nos curtos cinco anos que se seguiram desde que Stoddart escreveu estas palavras corroboram a sua mensagem: Thatcher, Reagan e Gorbachev foram todos substituídos, mas enquanto a população mundial aumentou em 400 milhões, um quarto de milhão de quilômetros quadrados de floresta tropical foi derrubada, um crescente buraco de ozônio foi descoberto acima dos pólos, e o aquecimento global transformou-se num respeitável paradigma científico. Nesta altura, nós, enquanto geógrafos, não temos apenas a oportunidade mas também a responsabilidade de falar francamente sobre questões ambientais, aproveitando nossa prática de generalistas como também dar nossa contribuição como especialistas.

Constituiu-se moda dentro de alguns setores da disciplina falar a respeito da moralidade (ou ausência da mesma) na recente pesquisa geográfica, com a crítica geralmente dirigindo-se à nova geografia dos anos 60 e 70. Como sustentado por Stoddart, partindo de uma perspectiva ambiental, este debate erra totalmente o alvo: "a verdadeira obscenidade... é a defesa da pesquisa de trivialidades sem valor, enquanto as grandes questões do dia são totalmente ignoradas" (Stoddart, 1978b, p.293). Mas, se aceitarmos o desafio ambiental como definidor de nossa agenda de pesquisa para o futuro próximo, será vital então que examinemos cuidadosamente o que estamos tentando dizer, e como devemos dizê-lo.

Neste capítulo examinamos algumas razões para o desentendimento ideológico, metodológico e até fatual em áreas tais como ambientalismo, reação a danos, a gênese da fome, e avaliação ambiental. Desenredar essas questões conceituais é um desafio intelectual para todos os estudiosos no campo ambiental. Mas o que dizer da própria geografia? Argumentaríamos vigorosamente que uma importante maneira de o assunto avançar seria não perder contato com suas raízes na geografia regional. Ao examinar a caracterização dos lugares podemos explorar os problemas de pessoas e ambientes dentro de regiões, e assim, ajudar a transpor o fosso entre a teoria acadêmica e a prática no mundo real, que no campo ambiental pode ser enorme.

Os geógrafos devem, portanto, transformar-se em teóricos literários mas devem também evitar a tentação de reduzir o mundo real a um conjunto de abstrações homogêneas. Metáforas sedutoras tais como "espaçonave terra" e "aldeia global" fazem supor que a própria existência de interconexões ecológicas e a economia global significa de alguma maneira que tudo transformou-se no mesmo. Se os geógrafos devem manter uma distinta e proveitosa voz, então mais do que ninguém eles deveriam estar insistindo que a correta análise de problemas ambientais envolve um respeito para os fatos básicos da diversidade geográfica. As teorias reducionistas, etnocentristas ou isentas de ambiente da ciência social precisam ser tratadas num "palpável, tangível mundo real, habitado por homens e mulheres que o transformaram" (Stoddart, 1987a, p.331). Mesmo assim, dentro da disciplina da geografia há os que:

> parecem ser conspicuamente ignorantes do fato de que algumas partes da Terra são quentes, outras frias; umas molhadas, outras secas; umas altas, outras baixas; umas arborizadas, outras desertas; umas desabitadas, outras desesperadamente superpovoadas e crescendo ainda mais; de modo que as sociedades humanas por todo o mundo são divididas por cultura, língua, religião, política e *genres de vie* (Stoddart, 1987b, p.293).

Se abandonarmos a visão do mundo da geografia estaremos então tratando com espaço e não com lugar, mais com agenciamento humano do que pessoas, e mais com categorias abstratas e símbolos do que com situações específicas. A dura realidade da poluição, desastres ambientais e fome são específicos no tempo e no espaço. É um insulto às vítimas da má adminstração ambiental que nos refugiemos no que Stoddart chama "um mundo verbalizado em que as palavras substituem com demasiada rapidez o pensamento e a ação" (ibid.).

Essas são, portanto, as várias dimensões do desafio ambiental. Em primeiro lugar, em nível mundial, há a luta diária das populações desejosas de alcançar seus modestos porém freqüentemente inatingíveis objetivos dentro de um ambiente que está sendo dividido, expropriado e degradado de maneiras cada vez mais sutis. E, em segundo lugar, há o desafio para aqueles que procuram entender este processo, prever seus vários resultados e minorar seus piores efeitos. O conhecimento geográfico será decisivo para o enriquecimento deste debate e para resgatá-lo do saco sem fundo do reducionismo, mas isto não quer dizer que a geografia enquanto disciplina será necessariamente parte deste projeto a não ser que ela possa manter sua unificada estrutura e a sua concientização regional, e, desse modo, evitar ser absorvida pelas ciências sociais à solta.

Referências bibliográficas

Adams, J. (1970) 'Westminster: the Fourth London Airport?', *Area*, vol.2, nº 2, p.1-9.

Adams, W.M. (1985) 'The downstream impacts of dam construction: a case study from Nigeria', *Transactions of the Institute of British Geographers, NS*, vol.10, p.292-302.

Adams, W.M. (1990) *Green Development: Environment and Sustainability in the Third World* (Londres: Routledge e Kegan Paul).

Amonashrilli, P. (1990) 'Perestroika and the new pressure groups in Georgia: a successful ecological movement', *International Journal of Urban and Regional Research*, vol.14, p.322-6).

Bayliss-Smith, T.P. (1991) 'Food security and agricultural sustainability in the New Guinea Highlands: vulnerable people, vulnerable places', *IDS Bulletin*, vol.22, nº 3, p.5-11.

Bayliss-Smith, T.P. e J. Golson (1992) 'A Colocasian Revolution in the New Guinea Highlands? Insights from Phase 4 at Kuk', *Archaeology in Oceania*, vol.17, p.1-21.

Bayliss-Smith, T.P. e S. Wanmali (orgs.) (1984) *Understanding Green Revolutions: Agrarian Change and Development Planning in South Asia* (Cambridge University Press).

Beckerman, W. (1989) *Pricing for Pollution* (Londres: Institute of Economic Affairs).

Blaikie, P. e H.C. Brookfield (1987) *Land Degradation and Society* (Londres e Nova York: Methuen).

Blowers, A. (1984) *Something in the Air: Corporate Power and the Environment* (Londres: Harper e Row).

Blowers, A. (1985) *Environment and Politics in a Capitalist Society* (Milton Keynes: Open University Press).

Buchanan, C. (1981) *The Stansted Controversy: No Way to the Airport* (Londres: Longman).

Burton, I., R.W. Kates e G.F. White (1978) *The Environment as Hazzard* (Nova York: Oxford University Press).

Chambers, R. (1983) *Rural Development: Putting the Last First* (Harlow: Longman).

Chambers, R. (1989) 'Editorial introduction: vulnerability, coping and policy', *IDS Bulletin*, vol.20, nº 2, p.1-7.

Chambers, R., R. Longhurst e A. Pacey (1981) *Seasonal Dimensions to Rural Poverty* (Londres: Frances Pinter).

Common, M. (1988) *Environmental and Resource Economics: An Introduction* (Londres e Nova York: Longman).

Corbett, J. (1988) 'Famine and household coping strategies', *World Development*, vol.16, p.1099-112.

Corbridge, S. (1988) 'Marxism, post-Marxism and the geography of development', em R. Peet e N. Thrift (orgs.) *New Models in Geography* (Londres: Allen e Unwin), p.1-54.

Cotgrove, S. e A. Duff (1980) 'Environmentalism, middle class radicalism and politics', *Sociological Review*, vol.28, p.333-51.

Cortgrove, S. e A. Duff (1981) 'Environmentalism, values and social change', *British Journal of Sociology*, vol.32, p.92-110.

Crenson, M.A. (1971) *The Un-Politics of Air Pollution* (Baltimore: Johns Hopkins University Press).

De Garine, I. e G.A. Harrison (orgs.) (1988) *Coping with Uncertainty in Food Supply* (Oxford: Clarendon Press).

Dennett, G. e J. Connell (1988) 'Acculturation and health in the Highlands of Papua New Guinea', *Current Anthropology*, vol.29, p.273-99.

Dugdale, A.E. e P.R. Payne (orgs.) (1987) 'A model of seasonal changes in energy balance', *Ecology of Food and Nutrition*, vol.19, p.231-45.

Durning, A.B. (1990) 'Environmentalism South', *The Amicus Journal* (verão).

Ehrlich, P. (1970) *The Population Bomb* (Nova York: Ballantine).

Eversley, D. (1976) 'Some social and economic implications of environmental impact assessment', em T.O'Riordan e R.D. Hey (orgs.), *Environmental Impact Assessment* (Londres: Saxon House), p.126-41.

FAO (1987) *The Fifth World Food Survey* (Roma: Food and Agriculture Organisation).

Goldsmith, E. et al. (1972) 'Blueprint for survival', *The Ecologist* vol.2 (todo o exemplar).

Goodin, R.E. (1976) *The Politics of Rational Man* (Londres: Wiley).

Gregory, R. (1971) *The Price of Amenity* (Londres: Macmillan).

Grigg, D.B. (1985) *The World Food Problem 1950-1980* (Oxford: Blackwell).

Harvey, D. (1974) 'Population, resources and the ideology of science', *Economic Geography*, vol. 50, p.256-77.

Hewitt, K. (org.) (1983) *Interpretations of Calamity from the Viewpoint of Human Ecology* (Boston: Allen e Unwin).
Inglehart, R. (1971) 'The silent revolution in Europe: intergenerational change in post-industrial societies' *American Political Science Review*, vol.75, p.991-1017.
Inglehart, R. (1977) *The Silent Revolution: Changing Values and Political Styles among Western Publics* (Princeton, NJ: Princeton University Press).
Inglehart, R. (1981) 'Postmaterialism in a environment of insecurity', *American Sociological Review*, vol.85, p.880-900.
Inglehart, R. (1982) *Changing Values and the Rise of Environmentalism in Western Societies* (Berlim: International Institute for Environment and Society, Science Centre).
IUCN and World Wildlife Fund (1980) *World Conservation Strategy* Gland, Suíça: International Union for the Conservation of Nature).
Johnson, L.E. (1991) *A Moral, Deep World: An Essay on Moral Significance and Environmental Ethics* (Cambridge University Press).
Kimber, R. e J.J. Richardson (orgs.) (1974) *Campaigning for the Environment* (Londres: Routledge e Kegan Paul).
Lamb, H.H. (1977) *Climate Past, Present and Future*, vol.2 (Londres: Methuen).
Longhurst, R. (1986) 'Household food strategies in response to seasonality and famine, *IDS Bulletin*, vol.17, nº 3, p.27-35.
Lowe, P. e J. Goyder (1983) *Environmental Groups in Politics* (Londres: Allen e Unwin).
Lowe, P. e W. Rudig (1986) 'Political Ecology and the Social Sciences — the state of the art', *British Journal of Sociology*, vol.16, p.513- 50.
MacLuhan, L.M. (1967) *The Medium is the Message* (Nova York: Random House).
Maslow, A.H. (1970) *Motivation and Personality* (Nova York: Harper e Row).
Meadows, D. et al. (1972) *The Limits to Growth* (Nova York: University Books).
O'Riordan, T. (1981) *Environmentalism*, 2ª ed. (Londres: Pion Press).
Pacey, A. e P. Payne (orgs.) (1985) *Agricultural Development and Nutrition* (Londres: Hutchinson).
Paehlke, R.C. (1989) *Environmentalism and the Future of Progressive Politics* (New Haven e Londres: Yale University Press).
Pearce, D.W., A. Markandya e E. Barbier (1989) *Blueprint for a Green Economy* (Londres: Earthscan).
Pepper, D. (1984) *The Roots of Modern Environmentalism* (Londres: Croom Helm).
Pepper, D. (1987) 'Environmental politics: who are the real radicals?', *Area*, vol.19, nº 1, p.75-7.
Porrit, J. (1984) *Seeing Green: the Politics of Ecology Explained* (Oxford: Blackwell).
Pryde, P. (1991) *Environmental Management in the Soviet Union* (Cambridge University Press).
Rahmato, D. (1987) 'Peasant survival strategies', em A. Penrose (org.), *Beyond the Famine: an Examination of the Issues behind Famine in Ethiopia* (Genebra: International Institute for Relief and Development, Food for the Hungry International).
Richards, P. (1985) *Indigenous Agricultural Revolution: Ecology and Food Production in West Africa* (Londres: Hutchinson).

Sagoff, M. (1988) *The Economy of the Earth* (Cambridge University Press).
Sandbach, F. (1980) *Environment, Ideology and Policy* (Oxford: Blackwell).
Scott, A. (1990) *Ideology and the New Social Movements* (Londres: Unwin Hyman).
Self, P. (1970) 'Nonsense on stilts: the futility of Roskill', *Political Quarterly*, vol.41, p.249-60.
Sen, A. (1981) *Poverty and Famines. An Essay on Entitlement and Deprivation* (Oxford: Clarendon Press).
Smith, G.E. (1991) 'The state, the nationalities question and the Soviet Republics', em C. Merridale e C. Ward (org.), *Perestroika: The Historical Perspective* (Londres: Edward Arnold), p.202-16.
Smith, P. (org.) (1975) *The Politics of Physical Resources* (Harmondsworth: Penguin).
Spriggle, T.L.S. (1991) 'Some recent positions in environmental ethics examined', *Inquiry*, vol.34, p.107-28.
Stoddart, D.R. (1987a) 'To claim the high ground: geography for the end of the century', *Transactions of the Institute of British Geography, NS*, vol.12, p.327-36.
Stoddart, D.R. (1987b) 'A verbalized world of polysyllabic gobbledy- gook', *Journal of Biogeography*, vol.14, p.292-4.
Stoddart, D.R. e J.S. Pethick (1984) 'Environmental hazard and coastal reclamation: problems and prospects in Bangladesh', em T.P. Bayliss-Smith e S. Wanmali (orgs.), *Understanding Green Revolutions* (Cambridge University Press), p.339-61.
Swift, J. (1989) 'Why are rural people vulnerable to famine?', *IDS Bulletin*, vol.20, nº 2, p.8-15.
Urfi, A.J. (1987) 'India wakes up to the environment', *New Scientist* 28 May, p.64.
Waller, M. (1989) 'The ecology issue in Eastern Europe: protest and movements', *Journal of Communist Studies*, vol.5, p.303-28.
Wathern, P. (org.) (1988) *Environmental Impact Assessment: Theory and Pratice* (Londres: Unwin Hyman).
Watts, M. (1983a) *Silent Violence: Food, Famine and Peasantry in Northern Nigeria* (Berkeley: University of California Press).
Watts, M. (1983b) 'On the poverty of theory: natural hazards research in context', em K. Hewitt (org.), *Interpretations of Calamity* (Boston: Allen e Unwin), p.231-62.
Watts, M. (1988) 'Coping with the market: uncertainty and food security among Hausa peasants', em I. de Garine e G.A. Harrison (orgs.), *Coping with Uncertainty in Food Supply* (Oxford: Clarendon Press), p.260-89.
Weston, J. (1986) *Red and Green: The New Politics of the Environment* (Londres: Pluto Press).
White, G.F. (org.) (1974) *Natural Hazards: Local, National, Global* (Nova York: Oxford University Press).
World Commission on Environment and Development (WCED) (1987) *Our Common Future* (Oxford University Press).
Wynne, B. (1975) 'The rhetoric of consensus politics: a critical review of technology assessment', *Research Policy*, vol.4, p.108-58.

5

A transformação da geografia cultural

LINDA McDOWELL

Introdução

A geografia cultural é atualmente uma das mais excitantes áreas de trabalho geográfico. Abrangendo desde as análises de objetos do cotidiano, representação da natureza na arte e em filmes até estudos do significado de paisagens e a construção social de identidades baseadas em lugares, ela cobre numerosas questões. Seu foco inclui a investigação da cultura material, costumes sociais e significados simbólicos, abordados a partir de uma série de perspectivas teóricas. Tentarei dar uma idéia dessa diversidade, mostrando como o assunto e as abordagens da geografia cultural mudaram ao longo do tempo. Escrever um retrospecto cronológico, porém, sempre corre o risco de apresentar a história intelectual como a substituição inevitável de uma abordagem por outra: sendo a última mais sofisticada do que a primeira. Na realidade, a história material de qualquer subárea da geografia é composta de discutidas abordagens e freqüentemente de amargos conflitos. Distinguir entre abordagens e classificar os estudiosos dentro de um paradigma ou outro também faz com que o crítico se torne vulnerável a acusações de deturpação.

Levando em conta este risco, esboçarei três conjuntos principais de abordagens, cada um com diferentes ênfases, forças e fraquezas. Primeiro, serão comentadas as idéias desenvolvidas pela Escola de Berkeley no período entre as duas guerras. Em segundo lugar, examinarei uma abordagem da geografia cultural que define a cultura como conjuntos de significados compartilhados expressos nas práticas sociais dentro de um lugar, e em seguida abordarei a escola do paisagismo, que adotou como foco a interpretação de padrões de significação ou significado na paisagem. Por último, lembrarei que não só os geógrafos culturais, mas os teóricos sociais em geral têm um interesse comum cada vez maior em saber como a crescente escala global de produção e consumo afeta as relações entre identidade, significado e lugar. A atenção é concentrada nas maneiras como símbolos, rituais, comportamento e práticas sociais do dia-a-dia resultam num compartilhado conjunto ou conjuntos de significados que em maior ou menor grau são específicos em termos de lugar. Portanto, temos que uma perspectiva geográfica tornou-se central para o projeto de estudos culturais de forma mais ampla. (Grossberg et al., 1992)

Em sociedades tradicionais — em que a fricção da distância é uma importante barreira social e onde religião, superstição e crenças sociais fazem parte do "cimento social" que mantém o povo coeso, muitas vezes isolado de outros povos e conjuntos de crenças — temos uma compreensão mais fácil de como o lugar e conjuntos compartilhados de significados sociais coincidem. Todavia, o mundo "moderno" é imensamente diferente. Vivemos cada vez mais em um "mundo único" em que domina o poder do capital global. As mesmas empresas transnacionais investem num sempre crescente número de economias, e organismos financeiros internacionais tais como o Banco Mundial e o Fundo Monetário Internacional oferecem aconselhamento semelhante com relação ao ajuste estrutural de suas economias tanto a governos dos antigos países socialistas como também a países em desenvolvimento da África e da América Latina. Um número enorme de pessoas em todo o mundo trabalha agora para sociedades transnacionais ou organismos globais e extensas migrações por motivos econômicos ou políticos acarretaram o deslocamento de um grande número de pessoas de sua pátria. Com o desenvolvimento das redes globais de telecomunicações os mesmos programas são transmitidos pelo mundo afora, milhões de pessoas assistem aos mesmos filmes, sintonizam, digamos, *Miami Vice*, e ouvem "world music" que alcança platéias amplamente separadas no espaço. Conseqüentemente tornou-se uma questão relevante saber se a geografia, ou na verdade, a cultura tem alguma importância. Esta foi uma pergunta que não cobriu de preocupações a primeira escola de geografia cultural estabelecida por Sauer, a despeito de um interesse na difusão de artefatos materiais e práticas sociais, mas que assumiu enorme importância na geografia cultural contemporânea.

O conceito de cultura em geografia cultural

Muito embora o desenvolvimento da geografia cultural como uma perspectiva específica seja um fenômeno relativamente recente no Reino Unido (ver Philo, 1991), nos Estados Unidos ela tem raízes mais antigas, inspirando-se na influente obra de Carl Sauer e nos estudantes por ele treinados em Berkeley, dos anos 20 em diante. O legado de Sauer para a geografia cultural é enorme e controverso (Cosgrove e Jackson, 1987; Gregory e Ley, 1988; Kenzer, 1985; Price e Lewis, 1993), e Sauer e seus discípulos são freqüentemente criticados pela natureza ateórica de sua obra. Contestações à abordagem "tradicional" da Escola de Berkeley tentaram colocar a geografia cultural mais centralmente dentro dos recentes desenvolvimentos na teoria social crítica, ao adotar uma definição explicitamente teórica da cultura.

Cultura é, no entanto, um conceito notoriamente escorregadio, difícil de ser pinçado e definido. Não obstante, um amplo consenso em torno da seguinte definição talvez possa não ser difícil de se obter. Segue aqui minha definição:

> Cultura é um conjunto de idéias, hábitos e crenças que dá forma às ações das pessoas e à sua produção de artefatos materiais, incluindo a paisagem e o ambiente construído. A cultura é socialmente definida e socialmente determinada. Idéias culturais são expressas nas vidas de grupos sociais que articulam, expressam e contestam esses conjuntos de idéias e valores, que são eles próprios específicos no tempo e no espaço.

Como a última frase deixa claro, idéias e valores culturais são ligados a *relações de poder*. Determinados grupos na sociedade tentam impor sua definição de cultura e outros grupos a contestam. Como qualquer estudante sabe, o objetivo principal das jovens culturas é contestar idéias do que seja comportamento aceitável e padrões adequados de expressão cultural. Isto pode ser uma tarefa difícil. Os recentes e cáusticos debates acerca do "politicamente correto" nos Estados Unidos, por exemplo, revelaram até que ponto as práticas culturais são amarradas com relações de poder e são contestadas.

A Escola de Berkeley

A centralidade de noções contestadas de significado cultural na esfera acadêmica da geografia tem variado. Geógrafos culturais "tradicionais" deram menos atenção aos significados contestados e lutas sociais do que os intitulados "novos" geógrafos culturais, estivessem eles interessados em paisagens ou em questões de identidade baseada em lugar. Na verdade, insinuou-se que o agenciamento humano, no sentido de pessoas ou grupos fazendo escolhas, interagindo, negociando e impondo restrições uns aos outros, foi virtualmente ignorado por Sauer e seus seguidores (Duncan, 1980). Eles tinham uma visão neutra do processo de produção de artefatos culturais, ignorando o conflito sobre a produção e consumo de objetos materiais, enfocando em vez disso sobre a sua dispersão por toda a paisagem. Duncan (1980), Gregory e Ley (1988) e Jackson (1989), entre outros, os proponentes-chave da "nova" geografia cultural, julgaram Sauer e seus discípulos de maneira ríspida, criticando sua ênfase sobre objetos do dia-a-dia como uma "celebração do provinciano", até mesmo como um "fetichismo pelo objeto" (Gregory e Ley, 1988, p.116). Duncan e Ley (1982) são de opinião que a cultura é vista como uma entidade toda poderosa, sujeita à sua própria lógica, e que as pessoas herdam e difundem.

Assim, a formação da paisagem não é atribuída a tomadores de decisão humanos mas à própria cultura como se fosse uma abstração. Esta noção de cultura, de acordo com os "novos" geógrafos culturais, é superorgânica no sentido de que ela vê a própria cultura como possuidora de poderes causais (ver Agnew e Duncan, 1989; Duncan, 1980, 1990), sem ligação direta com e determinando as ações das pessoas em uma localidade. Como Jackson (1989, p.14) aponta, Sauer afirmou que "Cultura é o agente, a área natural o meio, e a paisagem cultural o resultado" (Sauer, 1925 p.46). A cultura é vista mais como uma totalidade, quase como uma "caixa preta", do que como um conjunto pluralístico de práticas sociais. Price e Lewis (1993), porém, defenderam vigorosamente os tradicionais geógrafos culturais da alegação de que Sauer aferrava-se a uma noção superorgânica da cultura.

Em que estavam interessados Sauer e seus alunos? Os principais interesses de Sauer residiam nas maneiras como as pessoas deixavam sua marca na paisagem por intermédio de suas atividades produtivas e os seus assentamentos. Num de seus mais influentes ensaios, "A morfologia da paisagem" (1925), Sauer sustentou que "paisagem" é a "unidade conceitual da geografia". Através do estudo da "marca das atividades do homem [sic] sobre uma área" uma "maneira de considerar a cultura estritamente geográfica" seria facilitada. Sauer focalizou três pontos: primeiro, a reconstrução de forças ambientais e humanas que formaram a paisagem; segundo, a identificação de regiões culturais distintas e homogêneas definidas por artefatos materiais tais como tipos de casas e por atributos culturais não-materiais tais como linguagem ou religião; e terceiro, o estudo da ecologia cultural histórica onde a atenção é concentrada em como as percepções humanas e os usos da paisagem são culturalmente condicionados. Como se pode verificar desta lista, os interesses de Sauer eram amplos. O próprio Sauer estava particularmente interessado na América pré-européia, e muitos de seus alunos também trabalhavam em sociedades "tradicionais". Sauer lamentava o que considerava como tendências homogeneizantes do mundo moderno e "tinha prazer em terras 'atrasadas'" (Sauer, 1952, p.4). Esta é uma das principais diferenças entre os "velhos" e os "novos" geógrafos culturais, que estão interessados em sociedades industriais contemporâneas como também nas paisagens históricas, muito embora a nostalgia de antigas maneiras de viver ainda seja um tema importante.

Até que ponto são justificadas as críticas aos tradicionalistas? Seriam eles meros mapeadores da distribuição de artefatos, com pouca sofisticação teórica? Ao responder esta pergunta é importante situar a obra de Sauer em seu contexto. O conhecimento é elaborado socialmente e é temporalmente específico. Sauer foi um homem de sua época. As perspectivas críticas, seja baseadas em classes, ou mais recentemente, análises feministas e pós-colonialistas, com um princípio central de que a cultura é um conceito discutido, não eram comuns, seja dentro da geografia cultural ou da antropologia da época que influenciou Sauer. Ironicamente, a noção de Sauer de indivíduos como portadores passivos de cultura é semelhante às noções marxistas de indivíduos como peões no curso da história, que muitos geógrafos culturais que criticavam Sauer também achavam problemática nas análises marxistas em geografia nos anos 70 (ver, por exemplo, Duncan e Ley, 1982; Ley, 1985).

Price e Lewis (1993), no entanto, sustentam que os críticos da obra de Sauer a deturparam. Embora inicialmente interessado em teoria social, especialmente a que era produzida na Alemanha, eles acreditam que Sauer deliberadamente se afastou dos desenvolvimentos teóricos nas ciências sociais entre as duas guerras e no imediato período pós-guerra, visto que antipatizava com a ênfase positivista da época. Nisto ele pode ser considerado um precoce precursor da crítica da teoria social normativa desenvolvida pelos teóricos feministas e pós-modernistas a partir dos anos 70. Ademais, Sauer não era um mero colecionador de detalhes mundanos e descritivos de artefatos materiais, mas interessava-se nas interconexões entre formas culturais materiais e não-materiais. Sauer também aderiu à pesquisa de campo por longos períodos, mais exatamente no sentido de uma pesquisa mais etnográfica e qualitativa que está atualmente adquirindo importância em geografia cultural (Jacobs, 1993). Todavia, a fraqueza da análise de Sauer é evidente por descuidar de estruturas econômicas, sociais e políticas mais amplas da sociedade e dos modos como as práticas culturais refletem, reforçam ou desafiam os padrões e normas culturais.

A cultura sob a forma de práticas sociais contestadas

Um dos resultados da guinada da geografia em direção às ciências sociais e as humanidades a partir dos anos 70 foi uma nova compreensão de como as culturas são produzidas e reproduzidas por meio de práticas sociais que ocorrem em uma variedade de escalas espaciais. Ao mesmo tempo que ocorria esta reorientação intelectual, as próprias práticas e pressupostos culturais eram contestados numa diversidade de movimentos esquerdistas ou de "contracultura" da metade dos anos 60 em diante. Os significados aceitos de cultura como "um sistema partilhado de valores e significados" começavam a se dispersar e perder legitimidade. Tornou-se necessário acrescentar o adjetivo "alto" para distinguir a particular, dominante definição de cultura, das noções concorrentes de cultura: por exemplo, alta cultura, de cultura popular, cultura de massa ou cultura jovem. Cultura também se tornou um termo mais abrangente. Na opinião de Rosaldo

> Ela se refere de uma maneira geral mais às formas pelas quais as pessoas dão sentido a suas vidas, do que mais limitadamente à ópera e a museus de arte. A cultura não ocupa um domínio à parte.... [ela] abrange o cotidiano e o esotérico, o mundano e o elevado, o ridículo e o sublime. Nem a alta cultura, nem a inferior abrange todas as dimensões do termo (Rosaldo, 1992, p.26).

E não apenas amplamente genérica, o que nos deixa com o problema de distinguir uma geografia especificamente *cultural*, mas também, dinâmica e suscetível a mudanças, temporal e espacialmente específica. Os significados e as práticas culturais são particulares a determinados grupos da sociedade. Significados dominantes ou hegemônicos podem ser subvertidos, contestados ou derrubados. Este reconhecimento de significados contestáveis e divergentes, e que o conhecimento em si mesmo também é temporário e contestável é a característica-chave que diferencia os "novos geógrafos" dos geógrafos sauerianos. Antes de examinarmos a sua obra, porém, convém dar uma olhadela para trás, uma vez que alguns dos temas identificados no fim do século XIX, e que tiveram uma influência decisiva no desenvolvimento da geografia, têm uma nova importância à medida que nos movemos para o fim do século XX. Eles levantam questões às quais os geógrafos culturais voltaram a se dedicar nas diferentes circunstâncias sociais do atual *fin de siècle.*

Modernidade e a ordem simbólica da metrópole

Muito embora os anos 60 tenham sido particularmente significativos na desconstrução de noções de "alta" cultura e de "verdades sociais" nas ciências sociais e nas humanidades, os desafios às noções hegemônicas de cultura não eram um fenômeno exclusivo dos anos 60. A história da produção cultural revela uma série de desafios às normas convencionais à medida que movimentos de vanguarda redefinem os padrões culturais. Nesta história, pelo menos como é contada a partir da perspectiva do Ocidente industrial "avançado", a modernidade — este conjunto de formações sociais e econômicas associadas com o surgimento da industrialização e urbanização no mundo ocidental — foi um elemento de suma importância na produção cultural. Novas paisagens, novas relações sociais e novas noções a respeito da identidade individual e social nas sociedades industriais forjaram novas maneiras de perceber idéias diferentes acerca da disseminação do significado e novo modo de percepção e representação. Portanto, o que podemos considerar como assunto básico primordial da geografia — mudanças demográficas e sociais associadas com urbanização industrial — também é tido por teóricos culturais como de esmagadora importância na história da mudança cultural no Ocidente.

O surgimento da metrópole industrial na Europa Ocidental e na América do Norte foi uma influência decisiva nas práticas e idéias dos movimentos de vanguarda na segunda metade do século XIX e no início do século XX (Williams, 1989). Vastas concentrações de pessoas de variadas origens em escala nunca antes conhecida afetaram as percepções sociais, resultando em novas formas de "vida mental" nas cidades (Simmel, 1909). É difícil exagerar o impacto de ruas apinhadas, novas modalidades de transporte, fábricas e a mecanização sobre pessoas habituadas a pequenos assentamentos. Mais significantemente ainda para a produção cultural, essas cidades na Inglaterra, França e nos Estados Unidos uniram artistas, pintores, emigrados e refugiados de diversas sociedades e possibilitou a fertilização cruzada de idéias que tiveram resultados tão profundos. Williams identificou a importância-chave da geografia, da localização e da concentração no desenvolvimento de novos hábitos sociais. A cidade em sua diversidade e complexidade, em sua singularidade e sofisticação, permitiu novas formas de expressão e maneiras de viver que eram desconhecidas nos assentamentos mais tradicionais.

A despeito da importante ênfase em paisagens "naturais" ou paisagens pré-industriais por parte dos geógrafos culturais, sejam eles sauerianos ou novos geógrafos paisagistas (Cosgrove, 1984, 1985; Cosgrove e Daniels, 1988; Duncan, 1990), os geógrafos culturais estão se voltando cada vez mais para questões sobre a cidade e vida cultural nos últimos anos dos séculos XIX e XX, para questões acerca de identidade, significado e imaginação: como as pessoas sentem e reagem à "experiência urbana" (Harvey, 1989). A obra do crítico alemão Walter Benjamin, ele próprio influenciado pela análise de modernidade em Baudelaire, é uma importante influência sobre as reconstruções geográficas das maneiras contemporâneas de ver (Buck-Morss, 1989; Gregory, 1991).

Uma influência adicional sobre recentes trabalhos geográficos que conceitualizam a cidade como um espetáculo, um aglomerado de estranhos, é de um pequeno número de *scholars* e ativistas franceses que escreveram em Paris dos anos 50 a 60. Estimulada por seu argumento de que as relações e as disposições espaciais não são fixas mas mudam e são diferencialmente vivenciadas por grupos sociais e indivíduos ao longo do tempo, esta "escola" francesa estabelece uma ponte aos argumentos do pós-modernismo contemporâneo quanto à particularidade do conhecimento e da vivência. Entre os teóricos-chave de importância recente em geografia cultural estão Michel de Certeau (1984), Guy Debord (1973) e Henri Lefebvre (1991). O livro deste último, *The Production of Space* foi publicado originalmente em Paris em 1974 mas só recentemente traduzido para o inglês (1991) e serviu de inspiração para, entre outros, David Harvey (1989), Edward Soja (1989) e Rob Shields (1991).

O trabalho desses teóricos franceses é importante, visto que ele distingue entre uma visão racional, científica do espaço, a do planejamento urbano e a análise geográfica convencional, e uma idéia de espaço como algo que é vivenciado ou imaginado, um conceito mais ambivalente que não é possível representar, seja no discurso científico seja em conjuntos de estatísticas sociais. A idéia de espaço experimental ou imaginário talvez necessite de uma explicação adicional já que ainda é uma idéia relativamente pouco conhecida para aqueles dentre nós criados com uma visão científica da geografia e da cidade como um objeto "real" e transparente, complexo talvez, mas suscetível a uma análise conclusiva. Em *The Practice of Everyday Life* (1984) de Certeau distinguiu o que denominou o "conceito cidade" e o "fato" da cidade. O "conceito cidade" é aquela idéia de cidade que nos é familiar através do planejamento urbano, dos escritos dos reformadores urbanos e da geografia social da escola de Chicago: a cidade que é uma rede, um círculo, uma sucessão de anéis com áreas de habitações pobres, probreza e privação, conflitos sobre o uso do solo e problemas de tráfego. É uma cidade receptiva ao planejamento racional. O "fato" da cidade, como de Certeau emprega o termo, é bastante diferente. É uma cidade que conhecemos através das práticas do cotidiano, romances e pinturas, uma cidade contraditória, apenas parcialmente conhecida, constituída por seqüências de experiências fugazes que talvez nunca possam ser inteiramente captadas em planos ou representações formais.

Como de Certeau declarou, "por debaixo dos discursos que ideologizam a cidade proliferam os ardis e combinações de poderes que não possuem nenhuma identidade definida; sem pontos fixos onde possam ser agarrados, sem transparência racional, eles são impossíveis de ser administrados" (de Certeau, 1984, p.95). Os planejadores são incapazes de exercer um controle completo já que a diversidade da cidade não é decifrável. Esta metáfora de ler a cidade ou as paisagens como se fossem um texto é o princípio básico das práticas da "nova" escola de paisagismo (Duncan e Duncan, 1988; Agnew e Duncan, 1989; Duncan, 1990). Voltarei a isto mais à frente.

Rob Shields, que se encaixa de maneira mais conveniente na primeira de minhas duas classes de nova geografia cultural, desenvolveu a definição tríplice do espaço de Lefebvre para debater de que maneira essas definições produzem determinadas paisagens e conjuntos específicos de práticas espaciais. Seu livro *Places on the Margin* (1991) inclui um fascinante conjunto de exemplos do que ele chama de espacializações sociais — como idéias de espaço assumem uma forma concreta tanto no solo como em imagens. Em seu livro ele examina, por exemplo, a idéia do "norte" nas novelas e filmes ingleses como também a idéia de "norte" como usada no norte do Canadá e em Brighton, um tipo particular de balneário à beira-mar, onde se estabeleceu um conjunto um tanto informal de comportamentos — foi palco de brigas entre *mods* e roqueiros nos anos 60, por exemplo, e a sua reputação mais antiga de lugar para se ir curtir um "fim de semana da pesada". Como antítese de Brighton, Shields também inclui um estudo de caso de como Niagara Falls foi trabalhada e vendida como a capital mundial da lua-de-mel. Seu livro é um excelente exemplo de como a análise de ambas, as práticas materiais e as representações simbólicas, produz uma magnífica compreensão dos significados baseados em lugar.

Um dos aspectos mais úteis da obra de de Certeau e Lefebvre é a sua ênfase nas relações sociais de poder alojadas nas diferentes idéias de espaço. O discurso científico racional dos planejadores urbanos inclui noções de uso "apropriado" do solo, o que no sistema inglês de planejamento de cidades é denominado de usos de solo "não-condizentes". De Certeau chamou a atenção para as maneiras como a cidade é descrita como um organismo em retórica de planejamento, de um modo tal que pobreza, doenças e divergência social podiam ser vistas mais como um aspecto inevitável de um mau funcionamento orgânico do que como o resultado de desigualdades sociais e econômicas. Em sua esplêndida análise de Los Angeles, *City of Quartz* (1989), o crítico urbano Mike Davis demonstrou os mecanismos de repressão e de controle que estruturam as práticas sociais e as representações de uma cidade contemporânea. Outros geógrafos analisaram as maneiras como a produção cultural de espaço reflete e reforça dominantes interesses econômicos e políticos através de mecanismos tais como a localização e designação de prédios e ruas ou a divisão do espaço (Harvey, 1989).

O trabalho de teóricos como Harvey e Davis obscurecem as distinções entre geografia urbana, cultural e econômica. Na verdade, só recentemente é que tal conjunto de trabalho seria incluído num retrospecto sobre a geografia cultural. Sharon Zukin é outra pesquisadora acadêmica cujo trabalho demonstra a maneira como as práticas culturais entraram na agenda dos geógrafos que poderiam ser mais geralmente classificados como materialistas econômicos. Zukin publicou recentemente *Landscapes of Power* (1991), um relato vigoroso das estratégias de representação e práticas sócio-econômicas que produzem resultados espaciais altamente desiguais. Seu livro anterior, *Loft Living* (1988), e como indica o seu subtítulo *Culture and capital in urban change*, foi uma das primeiras análises influentes de como esta combinação de uma análise cultural e materialista do espaço está se revelando um modo produtivo de esclarecer a mudança urbana. Em sua conclusão, Zukin sugestivamente posiciona seu texto sob a forma de artefato cultural:

> O estudo de paisagens de poder econômico é um artefato cultural de sua época e lugar. Se eu o tivesse escrito quando iniciava a pesquisa em 1980, teria sido parte de um acirrado debate sobre desindustrialização. Em meados dos anos 80, poderia ter vindo a ser uma crítica do capital cultural manejados pelos *yuppies*.

> Escrevendo depois de 1985, no entanto, pude reconhecer a extraordinária influência de uma economia de serviços, e aplicar uma ênfase imparcial sobre a organização do consumo (Zukin, 1988, p.271.)

Isto nos ajuda a compreender que as variantes ênfases em geografia cultural são elas próprias um artefato cultural, como o são os limites da subdisciplina. O que é publicado e lecionado sob a rubrica "geografia cultural" se altera em função do clima político e econômico da época e das estruturas do poder disciplinador. As publicações e pesquisas atuais na geografia cultural revelam a crescente importância de análises de paisagens de consumo, poder e espetáculo (ver, por exemplo, a resenha crítica de Glennie e Thrift [1992]; Goss, 1993; Ley e Olds, 1988; Sack, 1988; Short et al., 1993; e Sorkin, 1992, como alguns exemplos deste enfoque contemporâneo).

Embora a recente ênfase em imaginação, significado e consumo possa parecer um retorno às preocupações de um século atrás, a geografia cultural no período pós-guerra tomou dois caminhos bem distintos, com ênfases diferentes no Reino Unido e nos Estados Unidos. A primeira tomou como foco principal as relações sociais e o significado simbólico, reveladas em ações sociais em um determinado lugar ou localidade, enquanto a segunda enfocava mais especificamente sobre paisagens em si. A primeira dessas "novas" geografias culturais encontrou seu estímulo teórico na escola britânica de estudos culturais e história social, que se desenvolveu entre os anos 50 e 70, muito embora a sua visibilidade em geografia tenha permanecido discreta até os anos 80. A segunda — a nova escola de paisagismo — tem uma linhagem geográfica mais longa e uma herança teórica diferente. Ela também floresceu nos anos 80, fortemente influenciada pelo pós-estruturalismo e a teoria literária. Ambas, porém, têm uma origem comum nas mudanças teóricas e políticas da última parte dos anos 60 em diante, culminando em uma crítica da noção de uma ciência social singular ou objetiva. Os novos geógrafos culturais concordam assim em reconhecer o que passou a ser conhecido como "posicionamento" do conhecimento (ver também os Capítulos 3 e 6 deste livro). Passarei a examinar os diferentes interesses e responsabilidades intelectuais das novas geografias.

"Novas" geografias culturais. 1: Materialismo cultural

No desenvolvimento de uma geografia cultural que aborda questões sobre como os conjuntos de significados compartilhados e identidades sociais estão ligados a lugar, dois teóricos culturais ingleses se destacam pela importância de sua influência na geografia cultural inglesa. São eles Raymond Williams e Stuart Hall. Mostrarei como o trabalho deles conduz à colocação de certas questões geográficas e na exclusão de outras.

Raymond Williams foi o principal defensor de uma abordagem para a compreensão de fenômenos culturais que enfatizavam o específico contexto social, político e histórico em que ocorre a produção cultural e onde se cria o significado. Ele formulou as maneiras como a forma cultural e o significado reforçavam ou desafiavam conjuntos de relações de poder, focalizando particularmente o desenvolvimento da cultura da massa trabalhadora em áreas de indústria pesada e as maneiras como a solidariedade cultural resultou em políticas trabalhistas. A sua noção de cultura é talvez mais bem resumida em seu argumento de que a cultura é "a unidade vivida da experiência" que produz determinadas "estruturas de sentimento". Esses conceitos chamam a atenção para a maneira como a cultura está decisivamente vinculada aos modos de vida local e tornou-se assim um estímulo útil para investigações geográficas de culturas com base local (Jackson, 1989).

O próprio Williams, à semelhança de Sauer, lamentou o surgimento das indústrias de consumo na Grã-Bretanha do pós-guerra e o que considerava seu impacto negativo sobre as culturas orgânicas da massa trabalhadora. Deplorou o surgimento do consumo de massa e cultura de consumo, considerando não as possibilidades oposicionistas dessas formas mas, ao invés, seu impacto adverso sobre a classe trabalhadora. Este é um tema comum entre os críticos culturais e os cientistas sociais, essencialmente mais sociólogos do que geógrafos, que analisaram a mudança cultural na Grã-Bretanha do pós-guerra. Uma grande quantidade dos estudos sobre comunidades produzidos entre a segunda metade dos anos 50 e os anos 70 enfocaram o pretenso rompimento das relações sociais de solidariedade e conjuntos compartilhados de significados em áreas operárias de cidades ou vilas e povoados com uma única indústria. O estilo é nostálgico, romantizado e sexista (Steedman, 1986), mas significativo em sua crítica à desvalorização das culturas da classe trabalhadora baseadas em lugar. Inclui o livro clássico de Richard Hoggart, *The Uses of Literacy* (1957) em que pondera sobre a sua infância de classe trabalhadora, o trabalho de Young e Willmott no Instituto de Estudos Comunitários em Bethnal Green, particularmente *Family and Kinship in East London* (1957), *Coal is our life* (1956) de

Dennis, Henrique e Slaughter e os ensaios reunidos de Frankenburg *Communities in Britain* (1966). Esses estudos enfatizam a profunda percepção de pertencer à área local originada por uma compartilhada formação de classe, uma capacidade rápida de recuperação face às adversidades e um conjunto geograficamente limitado de atividades sociais. Sua contrapartida literária são romances tais como *Saturday Night and Sunday Morning* e *Love on the Dole* — os textos analisados por Shields (1989) em seu trabalho sobre espacializações sociais e percepção de lugar.

Um dos traços mais marcantes no trabalho da escola de estudos de comunidades, também presente na obra de Raymond Williams é uma visão puritana a respeito das oportunidades que esta estavam surgindo quanto ao consumo de massa. Havia um elemento de antiamericanismo em sua crítica do anonimato do novo, do individualizado estilo de vida proporcionado por melhorias em moradias e a crescente posse de uma infindável gama de bens de consumo duráveis. Hebdige, em seu livro *Hiding in the Light,* resumiu a desaprovação desta maneira:

> Percebe-se que a singularidade da cultura britânica é cada vez mais ameaçada no período pós-guerra pelas condições sob as quais os valores do consumo e a cultura popular estão disseminados. Para os críticos comprometidos em defender os "autênticos" valores britânicos, bens produzidos em massa destinados a específicos grupos-alvo começam a funcionar como símbolos de ameaça às tradições inatas de severa autoconfiança, autodisciplina e o vigoroso puritanismo da estereotipada (masculina) força de trabalho, levando assim a um abrandamento e "feminização" das forças nacionais (Hebdige, 1988, p.9).

Desconfiança e suspeita sobre a posse de bens também foi uma característica do ambiente acadêmico norte-americano. Talvez uma das expressões mais transparentes das conseqüências do novo, individualizado estilo de vida, se encontre na obra *One Dimensional Man*, de Herbert Marcuse (sic) (1964).

Curiosamente, o anseio por uma perdida autenticidade reapareceu em textos recentes, concentrando-se mais sobre os anos 80 e 90 do que nos anos 50. Desta forma, Zukin (1991) lamenta a destruição de antigas paisagens que, sustenta ela, eram tipificadas por seu enraizamento e individualidade. David Harvey, também retoma a narrativa do "mundo que perdemos" em seu extraordinariamente influente texto *The Condition of Postmodernity* (1989). Esta narrativa nãc contém apenas um traço de antifeminismo mas tem uma versão dúbia, direitista, tanto quanto esquerdista, como evidenciado pelo vínculo nazista entre identidade e território e na recente importância de políticas nacionalistas.

Na geografia britânica um sentimento de nostalgia por antigas classes trabalhadoras, culturas baseadas em local, e o tipo de política esquerdista associada a elas, encontrou a sua expressão mais vigorosa na obra de Doreen Massey e a "escola localista" nos anos 80. Podemos encontrar a influência de Williams, embora não explicitamente reconhecida, na noção de Massey de localidade como uma área identificável marcada por seus próprios conjuntos de hábitos sociais espacialmente específicos. Massey (1984) desenvolveu uma metáfora geológica para ilustrar as maneiras como a sedimentação de décadas de diferenciação regional produziu uma paisagem de desigual desenvolvimento na Inglaterra dos anos 70, talvez até culturas regionais no sentido de Sauer. A sua ênfase foi predominantemente econômica, embora tenha havido diversas indicações evocativas das maneiras como uma determinada divisão do trabalho se refletia nos ambientes do cotidiano, como por exemplo, o lar e o clube, e as políticas locais. Assim, as maneiras pelas quais os perigos compartilhados da mão-de-obra masculina pesada foram reproduzidos numa cultura política particular e uma camaradagem masculina foi delineada nos clubes e *pubs* da área industrial da região nordeste, formam uma análise muito próxima às "estruturas de sentimento" de Williams. McDowell e Massey (1984) se valeram da abordagem das divisões espaciais da mão-de-obra para mostrar como distintas divisões de mão-de-obra por sexo são vinculadas a localidades.

Contudo, a escola localista foi severamente criticada por seu relativo descaso pelos fatores "culturais" (Jackson, 1991a). À semelhança dos sociólogos de comunidade, os geógrafos também negligenciaram, até pouco tempo, os aspectos contraditórios, até positivos, da contemporânea cultura de massa e as progressivas possibilidades de hábitos sociais baseados no consumo. A análise das maneiras como os artefatos materiais são apropriados, e os seus significados transformados através dos hábitos sociais oposicionistas, passou a ser o centro de novo trabalho em estudos culturais que é agora de importância fundamental em geografia cultural contemporânea.

Consumo de massa, publicidade, cultura popular e contracultura

Ao mesmo tempo que Williams, Marcuse e Hoggart podem ter lamentado os estragos do consumismo, no Centro para Estudos de Cultura Contemporânea da Universidade de Birmingham, analistas sociais e culturais desenvolviam uma estrutura teórica que mais exaltava do que denegria a cultura de consumo. A partir da metade dos anos 60 e ao longo dos anos 70, sob Stuart Hall, que substituiu Richard Hoggart, seus trabalhos tomaram um caminho diferente. Hall e seus colegas chamavam a atenção para as maneiras como consumo e estilo podem ser aceitos e subvertidos para unir os consumidores no que denominaram "culturas oposicionistas" ou "comunidades oposicionistas" (Hall e Jacques, 1983; Hall e Jefferson, 1976). Sua obra é estimulante e permite que os geógrafos trabalhem com a idéia de uma comunidade que é "imaginada" no sentido de não-estabelecida ou localizada espacialmente (ver também Anderson, 1983, e Mohanty, 1991).

O exemplo de culturas jovens é uma ilustração útil. Como assinalei antes, os jovens subverteram há muito os aprovados códigos e normas para afirmar não só sua independência e individualidade, mas também a sua participação de um grupo do qual seus pais são excluídos. Roupas, estilo e a posse de certos bens icônicos de consumo durável desempenham um papel particularmente importante na elaboração dessas comunidades imaginárias. Desde os suéters pretos de gola rulê dos *beatniks*, passando pelas vestes de couro e motocicletas dos roqueiros (masculinos), os ternos e os patinetes dos (feminizados) *mods* até os símbolos de contracultura dos punks, ao "grunge" como estilo, o consumo foi fundamental para a elaboração da identidade. Para os membros dessas comunidades, a identidade não é específica de lugar; a localidade, no sentido estritamente geográfico, não desempenha nenhum papel em seu sentimento de si mesmo. O estilo é cosmopolita, não local; o objetivo é não ser vinculado ao lugar.

Evidentemente, as exibições encenadas desses estilos acontecem em algum lugar. Na verdade, os próprios lugares freqüentemente assumem uma importância cultural que reforça os rituais culturais. Nos Estados Unidos, por exemplo, o deslocamento anual de estudantes para os retiros da Costa Oeste no dia de Ação de Graças faz parte da imagem desses lugares. E Berkeley, apesar de Sauer, está para sempre vinculado na imaginação ao Grateful Dead e aos confrontos estudantis. Da mesma maneira, certas cidades da costa britânica tiveram significado simbólico em confrontos organizados entre diferentes culturas jovens (Shields, 1991).

Uma das principais realizações do trabalho dos estudiosos no Centro de Cultura Contemporânea foi colocar a investigação da cultura jovem e outras culturas oposicionistas na agenda acadêmica de estudos culturais, e agora da geografia (ver Valentine, 1993, por exemplo). Seu trabalho revelou as maneiras como o consumo poderia ser teorizado mais como elemento de política oposicionista do que visto como um elemento da "falsa conscientização" de uma classe trabalhadora iludida pelos símbolos brilhantes porém destituídos de significado do capitalismo de consumo (McRobbie, 1991; Mort, 1988; Shields, 1992). Esta reavaliação indicou que o espaço começou a se abrir para novas espécies de geografia que desafiavam a anterior ênfase sobre relações sociais de produção, sobre a empresa, o local de trabalho ou a região industrial como os *locus* geográficos e os estudos de relações sociais e significado simbólico de consumo passaram a fazer parte da geografia. Reforçado pelo aparecimento de uma "nova" política de consumo nos anos 80, baseada em parte numa insistência de alguns feministas, intelectuais da nova esquerda e de homossexuais, de que o consumo poderia ser divertido, há um interessante novo trabalho em geografia cultural e social sobre os locais de espetáculos e consumo que caracterizam as sociedades pós-modernas (Anderson e Gale, 1992; Ley e Olds, 1988; Sorkin, 1992).

Devemos tomar o cuidado, contudo, de não presumir que produção e consumo sejam categorias inteiramente independentes. Como o crescente volume de obras feministas deixou claro, as atividades produtivas dependem de atividades reprodutivas, uma proporção das quais é consumo. Pringle (1983) e Prus e Dawson (1991) lembram aos que correm o perigo de se empolgarem por idéias de prazer que consumo também é *trabalho*. Ademais, produção, publicidade e marketing de bens é uma parte importante de seu consumo, como bem sabe todo aquele que veste Levis!

Na mudança em direção a essas "novas" geografias culturais, as idéias do teórico italiano Antonio Gramsci tiveram uma influência importante (Jackson, 1989). Entre os analistas marxistas clássicos, Gramsci talvez seja o acadêmico marxista que dedicou uma atenção maior às políticas da cultura cotidiana. Ele se interessou em saber como conjuntos de idéias, de ideologias, acerca de padrões culturais, significados e divisões sociais aceitas se firmam e são acolhidos dentro de uma sociedade sem o uso da força, mesmo por aqueles que se encontram em desvantagem pelas idéias e crenças dominantes. O conceito-chave em sua análise é de hegemonia, claramente definida por Barrett como "*a organização do consentimento* (a ênfase é dela) — os processos pelos quais as formas subordinadas de conscientização são elaborados sem recorrer à violência ou coerção" (Barrett, 1991, p.54). Gramsci desenvolveu uma hierarquia de modos de dar um sentido ao mundo que diferem na medida em que eles são corpos ordenados de conhecimento sistemático e racional. Estes vão desde filosofia, passando por religião e senso comum até folclore, e Gramsci argumentou sugestivamente que poderia haver contradições entre os níveis. Portanto, a análise de Gramsci da consciência popular foi mais sensível e matizada do que a "falsa consciência" da teoria marxista tradicional, e também deixou espaço para o desenvolvimento de uma conscientização oposicionista. Stuart Hall se inspirou em Gramsci para elaborar sua demonstração de como os fenômenos culturais e a organização da vida cotidiana aumentam o domínio do controle capitalista em sociedades industriais avançadas como a Grã-Bretanha. Como parte desta obra também estabelece em seu centro a noção de paisagem, devemos agora voltar-nos para as maneiras como os novos geógrafos, especialmente os acadêmicos norte-americanos, se inspiraram e divergiram na insistência inicial de Sauer de que a paisagem é o conceito-chave de geografia cultural.

Novas geografias culturais. 2: A escola do paisagismo

A identificação de paisagem como o conceito central, mais do que as práticas sociais, pelo segundo grupo de geógrafos que classifiquei de "novos" geógrafos culturais, oferece um elo de ligação anterior com a obra de Sauer. Influentes obras de geógrafos nos últimos anos das décadas de 60 e 70 sobre percepção ambiental (Brookfield, 1969) e análises humanísticas de como significado e valores influenciam o comportamento baseado em lugar (Ley, 1985; Lowenthal, 1961) é outro precursor geográfico. É possível, portanto, traçar na escola do paisagismo uma trajetória, partindo das análises descritivas de artefatos culturais materiais, passando por um interesse mantido por muito tempo quanto ao significado de paisagem (Meinig, 1979), até os estudos das cidades em seu contexto cultural (Agnew et al., 1984; Duncan, 1990). Este trabalho — como sustentou Zukin — refletia as considerações teóricas de sua época. Assim, ao contrário dos materialistas culturais, a nova escola paisagística tem obviamente uma herança mais geográfica. Recentemente, porém, é mais em direção das humanidades do que às ciências sociais, com exceção talvez da antropologia, que a nova escola paisagística voltou a sua atenção.

Uma das características marcantes de trabalhos recentes foi um desvio expressivo com vistas a vincular a análise de práticas culturais à construção discursiva de significado (Barnes e Duncan, 1992). Ao contrário dos geógrafos culturais anteriores, os novos analistas de paisagem reconheceram que as paisagens materiais não são neutras mas refletem as relações de poder e as dominantes "maneiras de ver" o mundo (Berger, 1972). As paisagens não são apenas construídas, são também percebidas através da representação de versões ideais, na pintura e na poesia, como também no discurso científico e nos escritos acadêmicos. Em conseqüência, os novos geógrafos da paisagem reteorizaram a paisagem não apenas como o resultado material de interações entre o ambiente e a sociedade (o antigo nexo homem [sic] /terra), mas também como a conseqüência de uma maneira específica de olhar. A noção de uma maneira objetiva, neutra e especificamente geográfica de olhar a terra é, portanto, questionada. O geógrafo encontra-se também culturalmente situado, e assim, o modo como ele/ela vê a paisagem é cultural e historicamente específico.

Em seu trabalho, os novos geógrafos da paisagem se inspiraram numa variedade de tradições. Em comum com a escola de relações-sociais/práticas-materiais, eles foram fortemente influenciados pela tradição materialista de Gramsci e Williams e, inicialmente, também enfatizaram a importância da produção cultural baseada em classes. Desta maneira, Dennis Cosgrove, um dos influentes membros britânicos desta escola de paisagismo, sustentou que "nas sociedades de classes, onde o excedente da produção é apropriado pelo grupo dominante, a produção simbólica é, da mesma forma, apreendida como uma cultura de classe hegemônica a ser imposta a todas as classes" (Cosgrove, 1983, p.5).

Recentemente, a ênfase da escola de paisagismo desviou-se das análises de produção material do ambiente para problematizar as maneiras como as paisagens foram representadas seja em textos escritos, arte, mapas ou levantamentos topográficos. A metáfora pictórica foi particularmente sugestiva. Como Cosgrove e Daniels declaram em sua introdução a uma influente antologia que exemplifica as novas ênfases, "a paisagem é uma imagem cultural, uma maneira pictórica de representar, estruturar ou simbolizar redondezas" (Cosgrove e Daniels, 1988, p.1). Os geógrafos paisagísticos passaram a se dedicar às humanidades, especialmente à teoria literária, semiótica e teoria do discurso, para desenvolver maneiras de ler as paisagens como se fossem textos, utilizando conceitos tais como intertextualidade e recepção por parte do leitor (Duncan e Duncan, 1988; Duncan, 1990). Além disso, eles analisaram escritos acerca de paisagem sob diferentes formas desde a "alta" literatura a textos acadêmicos, como também uma série de outros "textos", desde arquitetura até cinema e pintura (Aiken e Zonn, 1993; Cosgrove e Daniels, 1988; Domash, 1989; Dovey, 1992; Watson, 1991). Um foco mais recente é o de problematizar os escritos geográficos em si, analisando as maneiras como os geógrafos trataram dos relacionamentos entre o mundo e a sua representação (Barnes e Duncan, 1992; Duncan e Ley, 1993).

Talvez seja útil definir o termo discurso para aqueles não acostumados com o seu uso. Numa definição simples, um discurso é uma maneira de pensar ou escrever a respeito de um assunto. Produz expressivo conhecimento dentro de um sistema de pensamento ou conjunto de conhecimento codificado. Todas as declarações funcionam dentro de um determinado discurso, o que define ou limita como pensamos a respeito das coisas. Assim, tomando um simples exemplo da geografia econômica, a noção de lucro tem significados diferentes dependendo do quadro de análise ser marxista ou neoclássico. Eu penso que isto é que está implícito na argumentação de Derrida de que "não há nada fora do texto", e não que não haja realidade material, séries de relações de poder e exploração, ou privilégios, mas que não conseguimos pensar a respeito de seus significados, a não ser dentro de um considerado quadro explanatório. Quando seqüências de colocações são ligadas umas às outras elas passam a ser o que Foucault denominou uma formação discursiva, que quando estabelecida com sucesso pode ser definida como um regime de verdade. Assim, por exemplo, a obra de Said desafia o regime de verdade dentro da qual a literatura ocidental transmite imagens do Oriente ou relações de poder sob domínio imperialista (Said, 1978, 1992).

Uma das mais marcantes características da contemporânea geografia cultural, e das ciências sociais e humanidades em geral, tem sido a maneira como noções predominantes de verdade foram desafiadas e rompidas. Existe uma percepção cada vez maior de que o conhecimento é múltiplo e situacional, que existem muitas maneiras de ver e ler a paisagem. Um dos focos da contemporânea geografia cultural, portanto, é a investigação de múltiplos discursos acerca de lugar e identidade, revelando os antes ignorados sentidos de lugar e visões de paisagem construídas mais pelos destituídos do que pelos poderosos. No particular, a atenção foi dirigida para o que passou a ser conhecido como o assunto pós-colonial ou "o outro" (Spivak, 1992). Uma série de estudos sobre o significado da paisagem em culturas nativas, inclusive da Austrália (Anderson e Gale, 1992) e da África do Sul (Mather, 1993), estão sendo agora empreendidos, o que permitirá que os grupos anteriormente reduzidos ao silêncio possam entrar nos discursos acerca de paisagem. A obra de Anderson (1988, 1990, 1992) sobre a produção de paisagens de bairros chineses em cidades do Canadá e da Austrália é um exemplo particularmente preciso. Ela mostra como a particular paisagem simboliza o exótico e a "alteridade" das comunidades chinesas, produzidos pelas relações específicas de poder e domínio cultural exercido por brancos europeus.

Como assinalado por Corrigan, uma das carências da escola paisagística dos novos geógrafos culturais foram os "valiosos estudos sobre 'Inventar/Imaginar' dos últimos vinte anos, e a identificação por intermédio de quem (e como) esses reconhecimentos se tornaram possíveis" (Corrigan, 1991, p.314). Em trabalho recente, porém, há uma identificação de quem construiu o imaginário da paisagem e também como pessoas diferentemente posicionadas o vêem através de diferentes olhos. Tanto quanto as relações de classes e domínio colonial, as maneiras como a representação simbólica de paisagens reflete relações de poder entre os gêneros também estão se tornando objeto de exame. A paisagem é freqüentemente retratada em termos do corpo feminino e natureza, seja idealizada como feminina — a Natureza Mãe — seja vista como uma ameaça feminina, necessitando dominação — o estupro da terra (Fitzsimmons, 1989; Ford, 1991, Griffin, 1978; Kolodny, 1975; Merchant, 1980; Stott, 1989). Estudiosos feministas demonstraram como o significado cultural, tanto na paisagem, arte ou arquitetura inclui idéias de superioridade masculina e inferioridade feminina, como também noções idealizadas da passividade das mulheres e restrição à esfera "privada" (Bondi, 1992; Davidoff e Hall, 1987; Deutsche, 1991; Pollock, 1988; Rose, 1993).

Trabalhos para compreender os vínculos entre o "olhar fixo" da racionalidade científica e masculina, como também os vínculos entre masculinidade e a contemplação prazerosa da natureza e a sua representação, estão sendo levados a cabo (Keller e Grontkowsi, 1983; Monk e Norwood, 1987; Rose, 1993). A posição dos geógrafos que atuam como nosso guia textual neste trabalho de (re)ler e desconstruir o simbolismo da paisagem também clama por inclusão e exame crítico dentro desses textos. O intérprete, não menos do que produtores e consumidores de paisagens, não é uma pessoa neutra mas está enredada nas estruturas de poder (G. Pratt, 1992; M.B. Pratt, 1988). Como Duncan e Ley reconhecem em sua recém-editada compilação, "habitualmente é um observador eurocêntrico branco, de sexo masculino e pertencente à elite que ordena o mundo sob seu exame, e cujas observações e classificações fornecem as regras de representação, de inclusão e exclusão, de precedente e antecedente, de inferior e superior (Duncan e Ley, 1993, p.2). Virginia Woolf expôs isto mais sucintamente há 65 anos quando reivindicava em favor das mulheres, "Embora vejamos o mesmo mundo, nós o vemos por diferentes olhos" (Woolf, 1938, p.22). A percepção desta diferença e também de que existe uma política para as diversas visões — denominada uma "política de localização" — tem o potencial de virar de cabeça para baixo as ciências sociais, inclusive a geografia cultural (Jackson, 1991b; Philo, 1991). Levanta colossais questões acerca da validade das representações do mundo que nós consideramos como geografia que, de um modo geral, ainda são produzidas por homens brancos (McDowell, 1991). O que é exatamente o que pensávamos conhecer a respeito do mundo?

Culturas globais/um sentido de lugar: culturas itinerantes?

Estas novas questões acerca de significado, representação, a política de localização e a elaboração de um sentido próprio baseado em lugar nas sociedades multiculturais são atualmente um foco unificador em geografia cultural — na verdade, de forma mais ampla, em toda a geografia social e cultural. Países no ocidente industrial, especialmente as antigas potências coloniais, têm de achar agora o seu lugar em uma nova divisão internacional do espaço que difere muito da antiga divisão. No Reino Unido, por exemplo, os imigrantes do "império" vivem agora no "velho país", rompendo noções de "ser inglês", o que exige uma revisão no antigo e compartilhado sentido de lugar e nos conjuntos associados de significados culturais que definiam os habitantes do país (Samuel, 1989; Wright, 1985). Nos Estados Unidos as duradouras tradições de imigração desafiam as antigas distinções geográficas entre "primeiro" e "terceiro" mundos.

Descolonização, migração internacional, a globalização do capital, do comércio e das formas de produção cultural resultaram em sociedades em que as tendências internacionais, os bens e os serviços estão modificando a todos nós e o nosso sentido de identidade vinculado a território. É lugar-comum agora, por exemplo — pelo menos para os relativamente afluentes —, poder usar jóias peruanas com suéter italiano enquanto se ouve um reggae caribenho num estéreo portátil fabricado no Japão, em restaurante chinês em companhia de amigos indianos. Os mesmos tipos de comida podem ser apreciados em Londres, Nova York, Toronto ou Johannesburgo por pessoas que usam roupas parecidas e que ouvem a mesma música. Desse modo, pessoas separadas por imensas distâncias físicas e, talvez, por etnicidade, religião e oportunidades na vida, estão ligadas por intermédio dos circuitos de capital e comunicação global, ocupando o que o crítico cultural Frederic Jameson (1991) chama "hiperespaço" — um "domínio no qual a experiência local não mais coincide com o lugar onde ela acontece" (Pred e Watts, 1992, p.7). Os artefatos materiais usados em determinado lugar não têm mais aquela ligação com ele, a qual formava a base da investigação de Sauer sobre a localização da produção cultural.

No mundo "pós-moderno" existe um ecletismo de estilo e de materiais que teriam surpreendido Sauer. Diferentes formas e estilos extraídos de tempos e espaços que variam largamente foram misturados para desafiar as noções de formas "corretas". Na arquitetura, por exemplo, o doméstico ou o nativo é misturado com alta tecnologia nas edificações nos centros das cidades; no shopping center áreas "tematizadas" dividem o espaço — um café francês pode estar ao lado de uma cantina mexicana ou um rancho americano — e na cidade como um todo, a interpenetração de espaços de recreação e lazer com os de trabalho são as características das novas paisagens financeiras nas áreas centrais de Londres a Nova York e a Tokyo (Budd e Whimster, 1992; Davis, 1990; Sassen, 1991). Imagens e significados se desvencilharam do mundo real. Nas áreas tematizadas dos shopping centers, as imagens da França e da Espanha não têm nenhuma relação com a "verdadeira" França ou Espanha mas são criadas, trabalhadas ou "imaginadas" para o consumidor dos Estados Unidos ou do Reino Unido (ver, por exemplo, uma grande quantidade de dissertações sobre o West Edmonton Mall: Butler, 1991; Fairbairn, 1991; Hopkins, 1991; Jackson e Johnson, 1991; Shields, 1989; Simmons, 1991). Além disso, afirma-se, a "vida real" começa a imitar essas imagens criadas ou imagens retratadas pela mídia. Um bom exemplo aqui é a maneira como as paisagens do passado são criadas para a admiração do turista (Hewison, 1987; MacCanel, 1992; Urry, 1990; Wright, 1985) em museus de "herança cultural", ou nos quais versões expurgadas de culturas "exóticas" são construídas para o consumo dos turistas. Os exemplos são numerosos demais para ser mencionados — o luau do Havaí, os museus de mineração do Reino Unido, os acampamentos abandonados da corrida do ouro nos Estados Unidos, a paisagem do Yorkshire descrita por Bronte, os "parques" naturais do *veldt* africano dos quais todos os habitantes foram removidos em favor do turista internacional. Agora, como Katz (1992) declarou, parece que "o mundo inteiro é um palco". Ademais, costumes fabricados, ou símbolos de pompa e circunstância nacionais, são inventados na tentativa de assegurar um sentido compartilhado de significado entre os ocupantes cada vez mais diversos de um específico espaço geográfico.

O atual desafio que une os geógrafos culturais é a investigação de como as interconexões entre forças globais e particularidade local alteram os relacionamentos entre identidade, significado e lugar. Daí podemos formular uma série de perguntas de como bens e serviços produzidos e anunciados globalmente, incluindo a paisagem, são percebidos e usados de maneiras diferentes por pessoas em diferentes partes do globo. A despeito da crescente homogeneidade da produção cultural internacional, especialmente em termos de propriedade, existem bolsões de resistência. A obra de Appadurai (1990), por exemplo, examina as "paisagens da mídia" do capital transnacional e a resistência às mesmas sem romantizar a resistência nem exaltar a penetração capitalista.

Uma segunda série de perguntas gira em torno das maneiras como um sentimento de identidade, comunidade e nacionalidade permanece enraizado ao lugar no assim chamado mundo pós-moderno. Aqui, a pauta da pesquisa muda ligeiramente para as perguntas que estão sendo formuladas por geógrafos sociais e políticos, acerca da identidade étnica ou violência da comunidade por exemplo. Os geógrafos que investigam estas questões começam a se inspirar em diferentes tradições e diferentes métodos. O recente enfoque sobre questões com respeito a identidade baseada em lugar e significado para temas pós-coloniais, por Stuart Hall (1990, 1991), é novamente um estímulo para os geógrafos culturais. Da mesma maneira, em antropologia, sobretudo no trabalho dos "novos etnógrafos" (Clifford e Marcus, 1986; Marcus e Fischer, 1986), existe uma superposição com o interesse geográfico sobre lugar e globalização. Os antropólogos também estão se debatendo com o relacionamento entre o "mais local dos detalhes locais e a mais global das estruturas globais de maneira que possam ser reunidos em uma visão simultânea" (Geertz, 1983, p.69). Alcançar esta simultaneidade, contudo, não é tarefa fácil. É tanto conceitualmente como metodologicamente complexo manter juntos o local e o global em análises geográficas.

Ao desvendar os vínculos entre globalização e "estrutura de sentimento" locais, ao revelar os múltiplos sentidos de lugar inscritos nos habitantes, ao registrar as maneiras como as tendências globais estão interagindo com costumes e hábitos sociais localmente baseados para criar novas camadas de significado, os geógrafos estão se voltando para novos métodos. Particularmente, abordagens qualitativas detalhadas e em pequena escala, incluindo as baseadas nos registros de depoimentos orais, estão sendo utilizadas por um número cada vez maior de geógrafos, atuando tanto no Ocidente como em sociedades "menos desenvolvidas" (Jacobs, 1993).

O antropólogo James Clifford afirmou que, no final do século XX, "a análise cultural organiza seus objetos — sociedades, tradições, comunidades, identidades, em termos espaciais" (Clifford, 1992, p.97) (e, acrescenta ele, "por meio de específicas práticas espaciais de pesquisa, ao viajar entre os sítios de campo e a instituição 'sede'"). O sítio de campo, que costumava ser considerado pelos antropólogos e pelos geógrafos como "um laboratório" em que o estudioso empreendia observação controlada, é agora reconhecidamente o que Clifford denomina de uma série de complexos conjuntos culturais interativos "que estão temporal e espacialmente ligados" (ibid. p.99). O que costumávamos considerar pelo termo cultura — um conjunto de práticas arraigadas espacialmente — deixou de ser uma conceitualização adequada. Precisamos teorizar as múltiplas conexões externas — por meio de migração, comércio, exploração, turismo, pesquisa — todos aqueles "viajantes" que fazem de um lugar o que ele é. Lugares são locais contestados de "elaboradas e disputadas historicidades, pontos de deslocamento, interferência, e interação" (ibid. p.101). Ademais, muito embora sejam algumas vezes, e até freqüentemente, definidos espacialmente, este não é sempre o caso. Em conseqüência, a noção de Anderson (1983) de "comunidades imaginadas" tornou-se uma maneira fértil de teorizar comunidades de interesse, ao contrário de comunidades baseadas em lugar. Mohanty (1991), por exemplo, usa a obra de Anderson em sua análise do que ela denomina cartografias contestadas, os mapas de poder que delinearam uma "comunidade" de mulheres do Terceiro Mundo nas cidades de sociedades industrializadas. No mundo pós-moderno, tradição, cultura, significado e identidade são cada vez mais relacionados a lugar, mais por intermédio das relações sociais de viagem do que co-residência, como acontece nas sociedades "tradicionais" ou até modernas. Portanto, para a antropologia e para a geografia cultural, a metáfora de Clifford de "culturas itinerantes" pode ser a maneira mais apropriada de conceitualizar aquele elo entre o local e o global que é o relacionamento-chave que une nossos estudos no tempo presente.

Agradecimentos

Gostaria de agradecer a James Duncan e David Ley por permitirem que eu lesse um trabalho não publicado sobre as cambiantes ênfases em geografia cultural. Me inspirei em sua avaliação da tradição saueriana, como também no capítulo de Peter Jackson sobre Sauer em seu livro *Maps of Meaning* (1989). Gostaria também de agradecer a Peter Jackson pelas numerosas conversas estimulantes sobre cultura e geografia.

Referências bibliográficas

Agnew, J. e J. Duncan (orgs.) (1989) *The Power of Place: Bringing together geographical and sociological imaginations* (Londres: Unwin Hyman).

Agnew, J., J. Mercer e D.Sopher (orgs.) (1984) *The City in a Cultural Context* (Boston: Allen e Unwin).

Aiken, S. e L.E. Zonn (1993) 'Weir(d) sex; representation of gender and environment relations in Peter Weir's *Picnic at Hanging Rock and Gallipoli', Environment and Planning D: Society and Space*, vol.11, p.192-212.

Anderson, B. (1983) *Imagined communities: reflections on the origin and spread of nationalism* (Londres: Verso).

Anderson, K. (1988) 'Cultural hegemony and the race-definition process in Chinatown, Vancouver: 1880-1980', *Environment and Planning D: Society and Space*, vol.6, p.127-50.

Anderson, K. (1990) 'Chinatown re-oriented: a critical analysis of recent development schemes in a Melbourne and Sydney enclave', *Australian Geographical Studies*, vol.28, p.137-54.

Anderson, K. (1992) *Vancouver's Chinatown: Racial discourse in Canada, 1975-1980* (Vancouver: McGill-Queen's University Press).

Anderson, K. e F. Gale (orgs.) (1992) *Cultural Geography: ways of seeing* (Melbourne do Sul: Longman Cheshire).

Appadurai, A. (1990) 'Disjuncture and difference in the global cultural economy', *Theory, Culture and Society*, vol.7, p.295-310.

Barnes, T. e J. Duncan (orgs.) (1992) *Writing Worlds: Discourse, text and metaphor in the representation of landscape* (Londres: Routledge).

Barrett, M. (1991) *The Politics of Truth* (Cambridge: Polity Press).

Berger, J. (1992) *Ways of Seeing* (Londres: BBC Publications).

Bondi, L. (1992) 'Gender symbols and urban landscapes', *Progress in Human Geography*, vol.16, p.157-70.

Brookfield, H. (1969) 'On the environment as perceived', *Progress in Geography*, vol.1, p.51-80.

Buck-Morss, S. (1989) *The Dialectics of Seeing: Walter Benjamin and the arcades project* (Cambridge, Mass: MIT Press).

Budd, L. e S.Whimster (orgs.) (1992) *Global Finance and Urban Living* (Londres: Routledge).

Butler, R. (1991) 'West Edmonton mall as a tourist attraction, *The Canadian Geographer*, vol.35, p.287-94.

Clifford, J. (1992) 'Traveling cultures', em L. Grossberg, C. Nelson e P. Treichler (orgs.) *Cultural Studies* (Londres: Routledge).

Clifford, J. e G.E. Marcus (orgs.) (1986) *Writing Culture: the poetics and politics of ethnography* (Berkeley: University of California Press).

Corrigan, P. (1991) 'My place or yours? Particular philosophies from whose stories (vernacular values revisited)', *Journal of Historical Geography*, vol. 17, p.313-18.

Cosgrove, D. (1983) 'Toward a radical cultural geography: problems of theory', *Antipode*, vol.15, p.1-11.

Cosgrove, D. (1984) *Social Formation and Symbolic Landscape* (Londres: Croom Helm).

Cosgrove, D. (1985) 'Prospect, perspective and the evolution of the landscape idea', *Transactions, Institute of British Geographers*, vol.10, p.45-62.

Cosgrove, D. e S. Daniels (1988) *The Iconography of Landscape: Essays on the symbolic representation, design and use of past environments* (Cambridge University Press).

Cosgrove, D. e P. Jackson (1987) 'New directions in cultural geography', *Area*, vol. 19, p.95-101.

Davidoff, E. e C. Hall (1987) *Family Fortunes: men and women of the English middle class 1780-1850* (Londres: Hutchinson).

Davis, M. (1990) *City of Quartz* (Londres: Verso).

Debord, G. (1973) *The Society of the Spectacle* (Detroit: Black and Red).

De Certeau, M. (1984) *The Practice of Everday Life* (Los Angeles: University of California Press).

Dennis, N., Henrique, F. e Slaughter, C. (1956) *Coals is Our Life* (Londres: Eyre e Spottiswoode).

Deutsche, R. (1991) 'Boys Town', *Environment and Planning D: Society and Space*, vol.10, p.5-30.

Domash, M. (1989) 'Corporate cultures and the modern landscape of New York City', em K. Anderson e F. Gale (orgs.), *Inventing Places: Studies in Cultural Geography* (Melbourne: Longman Cheshire).

Dovey, K. (1992) 'Corporate towers and symbolic capital', *Environment and Planning B: Planning and Design*, vol. 19, p.173-88.

Duncan, J. (1980) 'The superorganic in American cultural geography', *Annals, Association of American Geography*, vol. 70, p.181-98.

Duncan, J. (1990) *The City as Text: The politics of landscape interpretation in the Kandyan Kingdom* (Cambridge University Press).

Duncan, J. e N. Duncan (1988) '(Re)reading the landscape', *Environment and Planning D: Society and Space*, vol.6, p.117-26.

Duncan, J. e D. Ley (1982) 'Structural Marxism and human geography: a critical assessment', *Annals of the Association of American Geography*, vol.72, p.30-59.

Duncan, J. e D. Ley (1993) *Place/Culture/Representation* (Londres: Routledge).

Fairbairn, K. (1991) 'West Edmonton mall: entrepreneurial innovation and consumer response', *The Canadian Geographer*, vol. 35, p.261-7.

Fitzsimmons, M. (1989) 'The matter of nature', *Antipode,* vol.21, p.106-20.

Ford, S. (1991) 'Landscape revisited: a feminist re-appraisal', em C.Philo (org.), *New Words, New Worlds: Reconceptualising Social and Cultural Geography* (Lampeter: Department of Geography, St. David's University College).

Frankenburg, R. (1966) *Communities in Britain* (Harmondsworth: Penguin).

Geertz, C. (1983) *Local Knowledge: Further essays in interpretative anthropology* (Nova York: Basic Books).

Glennie, P. e N. Thrift (1992) 'Modernity, urbanism and modern consumption', *Environment and Planning D: Society and Space*, vol.10, p.423-43.

Goss, J. (1993) 'The magic of the mall: function, form and meaning in the contemporary retail built environment', *Annals of the Association of American Geographers*, vol. 83, p.18-47.

Gregory, D. (1991) 'Interventions in the historical geography of modernity: social theory, spatiality and the politics of representation', *Geografiska Annaler*, Series B, vol.73, p.17-44.

Gregory, D. e D. Ley (1988) 'Culture's geographies', *Environment and Planning D: Society and Space*, vol.6, p.115-16.

Griffin, S. (1978) *Women and Nature: the roaring inside her* (Nova York: Harper Colophon).

Grossberg, L., C. Nelson e P. Treichler (orgs.) (1992) *Cultural Studies* (Londres: Routledge).

Greenwood, W. (1966) *Love on the Dole* (Londres: Heineman).

Hall, S. e M. Jacques (orgs.) (1983) *The Politics of Thatcherism* (Londres: Lawrence e Wishart).

Hall, S. (1988) *The Hard Road to Renewal* (Londres: Verso).

Hall, S. (1990) 'Cultural identity and the diaspora', em J.Rutherford (org.), *Identity, Community, Culture, Difference* (Londres: Heineman).

Hall, S. (1991) 'Ethnicity: Identity and difference', *Radical America,* vol.23, p.9-20.

Hall, S. e T. Jefferson (orgs.) (1976) *Resistance Through Rituals: Youth Sub-cultures in Post-war Britain* (Londres: Hutchinson).

Harvey, D. (1989) *The Urban Experience* (Oxford: Basil Blackwell).

Harvey, D. (1989) *The Condition of Post-modernity* (Oxford: Basil Blackwell).

Hebdige, D. (1988) *Hiding in the Light: On images and things* (Londres: Routledge).

Hewison, R. (1987) *The Heritage Industry: Britain in a climate of decline* (Londres: Methuen).

Hoggart, R. (1957) *The Uses of Literacy* (Londres: Chatto e Windus).

Hopkins, J. (1991) 'West Edmonton mall as a centre for social interaction, *The Canadian Geographer*, vol. 35, p.268-79.

Jackson, E. e D. Johnson (1991) 'Geographic implications of mega-malls, with special reference to the West Edmonton Mall', *The Canadian Geographer*, vol.35, p.226-31.

Jackson, P. (1989) *Maps of Meaning: An introduction to cultural geography* (Londres: Unwin Hyman).

Jackson, P. (1991a) 'Mapping meanings: a cultural critique of locality studies', *Environment and Planning A*, vol.23, p.215-38.

Jackson, P.(1991b) 'The crisis of representation and the politics of position', *Environment and Planning D: Society and Space*, vol.9, p.131-4.

Jacobs, J. (1993) 'The City Unbound: Qualitative approaches to the city', *Urban Studies*, vol.30, p.827-48.

Jameson, F. (1991) *Post-modernism, or the cultural logic of late capitalism* (Londres: Verso).

Katz, C. (1992) 'All the world's a stage', *Environment and Planning D: Society and Space*, vol.10.

Keller, E.F. e C.R. Grontkowski (1983) 'The mind's eye', em S. Harding e M.B. Hintikka (orgs.), *Discovering Reality: Feminist perspectives on epistemology, metaphysics, methodology and philosophy of science* (Dordrecht: D. Reidel), p.207-24.

Kenzer, M. (1985) 'Milieu and the "intelectual landscape": Carl O. Sauer's undergraduate heritage', *Annals of the Association of American Geographers*, vol.75, p.258-70.

Kolodny, A. (1975) *The Lay of the Land: Metaphor as experience and history in American life and letters* (Chapel Hill, NC: University of North Carolina Press).

Lefebvre, H. (1991) *The Production of Space* (Oxford: Basil Blackwell).

Ley, D. (1985) 'Cultural/humanistic geography', *Progress in Human Geography*, vol.9, p.415-23.

Ley, D. e K. Olds (1988) 'Landscape as spectacle: world's fairs and the culture of heroic consumption', *Environment and Planning D: Society and Space*, vol.6, p.191-212.

Lowenthal, D. (1961) 'Geography, experience and imagination:toward a geographical epistemology', *Annals of the Association of American Geographers*, vol.51, p.241-60.

MacCanel, D. (1992) *Empty Meeting Grounds: the tourist papers* (Londres: Routledge).

Marcus, G. e M. Fischer (1986) *Anthropology as Cultural Critique* (Chicago: University of Chicago Press).

Marcuse, H. (1964) *One-Dimensional Man* (Londres: Routledge).

Massey, D. (1984) *Spatial Divisions of Labour* (Londres: Macmillan).

Mather, C. (1993) 'Oral testimony as text: knowledge, power and space in rural South Africa' dissertação apresentada na Conferência da Sociedade para a Geografia, Porto Elisabeth, África do Sul, julho (cópia do autor disponível no Departamento de Geografia, University of Bophutatsuana).

McDoweel, L. (1991) 'Multiple voices: speaking from inside and outside 'the project', *Antipode*, vol.24, p.56-72.

McDowell, L. e D. Massey (1984) 'A woman's place', em D. Massey e J. Allen (orgs.) *Geography Matters!* (Cambridge University Press).

McRobbie, A. (1991) *Feminism and Youth Culture* (Londres: Macmillan).

Meinig, D.W. (org.) (1979) *The Interpretation of Ordinary Landscapes: Geographical essays* (Oxford University Press).

Merchant, C. (1980) *The Death of Nature: Women, ecology and the scientific revolution* (São Francisco: Harper e Row).

Mohanty, C.T. (1991) 'Cartographies of struggle', em C.T. Mohanty, A. Russo e L.Torres (orgs.), *Third World Women and the Politics of Feminism* (Bloomington: Indiana University Press).

Monk, J. e V. Norwood (1987) *The Desert is no Lady: South-western landscapes in women's writing and art* (New Haven: Yale University Press).

Mort, F. (1988) 'Boy's Own? Masculinity, style and popular culture', em R. Chapman e J. Rutherford (orgs.), *Male Order: Unwrapping masculinity* (Londres: Lawrence e Wishart).

Philo, C. (1991) *New Words, New Worlds: Reconceptualising Social and Cultural Geography* (Lampeter: Department of Geography, St. David's University College).

Pollok, G. (1988) *Vision and Difference: Feminity, Feminism and the Histories of Art* (Londres: Routledge).

Pratt, G. (1992) 'Commentary: Spatial metaphors and speaking positions', *Environment and Planning D: Society and Space*, vol.10, p.241-4.

Pratt, M.B. (1988) 'Identity: Skin Blood Heart', em E. Bulkin, M.B. Pratt e B. Smith, *Yours in struggle: Three feminist perspectives on anti-semitism and racism* (Ithaca, NY: Firebrand Books).

Pred, A. e M.Watts (1992) *Reworking Modernity: Capitalisms and Symbolic Discontent* (Brunswick, NJ: Rutgers University Press).

Price, M. e M. Lewis (1993) 'The reinvention of cultural geography', *Annals of the Association of American Geography*, vol.83, p.1-17.

Pringle, R. (1983) 'Women and consumer capitalism', em C. Baldock e B. Cass (orgs.), *Women, Social Welfare and the State* (Sidney: Allen e Unwin) (versão resumida em L. McDowell e R.Pringle, 1992, *Defining Women*, Cambridge: Polity Press, p.148-52).

Prus, R. e L. Dawson (1991) 'Shop till you drop: shopping as recreational and laborious activity', *Canadian Journal of Sociology,* vol.16, p.145-64.

Rosaldo, R. (1992) *Culture and Truth* (Londres: Routledge).

Rose, G. (1993) *Feminism and Geography* (Cambridge: Polity Press).

Sack, R. (1988) 'The consumer's world: place as context', *Annals of the Association of American Geographers*, vol.78, p.642-64.

Said, E. (1978) *Orientalism* (Nova York: Pantheon Books).

Said, E. (1992) *Culture and Imperialism* (Nova York: Columbia University Press).

Samuel, R. (org.) (1989) *Patriotism: the making and unmaking of British national identity*, 3 vols (Londres: Routledge).

Sassen, S. (1991) *The Global City: New York, London, Tokyo* (Princeton NJ: Princeton University Press).

Sauer, C.O. (1925) 'The morphology of landscape', *University of California Publications in Geography*, vol.2, p.19-54.

Sauer, C.O. (1952) *Agricultural Origins and Dispersals* (Nova York: American Geographical Society) (republicado sob o título *Seeds, Hearths and Herds*, 1969, Cambridge, Mass: MIT Press).

Shields, R. (1989) 'Social spatialization and the built environment: the West Edmonton Mall', *Environment and Planning D: Society and Space*, vol.7, p.147-64.

Shields, R. (1991) *Places on the Margin: Alternative geographies of modernity* (Londres: Routledge).

Shields, R. (org.) (1991) *Lifestyle Shopping: the subject of consumption* (Londres: Routledge).

Short, J., L. Benton, W. Luce e J. Walton (1993) 'Reconstructing the image of an industrial city', *Annals of the Association of American Geography*, vol.83, p.207-24.

Sillitoe, A. (1975) *Saturday Night and Sunday Morning* (Londres: Paladin).

Simmel, G. (1990) 'The great city and mental life', republicado em R. Sennett (org.). 1969, *Classic Essays on the Culture of Cities* (Prentice Hall: Nova York).

Simmons, J. (1991) 'The regional mall in Canada', *The Canadian Geographer*, vol.35, p.232-40.

Soja, E. (1989) *Postmodern Geographies: the reassertion of space in critical social theory* (Londres: Verso).

Sorkin, M. (org.) (1992) *Variations on a Theme Park: the new American city and the end of public space* (Nova York: The Noonday Press).

Spivak, G. (1992) 'The politics of translation', em M. Barett e A. Phillips (orgs.), *Destabilising Theory* (Cambridge: Polity Press).

Steedman, C. (1986) *Landscape for a Good Woman* (Londres: Virago).

Stott, R. (1989) 'The dark continent: Africa as female body in Haggard's adventure fiction', *Feminist Review*, vol.32, p.69-89.

Urry, J. (1990) *The Tourist Gaze* (Londres: Sage).

Valentine, G. (1993) 'Desperately seeking Susan: a geography of lesbian friendships', *Area*, vol.25, p.109-16.

Watson, S. (1991) 'Gilding the smokestacks: the new symbolic representations of deindustrialised areas', *Environment and Planning D: Society and Space*, vol.9, p.59-70.

Williams, R. (1938) *The Politics of Modernism* (Londres: Verso).

Woolf, V. (1938) *Three Guineas* (Hogarth Press; primeira edicão em brochura em 1977 — Harmondsworth: Penguin).

Wright, P. (1985) *On Living in an Old Country* (Londres: Verso).

Young, M. e Willmott, P. (1957) *Family and Kinship in East London* (Londres: Routledge).

Zukin, S. (1988) *Loft Living: Culture and capital in urban change* (Londres: Radius).

Zukin, S. (1991) *Landscapes of Power: From Detroit to Disney World* (Berkeley e Los Angeles: University of California Press).

6

Imagens, mitos e geografias alternativas do Terceiro Mundo

MORAG BELL

Em 1955 representantes de 29 países da África e da Ásia se reuniram em Bandung, Indonésia. Era a primeira ocasião em que essas nações recém-descolonizadas se encontravam como grupo para reconhecer seus interesses e identidades comuns. Eles alegavam ser diferentes tanto do mundo capitalista como do mundo socialista. Como grupo não-alinhado eles representavam um "terceiro mundo". A Conferência de Bandung foi organizada para chamar a atenção sobre questões políticas — anticolonialismo e a criação de um movimento não-alinhado com uma poderosa voz ativa na comunidade internacional. Nascia assim o Terceiro Mundo como conceito político. A solidariedade deste movimento político pode ser rastreada através de sucessivas conferências anuais de não-alinhados, enquanto que a eficácia da união do Terceiro Mundo foi observada na influência que ela veio a exercer na política e na prática de instituições globais como as Nações Unidas.

A noção de Terceiro Mundo também está ligada a termos econômicos como desenvolvimento e subdesenvolvimento. Usada neste sentido econômico, seu status original como símbolo de distinção política e de resistência foi subvertido pelos profissionais e governos ocidentais vindo a transformar-se em um rótulo pejorativo associado com paternalismo e dependência. O desenvolvimento internacional, as atividades de ajuda e o Terceiro Mundo estão inextricavelmente ligados. O primeiro é variadamente descrito como uma meta, um conjunto de políticas e um processo. Moldado e controlado pelos países industrializados do Ocidente, é associado com o mundo pós-1945, a era de independência política do domínio colonial, a criação de organizações bilaterais de ajuda e a formação de instituições multilaterais, inclusive as Nações Unidas e o Banco Mundial.

Qual é a geografia deste Terceiro Mundo? Determinadas características comuns vêm à mente: pobreza, escassez de alimentos, calamidades ambientais, degradação, instabilidade política, desigualdades regionais e assim por diante. Cria-se uma imagem poderosa e negativa que tem coerência, resolução e definição. Mas por trás deste trágico estereótipo existe uma geografia alternativa, uma geografia que demonstra que a introdução do desenvolvimento nos países do Terceiro Mundo foi um processo demorado, trabalhoso e altamente contestado. O processo não foi uniforme entre os territórios, e na evolução do conceito a periferia contribuiu significantemente para o centro.

Este capítulo demonstra o seguinte: primeiro, que conceitos de desenvolvimento, progresso e Terceiro Mundo, embora associados com o mundo pós-1945, estão, há muito, estabelecidos no pensamento ocidental. A história do desenvolvimento forma uma parte essencial do relacionamento da Europa com países não-ocidentais; um relacionamento com suas raízes no imperialismo e no colonialismo e carregado de contradições e conflitos. Segundo, na dispersão da influência ocidental para sociedades não-ocidentais, embora a Europa supostamente dominasse, na prática o colonialismo não foi o planejado e deliberado processo implícito em muitas teorias de desenvolvimento. O controle sobre povos não-ocidentais e seus ambientes foi de evolução lenta e insistentemente contestado. Terceiro, num contexto contemporâneo, nossa definição de abordagem e interpretação do Terceiro Mundo está condicionada pela perspectiva de desenvolvimento adotada pelas ciências sociais do Ocidente em seu estudo de sociedades não-ocidentais. Uma estereotipagem negativa é característica desta perspectiva. Mas existem geografias alternativas desses povos e seus ambientes que confrontam os estereótipos do Terceiro Mundo.

A tradição ocidental de desenvolvimento e progresso

Nossa imagem de sociedades não-européias continua ambígua e contraditória. Profundamente enraizada no pensamento europeu e em sua literatura reside uma preocupação com o exótico. O que fascina e intriga na mente européia é a função psicológica de culturas não-ocidentais, inclusive suas histórias, religiões, filosofias e instituições associadas. Na base deste interesse há uma preocupação com o desenvolvimento humano, com questões voltadas para evolução e progresso. A literatura dessas "outras" sociedades oferece comentários paralelos a este tópico.

Tentativas de impor uma identidade em culturas e territórios não-europeus variariam desde um respeito pelas elementares, não sofisticadas virtudes dos primitivos, passando pelo complexo mistério do Oriente, até a visão do Eldorado nas Américas e as sinistras e desconhecidas qualidades da África negra. Ambos, determinismo e racismo, tiveram um efeito importante na configuração dessas atitudes (Brantlinger, 1985; Peet, 1985). Ellen Churchill Semple, geógrafa americana do início do século XX, procurou expressar estereótipos raciais em termos de ambiente físico. Sustentava ela:

> A influência do clima sobre o temperamento racial, tanto como efeito direto como indireto, não pode ser posta em dúvida.... de um modo geral existe uma estreita correspondência entre clima e temperamento. Os povos do norte da Europa são mais enérgicos, previdentes, sérios, mais ponderados do que emocionais, mais cautelosos do que impulsivos. Os sulistas da bacia subtropical mediterrânea são despreocupados, imprevidentes salvo sob necessidade premente, alegres, emocionais, imaginativos, todas essas qualidades que entre os negros da faixa equatorial degeneraram em graves defeitos raciais (Semple, 1911, p.620).

Mas essas caricaturas não são exclusivas à periferia não-ocidental. Descrições semelhantes existem do doméstico Terceiro Mundo da Grã-Bretanha, essas independentes esferas sociais e geografias ocupadas pelos celtas, a classe operária e as mulheres. Aqui também faz-se uma associação entre ambiente, caráter e comportamento social (Porter, 1991). Durante os últimos anos do século XIX e início do século XX, escritos sobre a "desconhecida Inglaterra" combinaram a exploração pessoal da vida da classe operária com as técnicas de análise sociológica em rápida expansão. Os que viviam em *In Darkest England* — título de um livro popular escrito pelo fundador do Exército da Salvação — eram tão misteriosos e estranhos para as classes respeitáveis quanto o eram os habitantes da "África negra". Os que viajavam ao East End de Londres desempenharam um papel investigativo parecido ao dos exploradores da "África negra" do século XIX. Além do mais, sociologias "amadorísticas" envolvendo o levantamento metodológico de estatísticas sociais tais como *Life and Labour of the People in London,* de Charles Booth, deram início à pesquisa sistemática de um mundo proscrito que se tornaria uma característica dos especialistas profissionais em África a partir dos anos 30. Equivalentes contemporâneos dessas investigações para dentro do geograficamente "desconhecido" próximo podem ser encontrados na obra de Bunge em Detroit (1974). Aparecem também na literatura feminista que busca expôr o mundo feminino largamente "não revelado pela geografia e pela história" (Kofman e Peake, 1990).

Argumenta-se que, historicamente, sentimentos de singularidade anglo-saxônica conduziram a um senso de superioridade nacional e racional que fomentou a representação incorreta de outras sociedades e grupos (Said, 1978). Sir Francis Younghusband, líder da invasão britânica do Tibete em 1904, expressou sua crença na superioridade da cultura ocidental da seguinte maneira:

> Nenhum europeu pode unir-se a raças não-cristãs sem sentir sua superioridade moral sobre elas. Ele sente, desde o primeiro contato com as mesmas, não importa quais sejam suas posições relativas de um ponto de vista intelectual, ser moralmente mais forte do que elas. Nossa superioridade sobre elas não se deve apenas a uma mera acuidade do intelecto, mas à natureza moral mais elevada alcançada por nós no desenvolvimento da raça humana (Younghusband, 1896, p.396-7).

Que esta aparente superioridade cultural foi usada como justificativa para imperialismo e colonialismo não pode ser negado. As primeiras imagens da América do Norte trazidas pelos viajantes pilgrims descrevem "uma vastidão de terras despovoadas" "destituídas de qualquer habitante civil, onde existem apenas selvagens e homens sem cultura que vagueiam para cima e para baixo" (Miller, 1956, p.12). A população da Índia, caracterizada como "bestas selvagens", não era considerada habitantes. Esse território desocupado estava portanto pronto para ser conquistado e transformado de selvajeria em terra moralista, cristã. Mais de dois séculos depois, Cecil Rhodes — magnata da mineração, fundador de impérios e primeiro-ministro da Província do Cabo, África do Sul — expressou suas convicções ao viajar pelo *veldt* sul-africano:

> Ao caminhar, olhava para cima em direção ao céu e para baixo em direção à terra, e dizia para mim mesmo que isto deveria ser britânico. E me dei conta, naquele leve e estimulante ar, que os britânicos eram a melhor raça do mundo (Williams, 1938, p.55).

Já no início do século XIX as sociedades de emigração na Grã-Bretanha fomentavam o papel civilizador da cultura britânica no além-mar. No caso da propaganda da imigração feminina, as tradicionais visões da requintada maternidade inglesa eram enxertadas às noções de superioridade racial para produzir um conceito de mulher inglesa como guardiã da raça inglesa (Hammerton, 1979; Mackay e Thane, 1986). O dever imperial atribuído às mulheres era, portanto, de se contrapor à assimilação estrangeira — a tendência para que as colônias perdessem sua "herança imperial" depois da primeira geração de colonos predominantemente masculinos (Domosh, 1991; Chadhuri e Strobel, 1990).

Ao final do século XIX a justificativa moral para a expansão imperialista e colonialista foi realçada na Grã-Bretanha pela crença na superioridade científica e técnica. Pretensos "especialistas iluminados", tais como Beatrice e Sydney Webb, representantes de uma nova era de administração científica, aplicaram princípios de disciplina e eficiência tanto às condições sociais na Grã-Bretanha como à administração do Império. O Coefficients Club, fundado por Beatrice Webb em 1902, e do qual Sir Halford Mackinder, o primeiro diretor da Escola de Geografia da Universidade de Oxford, era membro, permaneceu coeso em seu objetivo de um Império eficientemente organizado, baseado no conhecimento e nas habilidades de técnicos treinados no Ocidente (Semmel, 1960; Taylor, 1911).

A civilização européia do ultramar — O crescimento do Terceiro Mundo britânico

Se a superioridade percebida foi usada para justificar o imperialismo e o colonialismo, então, no caso da Grã-Bretanha pelo menos, nem o Império nem sequer o "desenvolvimento" dos territórios adquiridos foi inicialmente planejado de uma maneira eficiente e disciplinada. O uso de tecnologia superior e poder organizado para garantir o controle sobre povos e territórios não-europeus não era uma atividade intencional. O entusiasmo pelo Império só evoluiu lentamente na Grã-Bretanha. O mesmo aconteceu com a criação de uma filosofia imperial. A intervenção formal nas colônias através de ajuda oficial não começou até os anos 30, isto é, quase no fim da era colonial. Além disso, em matéria de senso de oportunidade, filosofia e aquisição territorial, a experiência imperial e colonial das diversas potências européias foi notadamente diferente (Fieldhouse, 1982; Dixon e Heffernan, 1991).

O Império Britânico foi um enorme e variado ajuntamento de possessões. Cresceu de maneira casual. "Opositores religiosos, aventureiros comerciais e carcereiros à procura de locais para estabelecer prisões foram, com muita freqüência, os fundadores dos povoamentos coloniais britânicos" (Huttenback, 1974, p.13). Nos séculos XVII e XVIII, o Terceiro Mundo britânico de ultramar englobava a América do Norte e as Índias Ocidentais (Figura 6.1). Essas primeiras "colônias" de colonos brancos, ao mesmo tempo que continuavam politicamente na dependência da pátria-mãe, ofereciam um lar permanente para emigrantes britânicos. A Austrália, inicialmente a destinação além-mar de condenados britânicos, passou a fazer parte do Império no início do século XIX. O mesmo aconteceu com a Colônia do Cabo e Natal na África do Sul, originalmente anexados pelos britânicos em 1806 por objetivos militares, servindo de fortaleza no caminho marítimo para o Oriente. A Índia nunca foi uma colônia. A partir de l600 o empreendimento comercial na Índia foi entregue à Companhia das Índias Orientais, ocasião em que recebeu da Coroa os direitos de monopólio sobre o comércio. A sua aquisição e o controle sobre o território foi gradual e só alcançou sua dimensão plena em meados do século XIX.

Ao longo das últimas três décadas do século XIX a geografia, enquanto disciplina científica, foi incentivada na Europa como uma ferramenta de um empreendimento imperial mais deliberado, que incluía a aquisição e exploração econômica de territórios. De fato, ao término do século XIX, a Grã-Bretanha havia adquirido um novo Império tropical na África e no Extremo Oriente, abrangendo perto de 90 milhões de pessoas e um território de 750 mil milhas quadradas. Juntamente com o antigo Império da Índia e as colônias "brancas", a Grã-Bretanha era responsável por cerca de 345 milhões de pessoas e 11,5 milhões de milhas quadradas de terras (Colls, 1986). Mas a aquisição de territórios africanos pela Grã-Bretanha pouco se deveu à perícia em administração ou planejamento científicos. A Conferência Geográfica de Bruxelas, em 1876, reuniu geógrafos e exploradores de toda a Europa para debater a "abertura" da África (Bridges, 1980; Heffernan, 1989). Mas o subseqüente desmembramento do Estado do Congo Livre na África Central pelo rei Leopoldo da Bélgica foi empreendido sem cooperação internacional, e a partilha da África que se seguiu à Conferência de Berlim de 1844-5 foi largamente efetuada sem os benefícios de detalhado conhecimento geográfico. Comissões caras foram necessárias para resolver as subseqüentes disputas sobre fronteiras (Hudson, 1977).

De acordo, o domínio britânico impôs a esses territórios uma nova uniformidade na organização do espaço. Definiram-se fronteiras nacionais. Construiu-se uma infra-estrutura de estradas e ferrovias entre os novos centros de produção, consumo e intercâmbio — cidades, portos, minas, "plantations" e propriedades rurais (Christopher, 1988). Mas o conceito de um Império Britânico unificado, um ajuntamento de territórios com uma identidade comum devendo obediência à Coroa Britânica foi, à semelhança do Terceiro Mundo contemporâneo, uma criação muito mais poderosa em casa do que fora do país. O sentido de unidade e de uniformidade que ele implica oculta enormes variações entre territórios em seu ambiente físico e práticas sociais e culturais — variações que persistem até hoje. Ele também subestima os diferentes relacionamentos políticos que eles forjaram com a metróple e que procuravam modificar no decorrer dos anos. Protetorados como a África Oriental Britânica estiveram inicialmente sob a jurisdição do Ministério das Relações Exteriores, posteriormente sob a Administração Colonial. As colônias de autogoverno do Canadá, Austrália, a União Sul-Africana e a Nova Zelândia, que mais tarde vieram a ser conhecidas como domínios, desfrutavam de total autonomia com um representante em nível de embaixada em Londres.

Sociedades por ações desempenharam um papel importante como construtoras de impérios na primeira fase da administração dos territórios ultramarinos (Christopher, 1985). Só depois da Lei de Governo da Índia, de 1858, é que o poder dos britânicos sobre a Índia foi transferido da Companhia das Índias Orientais para a Coroa. O Secretário de Estado para a Índia era um político nomeado atuando em Londres, mas o controle sobre o governo da Índia se encontrava na própria Índia, com vice-reis britânicos e seus funcionários públicos hindus lotados por todo o país. Na África, por instigação de Cecil Rhodes, a Companhia Britânica da África do Sul recebeu uma patente real em 1889 para adquirir e exercer direitos comerciais e administrativos na região centro-sul da África. Ela administrou a Rodésia do Sul (atualmente Zimbabwe) até 1923, quando se concedeu responsabilidade de governo aos colonos brancos, e a Rodésia do Norte (atualmente Zambia) até 1924, quando a Administração Colonial assumiu o controle.

Da mesma forma que inexistia uniformidade constitucional, a unidade social e cultural era igualmente ilusória. A despeito da exportação por parte da Grã-Bretanha de forças aparentemente unificadoras de raça, língua e *cricket*, a Grã-Bretanha enfrentou grandes problemas em absorver este Império diversificado. A Índia foi considerada "um estorvo, estranha e não-colonizável" (Colls, 1986, p.45). Os mercadores britânicos comerciavam em vastas áreas da África Ocidental mas o clima tropical insalubre desencorajou o povoamento permanente. Mesmo nas colônias estabelecidas por colonos brancos, os britânicos de ultramar eram diferentes. Um colonizador da Rodésia declarou:

> Uma criança colonial não é exatamente o mesmo que uma criança inglesa, e ao conversar com ela sobre lealdade e patriotismo deve-se usar uma orientação diferente, senão um idioma diferente, a menos que se deseje receber dela aquela atenção vaga que a criança concede às pessoas que falam uma língua que ela não entende ou pela qual não se interessa (Jollie, 1924, p.241).

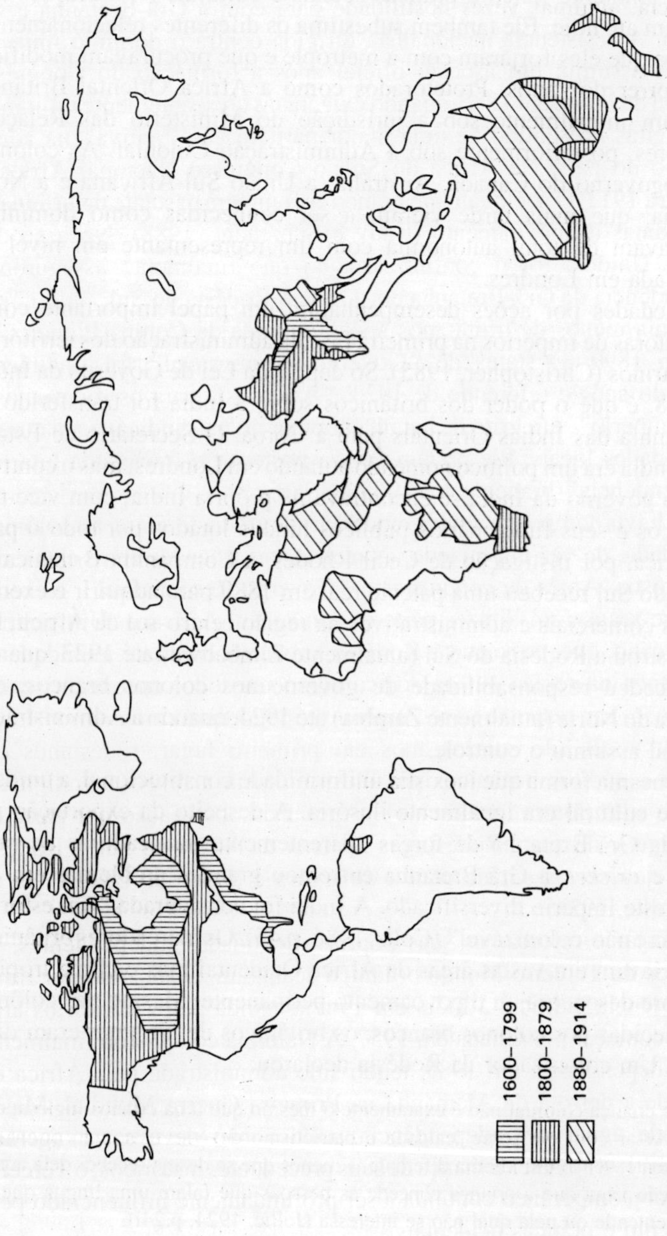

FIGURA 6.1 *Aquisições britânicas de ultramar, 1600-1914*

Opiniões manifestadas nas colônias revelaram, ocasionalmente, ambivalência, algumas vezes hostilidade para com a Grã-Bretanha e seu Império. A resistência nacionalista dirigida contra o domínio imperial na Índia assumiu um aspecto oficial após a formação do Congresso Nacional da Índia, em 1885, quando exigências crescentemente militantes foram feitas no sentido de uma maior participação "nativa" na administração do país. Na África do Sul, o Congresso Nacional Africano remonta a 1912. O nacionalismo branco era também bastante determinado nas colônias de povoamento (Eddy e Schreuder, 1988). No caso dos Estados Unidos, foi o conflito armado que finalmente assegurou a independência da Grã-Bretanha em 1783. A Rodésia do Sul "lutou" por autonomia menos de trinta anos após a entrada da Coluna Pioneira no país em 1890. O status de "Governo Responsável" foi finalmente concedido após o referendo de 1923. "A Rodésia para os rodesianos e para o Império", um grito de batalha popular no país indicava a natureza das lealdades locais. Ele prenunciava a posterior e fracassada luta por "independência" branca entre 1965 e 1980.

Não havia tampouco muita evidência de unidade entre as colônias. Na verdade, de vez em quando, as mensagens trocadas entre elas eram quase hostis. Antes de conquistar o "Governo Responsável", os rodesianos se recusaram a fazer parte da União Sul-Africana. Um político sul- africano, que, ao visitar a Rodésia, procurou enfatizar a unidade da raça branca na região sul da África como um todo, encontrou severa reprovação. Em resposta ao seu ingênuo e inoportuno comentário "Lembrem-se, vocês são sul-africanos em primeiro lugar, rodesianos em segundo e súditos britânicos por último", viria a resposta indignada, "Eu não sou! Sou um rodesiano!" Apesar da observação por parte do rei George V de que a Rodésia era a Ulster da África do Sul, a Rodésia não desejou ser associada com a amargura e dissensão raciais "lá no Sul" (Jollie, 1924).

Ao forjar e reforçar as suas póprias identidades independentes, os territórios do Terceiro Mundo britânico acabaram alcançando por fim a independência política: a Índia em 1947, seguida pelos territórios africanos a começar por Ghana em 1957. A Namíbia conquistou finalmente a sua independência em 1989, tendo sido administrada pela África do Sul desde a derrota da Alemanha na Primeira Guerra Mundial. Mas o divisor de águas de independência política não deve ser exagerado (Crowder, 1987). À semelhança de seus precedentes históricos, o Terceiro Mundo contemporâneo continua a ser profundamente influenciado pelo pensamento e práticas ocidentais.

Perspectivas contemporâneas de desenvolvimento

Ao procurar lidar intelectual e profissionalmente com o mundo situado além da Europa, é difícil desvencilhar-se dos pontos de vista etnocêntricos e metropolitanos. Temos a inclinação de estudar as áreas anglófonas do mundo, que, embora variadas em culturas e ambientes, possuem um passado colonial comum. Desse modo, os países do Commonwealth continuam sendo a entrada da Grã-Bretanha no Terceiro Mundo. Nós "invadimos e conquistamos com o apropriado armamento intelectual" das ciências sociais (Stokes, 1974, p.288), inclusive as teorias de desenvolvimento e subdesenvolvimento com as quais ele está associado.

Existem muitos trabalhos acadêmicos sobre abordagens alternativas e teorias acerca de desenvolvimento e subdesenvolvimento (Corbridge, 1986; Hettne, 1990; Larrain, 1989; Peet, 1991). Essas teorias procuram explicar as desiguais condições econômicas regionais dentro e entre países e procuram prescrever intervenções eficazes. Dominadas pelos princípios de sociologia e economia, elas moldam o desenvolvimento da geografia e determinam nossas atitudes e pressupostos acerca de diferentes sociedades e seus ambientes. Três escolas contrastantes de pensamento sustentam as teorias e modelos contemporâneos. A primeira, a tradição clássica de modernização e neomodernização associada com o espectro político da direita. Ela é baseada em uma história estilizada de progressiva mudança evolucionária das economias e sociedades do Terceiro Mundo derivada da experiência ocidental de mercado livre. A segunda, a escola de subdesenvolvimento da esquerda política (incluindo as abordagens de dependência e pós-dependência), que, com base numa história alternativa e exploradora do desenvolvimento do capitalismo mundial, apresenta uma geografia da economia mundial dominada por relações desiguais dentro dos estados e entre eles. A terceira, a tradição intervencionista liberal, que se situa entre essas duas perspectivas e é associada com o trabalho da Comissão Brandt (Brandt, 1980, 1983). Esta escola sustenta que num mundo interdependente, em oposição aos pressupostos de equilíbrio da economia neoclássica, os fluxos de comércio e de auxílio deveriam ser cuidadosamente administrados para garantir benefícios mútuos para o Norte e o Sul.

É certo, essas abordagens contrárias e posições ideológicas vêm sofrendo uma revisão interna. Com as sucessivas Décadas de Desenvolvimento das Nações Unidas e as cambiantes circunstâncias políticas e econômicas internacionais, correntes de pensamento, difusionistas e intervencionistas, tentaram redefinir a modernidade, passando de "crescimento econômico", para a procura em atender "as necessidades humanas básicas" e "participação popular", para a "reforma econômica" e ajuste estrutural. Da mesma maneira, dentro da estrutura neomarxista, os proponentes das diversas teorias de imperialismo e subdesenvolvimento tiveram de questionar seus pressupostos e metodologias (Corbridge, 1989a; Smith, 1984). Todavia, apesar do ímpeto externo para a mudança interna, essas escolas contrastantes de pensamento compartilham um ponto de vista inicial comum — a pobreza é vista em termos de privações enquanto que suas diferentes visões de desenvolvimento têm uma conotação positiva (Pavlich, 1988). Em termos de geografia da economia mundial, isto encontra expressão num dualismo espacial: Norte/Sul, centro/periferia, desenvolvido/em desenvolvimento.

Portanto, estatísticas como o Produto Nacional Bruto per capita, expectativa de vida ao nascer, e a taxa de mortalidade infantil são invocadas para fixar nossos pontos de vista sobre a periferia. Ao enfatizar do que as pessoas são privadas (como está implícito em pobreza), elas impõem uma uniformidade negativa sobre as sociedades não-ocidentais. Vistos como objetos de estudo, as pessoas pobres se transformaram em categorias e são rotuladas como se fossem um grupo homogêneo (Wood, 1985). Em contraste à pobreza de "tradição", apresenta-se uma visão de uma sociedade ideal que — baseada seja numa econonomia diversificada dentro do sistema capitalista mundial seja num crescimento autônomo auto-suficiente — prescreve implicitamente, à guisa de solução, como as pessoas deveriam viver. Para alcançar-se a meta predefinida, determina-se um processo cuidadosamente orientado de mudança social, econômica e política.

Mas o mundo pós-colonial dos últimos anos do século XX desafia este paternalismo imperfeito e negativo. Vestígios do Império estão escondidos por trás da paisagem "high tech" das finanças internacionais, investimento multinacional e zonas de livre-comércio. As cidades de Abidjan, Harare, Kuala Lumpur e Bombaim, outrora símbolos do poder e superioridade racial na Europa, participam da prosperidade de uma era pós-moderna. Elas formam uma parte integrada de uma reestruturada economia global em que indústrias baseadas em alta tecnologia substituem recursos naturais como fontes de riqueza nacional. Justapostos a este mundo opressivamente masculino, sofisticado e veloz, até as favelas e bairros miseráveis de alta densidade são símbolos de algo mais que um desenvolvimento capitalista desigual. Antigamente elas eram manifestações de uma "cultura de pobreza" — a esmo, apinhadas de gente e não-planejadas, refletindo desorganização e desvio social. Agora considera-se que seus habitantes encarnam um empreendimento cultural alternativo fora do controle do estado (Bromley e Birkbeck, 1988).

A reestruturação econômica global desafia muito a ortodoxia do desenvolvimento. O conceito de mudança linear progressiva é abalado por uma economia internacional que é imprevisível e instável. Períodos de recessão, altas taxas de juros, queda nos preços de exportação e mercados acionários flutuantes afetam os negócios e o emprego desde a Grã-Bretanha até o Brasil. A resposta política e econômica a essa instabilidade internacional tampouco está de acordo com a teoria ortodoxa. Em 1982 uma "crise da dívida" foi oficialmente admitida quando o México, sobrecarregado por maciças dívidas, suspendeu indefinidamente o pagamento de juros a seus credores. Em 1987 o Brasil e a Costa do Marfim fizeram a mesma coisa. Os bancos comerciais na América do Norte e na Europa Ocidental estavam pagando o preço por empréstimos exagerados através da reciclagem de petrodólares (Edwards e Larrain, 1989; Faber e Griffith-Jones, 1990). Também em 1987 o governo britânico eliminou os pesados encargos do serviço da dívida da África sub-saariana ao converter empréstimos em subvenções. Ainda que só por um curto período, deu-se ao conceito de poder do devedor uma credibilidade prática.

A integração internacional contesta realmente os pressupostos de poder político e econômico que se encontram por trás de um dualismo toscamente delineado entre mundos "desenvolvido" e "em desenvolvimento". Além do mais, a unidade entre estados continua sendo uma qualidade ilusória entre essas categorias geográficas. Examinemos outra vez a "crise da dívida". Como o demonstra Corbridge (1988), este importante acontecimento internacional dos anos 80 foi o resultado de uma longa e complexa história do capitalismo, em cujo centro girava o conflito entre os Estados Unidos, a Alemanha e o Japão pela liderança mundial na indústria e em tecnologia. Essas rivalidades internacionais ou interimperiais, e as estratégias geopolíticas que se seguiram a elas, exigem que nossas análises do desenvolvimento se iniciem pela "desconstrução das aceitas categorias de Norte e Sul ou de centro e periferia" (Corbridge, 1989b, p.358).

O êxito econômico dos novos países industrializados (NICs) levanta uma questão sobre o conceito de um unido Terceiro Mundo de colapsos econômicos uniformes (Harris, 1986). Em 1989 aos capitalistas confucianos na Ásia Oriental — símbolos de prudente intervenção governamental e êxito econômico — juntou-se a Malásia, o primeiro NIC muçulmano (Figura 6.2). As revoluções islâmicas no Irã, Paquistão e Afeganistão oferecem caminhos alternativos de desenvolvimento àqueles da sociedade secular ocidental (Beeman, 1986; Halliday e Alavi, 1988). Contrariando a imagem terceiro-mundista de perpétua crise de alimentos, diversos estados asiáticos, inclusive Índia e Sri Lanka, saíram da Revolução Verde como exportadores de gêneros alimentícios. Indícios de transição demográfica na China, Colômbia, Cuba, no México, Sri Lanka e na Tailândia geram otimismo quanto "ao fim da explosão populacional" (World Bank, 1984).

Uma evidência dessas não deve esconder o esforço de muitos países africanos para melhorar as condições de vida de suas populações em franco crescimento (Tabela 6.1). Na era pós-independência o capitalismo africano aparentaria possuir uma qualidade ilusória semelhante ao socialismo africano, a ideologia mítica que os políticos visavam criar nos anos 60 (Sklar, 1988). Dentro do contexto de estruturas burocráticas e partidárias muito ampliadas, conhecidas pressões externas sobre a iniciativa nativa foram identificadas e avaliadas — concorrência externa, condições de comércio internacional e o aumento do protecionismo (Kennedy, 1988). No decorrer da última década, a dívida externa e a imposição de programas de ajuste estrutural, com sua fé na superioridade das soluções de mercado, também desafiaram o poder econômico do estado. Os efeitos sociais foram rigorosos (Marshall, 1990; Onimode, 1989). Na África meridional o embate político, a seca e a política sul-africana de desestabilização regional refrearam ainda mais a consecução de crescimento econômico e desenvolvimento eqüitativo (Smith, 1990). O ano de 1990 abriu as portas para uma nova era. Com o fim da Guerra Fria na Europa e o desaparecimento na região da presença soviética e de um modelo soviético de desenvolvimento, o governo de minoria branca da África do Sul iniciou negociações sobre uma nova constituição democrática e a África meridional foi atraída para uma nova ordem mundial.

À medida e ao mesmo tempo que surgem as novas ideologias políticas e os países se tornam cada vez mais diferenciados em seus desempenhos econômico e social, importantes movimentos sociais visam obter a união entre indivíduos e grupos além das fronteiras nacionais. O final do século XX assistiu ao reaparecimento de movimentos ambientais e de mulheres, ambos manifestando uma relutância em aceitar "diferença" e contingência. Recente estudo feminista redescobriu a divisão de gênero como uma base de interesses comuns através de classes e culturas. O gênero é social e culturalmente criado mas, afirmam Momsen e Townsend (1987, p.28), "na história e na geografia da humanidade.... o trabalho das mulheres tende a ter menos valor do que o dos homens e as mulheres tendem a ter um acesso muito mais limitado a todas as formas de poder social, econômico e político". Esta aparente continuidade reflete-se também no debate contemporâneo a respeito do ambiente. Uma renovada preocupação com relação ao uso de recursos globais e esgotamento estimularam os movimentos ambientais a salientar o interesse mútuo do Norte e do Sul em solucionar sua "crise comum" (Redclift, 1987).

Esta complexa paisagem internacional destrói a credibilidade de uma teoria unificada de desenvolvimento e apresenta novos desafios às duas básicas tradições da geografia — diferenciação espacial e ecológica. Entre as questões que ela levanta, três são destacadas aqui. Primeiro, em resposta à economia mundial, países tanto do Norte como do Sul não atuam como um bloco político e econômico unido e uniforme. Eles elaboram suas próprias histórias e geografias como governos individuais, e, embora dentro de alguns limites, procuram realçar o desempenho nacional econômico e social ou refrear a iniciativa interna. Segundo, dentro desses variados ambientes políticos e econômicos, as separações de sociedades não-ocidentais baseadas não meramente em classe, casta, idade ou etnias mas também em gênero, revelam importantes geografias ocultas de desigualdade e conflito (Brydon e Chant, 1989; Momsen, 1991; Wallace e March, 1991). Terceiro, enquanto um retorno ao determinismo ambiental é indefensável, explicações sobre esgotamento de recursos e degradação não podem ignorar as condições ecológicas locais e os padrões culturais que modelam as relações ambientais. Decididamente, questões como gênero e ambiente físico não podem simplesmente ser adicionadas à teoria e prática estabelecidas do desenvolvimento. Eles exigem que nossos pressupostos e interpretações de desenvolvimento e subdesenvolvimento sejam reexaminados.

Uma geografia radical de desenvolvimento deve adotar uma estrutura que seja livre da tirania do dualismo e que leve em conta as mudanças na economia mundial e as variações entre os estados — uma estrutura que harmonize geografias alternativas históricas e contemporâneas, que transponha a divisão Norte-Sul. Na parte final deste capítulo utilizam-se perspectivas selecionadas para demonstrar que o desenvolvimento é mais variado e complexo do que a teoria unificada dá a entender.

Tabela 6.1 *Indicadores Ortodoxos de Desenvolvimento para Países Selecionados da África Sub-Saariana*

	População (milhões) meados de 1987	*PNB per capita crescimento médio anual (%)*			*População crescimento médio anual (%)*		
		1965-73	1973-80	1980-87	1965-73	1973-80	1980-87
Economias de baixa renda	397.3	3.1	0.3	-3.6	2.6	2.7	3.1
Etiópia	44.8	1.1	0.0	-1.6	2.6	2.8	2.4
Malawi	7.9	4.3	1.4	0.0	2.8	3.0	3.8
Serra Leoa	3.8	2.3	-1.8	-2.0	1.9	2.1	2.4
Quênia	22.1	4.7	1.3	-0.9	3.4	3.8	4.1
Nigéria	106.6	5.3	1.2	-4.8	2.5	2.5	3.4
Economias de renda media	53.9	1.9	-1.2	0.3	2.8	3.3	3.3
Senegal	7.0	-0.8	-0.5	0.1	2.3	2.8	2.9
Zimbábue	9.0	2.6	-2.0	-1.3	3.5	2.9	3.7
Costa do Marfim	11.1	4.5	1.2	-3.0	4.1	4.3	4.2
Camarões	10.9	-0.4	5.7	4.5	2.4	3.1	3.2
Botsuana	11	9.3	7.3	8.0	3.1	3.7	3.4

Fonte: Banco Mundial, 1989b.

Imagens contraditórias e geografias alternativas

As ideologias ocidentais de modernização e desenvolvimento continuam a impor uma identidade sobre as sociedades não-ocidentais. A partir da perspectiva da Europa ou da América do Norte, o "observador externo" interpreta as paisagens do Terceiro Mundo pela experiência de um lugar inerentemente "melhor". Três imagens poderosas refletem esta visão do "outro". A periferia representa uma fonte de riqueza privada; perdura como foco para a ajuda de desenvolvimento; é objeto de piedade e paternalismo. Com efeito, subsistem ideologias toscas associadas ao colonialismo.

Para as corporações multinacionais na América do Norte, Europa Ocidental e no Japão, a periferia continua sendo uma fonte de mão-de-obra barata, de recursos naturais e de lucro. Para essas empresas capitalistas, pode-se conseguir usos aparentemente melhores e mais eficientes

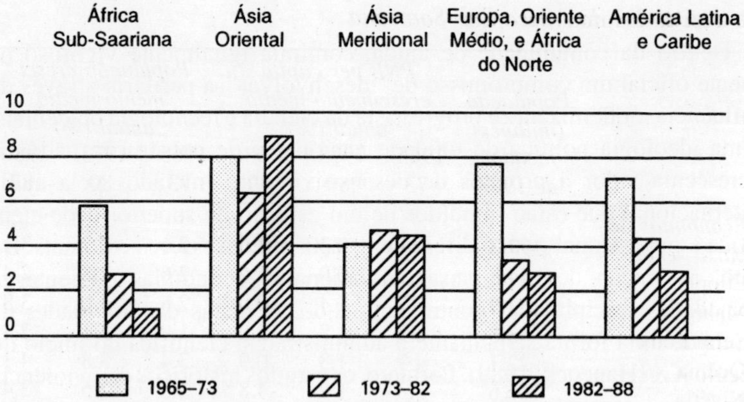

FIGURA 6.2 *Crescimento do PNB real em regiões selecionadas, 1965-1988*

FONTE: Relatório sobre Desenvolvimento Mundial (Banco Mundial, 1989a).

para a terra e a mão-de-obra do que a população nativa é capaz de obter. Com o apoio de elites nativas, as zonas de livre-comércio, desde o México até o Sri Lanka, oferecem um ambiente livre dos habituais regulamentos legais e financeiros — controles da poluição, leis de sindicatos, taxação — dentro dos quais procura-se alcançar esses objetivos.

Mas, a exemplo do capital colonial antes dele, o investimento multinacional tem sua própria geografia (Daniel, 1991; Taylor e Thrift, 1986). Até hoje, a maioria dos países africanos atormentados por instabilidade política e, a partir de 1970, por reduzido crescimento econômico foi, em grande medida, excluído deste investimento aparentemente progressista. A paisagem "moderna" que essas corporações impõem também acarreta custos humanos e físicos. A tragédia de Bhopal na Índia, onde milhares de pessoas sofreram ferimentos ou morreram em conseqüência do vazamento de gases tóxicos pela usina da Union Carbide em 1984, constitui uma advertência válida. Igualmente destrutivo é o "imperialismo ecológico" sob a forma de projetos de desenvolvimento de explotação a curto prazo — desmatamento de florestas, barragens hidroelétricas e locais de mineração — que degradam os recursos naturais (Adams, 1990). A floresta pluvial amazônica está sendo violentamente destruída sob o princípio de que a deterioração do ambiente é o preço necessário do progresso econômico e técnico (Hemming, 1985). Na verdade, esses são equivalentes contemporâneos aos impactos regressivos do capital colonial europeu.

Dentro da comunidade de ajuda, continua igualmente vigoroso na mente oficial um compromisso de "desenvolver" a periferia através da influência modernizante e progressista da ciência e tecnologia ocidentais. Uma ideologia política de unidade nacional e de construção nacional acrescenta valor a projetos de desenvolvimento iniciados pela ajuda internacional que estão imbuídos de um espírito de superioridade científica e profissional pouco diferente de seus predecessores coloniais. De fato, a criação de uma paisagem ordenada, economias eficientes e sociedades disciplinadas continuam sendo as metas das atividades de ajuda de uma forma semelhante à administração científica do início do século XX (Hancock, 1989). Portanto, os estudos históricos da "violência silenciosa" com que se atormentava povos nativos com planos agrícolas aparentemente progressistas com o intuito de alterar a disposição de seus assentamentos, controlar suas terras, mão-de-obra e seu gado (*Journal of Southern African Studies*, 1989; Watts, 1989), têm seus sucessores nos programas ambiciosos de engenharia social e ambiental (Wisner, 1988).

Busca-se uma justificativa moral para essas intervenções responsabilizando a periferia por seu próprio aparente subdesenvolvimento. O presente é manipulado pela desumanização de continentes tais como a África e seus povos. Dessa maneira, a inerente hostilidade do ambiente africano é perpetuada e reforçada pela mídia ocidental por meio de imagens de degradação do solo, desertificação, fome e desnutrição. A estereotipagem étnica prossegue nas visões de pessoas patéticas, desamparadas — objetos de piedade e paternalismo ou fontes imorais de doenças "exóticas" intratáveis (Prins, 1989; Sabatier, 1988). Essas imagens de paisagens físicas e humanas consideradas obstáculos ao progresso se fundem em debates acerca da crise ambiental e superpopulação (Patterson e Shrestha, 1988). Uma associação negativa entre ambiente, caráter e comportamento social — na verdade determinismo ambiental e racial contemporâneo — é usado pelos doadores de ajuda para justificar o desenvolvimento controlado externamente. Podem ser encontrados equivalentes nas atitudes de "pessoas de fora" em relação a cidades interioranas britânicas. Sentimentos semelhantes de superioridade moral justificam a análise e intervenção neste espaço "problemático".

Mas o impacto involuntário de intervenções culturalmente insensíveis é demasiadamente aparente. Uma fé otimista nas habilidades tecnocráticas do controle ambiental torna imperceptível a desarticulação da produção local de alimentos que acompanha os planos de irrigação engendrados para vender colheitas (Adams e Anderson, 1988). Da mesma maneira, a ajuda em alimentos — uma solução para desequilíbrios internacionais entre superávits e déficits de alimentos — pode ameaçar a agricultura local do país recipiente, distorcer dietas alimentares ao substituir os gêneros naturais da região por trigo e intensificar a desnutrição infantil (Andrae e Beckman, 1985; Maxwell, 1990; Tarrant, 1990). Até mesmo a geografia de fluxos de ajuda, tendendo em favor das antigas colônias da Europa ou dos interesses estratégicos dos Estados Unidos, desafiam o pressuposto de que a ajuda para o desenvolvimento é uma prática de altruísmo (Bose e Burnell, 1991; Lipton, 1986). Evidências como essas estimulam proposições céticas de que a ajuda contemporânea difere pouco da bastante desacreditada assistência técnica colonial (Blaut, 1970). Mas essas intervenções formais, esses esforços em manipular os povos do Terceiro Mundo, não ficam incontestados.

Estimulados, pelo menos em parte, por estudos oriundos da periferia e reforçados por debates dentro dos países doadores, textos pós-coloniais procuram resistir à desvalorização da "periferia" ou do "marginal" pelo centro metropolitano. Neles estão incluídos estudos que questionam a superioridade da moderna industrialização e o progresso tecnológico. Os escritos de Laurens Van der Post, e a descrição feita por Marshall Sahlins (1974) de caçadores-coletores como a primeira sociedade afluente espelha este desafio. Estão também representados perspectivas de grupos nacionalistas, interesses étnicos e de mulheres (Stea e Wisner, 1984; Vail, 1989). Essas geografias alternativas redefinem nossas opiniões sobre sociedades não-ocidentais e seus ambientes.

Elas demonstram que ao mesmo tempo que crises ambientais e de pobreza são social e culturalmente criadas, não se pode negar o fato de que elas existem. Mas são tão diferenciadas quanto qualquer outra geografia. Seguindo uma longa tradição de ecologia cultural, estudos localizados enfatizam as diferentes estratégias sociais, econômicas e agronômicas com as quais as comunidades superam a periódica e imprevisível escassez de alimentos (Hill, 1986; Longhurst, 1986). Este rico repositório de conhecimento nativo sobre o qual se baseiam as estratégias torna absurdo o grosseiro dualismo, há muito estabelecido na mente colonial, entre a sabedoria ocidental e a ignorância nativa (Richards, 1985). Demonstra que uma paisagem rural cuidadosamente administrada não precisa abarcar grandiosas estruturas de engenharia, tecnologias complexas para a extração de água ou usos de terras segregadas com esmero (Bell e Roberts, 1990). De acordo, todos os sistemas de conhecimento estão abertos a contínua mudança, até mesmo destruição, através do contato com outros sistemas, inclusive mais poderosos. A ecologia política trata dessas questões no contexto colonial e pós-colonial (Blaikie, 1984; Bryant, 1992). Ela enfatiza como o acesso e o controle diferenciado sobre recursos obrigam as pessoas e as famílias a agir como administradores ecológicos. Dentro dessas forças de coação, entre os indivíduos ocupados em configurar a paisagem, estão as mulheres.

O movimento internacional das mulheres fez muito para trazer as questões de gênero para dentro do debate do desenvolvimento, enquanto que a teoria feminista expôs as limitações das análises estruturais da mudança social baseada em classe (*Millennium*, 1988). Todavia, muitos observadores externos masculinos e femininos perpetuam influentes mitos acerca de papéis e relações de gênero nas sociedades não-ocidentais (Mohanty, 1988). Entre eles, dois se destacam. Primeiro, que as mulheres, em geral, são "economicamente inativas" nas sociedades não-ocidentais, seu "trabalho" se restringe à esfera doméstica de procriar, criar os filhos e cuidar da casa. Segundo, que as mulheres são apenas vítimas de opressão e mais objetos do que sujeitos de mudança. O mundo interior ou privado a que as mulheres estão aparentemente confinadas limita a entrada delas no âmbito público. As evidências indicam o contrário. Estudos das atividades econômicas das mulheres, relações de poder entre mulheres e homens, divisões entre mulheres, a percepção e solidariedade das mulheres, inclusive a capacidade que elas têm de se organizar e lutar por mudança expõem essas falsas dualidades.

Elas demonstram que enquanto definições-padrão de trabalho usadas em censos e pesquisas freqüentemente tornam imperceptíveis as atividades das mulheres, as mulheres da área rural são muitas vezes importantes protagonistas econômicas como produtoras de alimentos e comerciantes (Boserup, 1970, 1985; White e Young, 1984). Em muitos ambientes sociais rurais dominados pela prolongada ausência de homens, as mulheres tratam das questões de desmatamento, degradação do solo, escassez de água e poluição como parte de seu cotidiano. Elas reagem a aparentemente bem-intencionados mas freqüentemente ingênuos pacotes de "desenvolvimento" com perícia e engenhosidade. Dentro da nova divisão internacional do trabalho, mulheres nas cidades da América Latina, do Sul e Sudeste da Ásia constituem a principal fonte de mão-de-obra não-sindicalizada nas indústrias beneficiadoras de exportações (Armstrong e McGee, 1985; Chant, 1991). Também desempenham um papel dinâmico na elaboração de projetos habitacionais de auto-ajuda para comunidades urbanas de baixa renda (Moser e Peake, 1987).

Admite-se que as mulheres não constituem um grupo homogêneo. Divisões, inclusive as baseadas em localização rural-urbana, classe, estrutura familiar e diferença de idade, atravessam a solidariedade de gênero. Ao mesmo tempo que o beneficiamento do arroz em Bangladesh liberou camponesas de renda média do trabalho árduo e não-remunerado, para as mulheres pobres e sem terra com poucas possiblidades geradoras de renda, esta mesma inovação tecnológica pode restringir ainda mais suas oportunidades de emprego remunerado (Whitehead, 1981). Os papéis de gênero e as relações também variam com o contexto cultural (Ardener, 1981). Em algumas sociedades islâmicas as restrições sociais e geográficas são impostas às mulheres por obrigações familiares e de parentesco. Mas os níveis de restrição variam amplamente: as fronteiras definidas por gênero entre as esferas pública e privada são fluidas (Callaway, 1984). No mercado de trabalho do Brasil, o gênero é um fator que pode ser manipulado pelos empregadores para obter mão-de-obra produtiva e barata. O gênero fornece a base para a segregação e discriminação por habilidade, mobilidade ocupacional e escalas de pagamento, justificadas pela alusão a diferenças aparentemente "naturais" entre mulheres e homens (Humphrey, 1987). Entretanto, em períodos de recessão econômica, as mulheres são diferencialmente afetadas dependendo de sua classe e raça (Calio, 1990).

Padrões de solidariedade feminina podem ser identificados dentro da África, Ásia e América Latina onde interesses compartilhados fundamentam complexos e variados padrões de apoio mútuo. Estes últimos incluem grupamentos informais de mulheres em torno de poços de água em aldeias e em tarefas agrícolas. Porém, esses grupos essencialmente culturais também são políticos. Tanto em nível regional como através de redes internacionais, as mulheres se organizam cada vez mais de modo a articular explicitamente as suas preocupações (Dankelman e Davidson, 1988; Gale, 1990). As mulheres se destacam na paisagem de protesto. Por meio de diversas formas violentas e, mais particularmente, não-violentas de conflito, as mulheres se opõem a corporações e governos nacionais que ameaçam destruir seus modos de vida ou infringir seus direitos humanos (Eckstein, 1988; Jacquette, 1989). Desenvolvimento e subdesenvolvimento impostos de cima para baixo são resolutamente contestados.

Conclusão

Uma combinação de preocupação moral e fascínio com o exótico forma a base de nossa imaginação geográfica e continua a fundamentar muito do interesse contemporâneo nas sociedades não-ocidentais. Mas as abordagens adotadas são condicionadas por teorias nas ciências sociais. É por meio dessas teorias que conceitos de desenvolvimento, progresso, modernização, pobreza e Terceiro Mundo são elaborados e definidos. Essas teorias e rótulos com os quais elas são associadas fixam nossas opiniões sobre a periferia. Ao mesmo tempo que rotular é essencial, não existe estrutura ou destino inevitável para nossas divisões do globo. O Terceiro Mundo é um conceito mais unificado em casa do que no exterior. Ele oculta divisões e diversidades históricas e contemporâneas dentro de Norte e Sul, centro e periferia. O recente colapso do Segundo Mundo na Europa suscita dúvidas adicionais sobre o seu significado e validade.

O status e autoridade da cultura, ciência e tenologia ocidentais são fundamentais para o discurso sobre desenvolvimento. É a aparente superioridade dos sistemas ocidentais de conhecimento que legitimou ideologias racistas e ambientais e justificou a ânsia da Europa em modernizar a periferia. Mas o desenvolvimento tradicionalmente deu forma a um relacionamento recíproco entre periferia e núcleo, e continua a ser influenciado por ele. As culturas coloniais foram persistentemente ameaçadas por sistemas nativos, alternativos, de organização social e ambiental. A comunidade contemporânea de ajuda e investimento privado externo enfrenta desafios análogos à sua fé etnocêntrica na influência progressista da administração e tecnologia ocidentais.

Conceitos de desenvolvimento não são uniformes, unificados ou estáticos. Existem imagens, mitos e geografias alternativas que são baseadas em sistemas culturais e científicos complexos e variados. Uma geografia crítica de desenvolvimento e do Terceiro Mundo deve desafiar as grosseiras representações de povos e lugares sobre as quais teorias abrangentes são baseadas. Deve demonstrar que o Terceiro Mundo é uma tradição contestada: que ele é associado a opiniões e práticas amplamente divergentes e conflitantes: que essas opiniões têm muitos contextos históricos, geográficos e sociais.

Agradecimentos

Sou grato a Denis Cosgrove, Michael Heffernan e Neil Roberts por seus proveitosos comentários sobre um esboço prévio deste capítulo.

Referências bibliográficas

Adams, W.M. (1990) *Green Development. Environment and Sustainability in the Third World* (Londres: Routledge).

Adams, W.M. e D.M. Anderson (1988) 'Irrigation before development: indigenous and induced change in agricultural water management in East Africa', *African Affairs*, vol.87, p.519-36.

Andrae, G. e B. Beckman (1985) *The Wheat Trap: bread and underdevolpment in Nigeria* (Londres: Zed).

Ardener, S. (1981) *Women and Space: ground rules and social maps* (Londres: Croom Helm).

Armstrong, W. e T.G. McGee (1985) *Theatres of Accumulation. Studies in Asian and Latin American Urbanisation* (Londres: Methuen).

Beeman, W.O. (1986) 'Iran's religious regime: what makes it tick, will it ever run down', *Annals of the American Academy of Political and Social Science,* vol.483, p.73-83.

Bell, M. e N. Roberts (1990) 'The politics and culture of dambo irrigation in Zimbabwe, em D. Cosgrove e G.E. Petts (orgs.), *Engineering the landscape* (Londres: Belhaven).

Blaikie, P. (1984) *The Political Economy of Soil Erosion* (Londres: Longman).

Blaut, J.M. (1970) 'Geographic models of Imperialism', *Antipode*, vol.6, p.65-85.

Booth, C. (org.) (1889, 1891) *Life and Labour of the People in London.* Vol.I, 1889. Vol.II, 1891 (Londres: Macmillan).

Booth, W. (1890) *In Darkest England and the Way Out* (Londres: Salvation Army).

Bose, A. e P. Burnell (orgs.) (1991) *Britain's Overseas Aid since 1979. Between Idealism and Self-Interest* (Manchester University Press).

Boserup, E. (1985) 'Economic and demographic interrelationships in sub-Saharan Africa', *Population and Development Review*, vol.11. p.383-97.

Boserup, E. (1970) *Women's Role in Economic Development* (Londres: Allen e Unwin).

Brandt, W. (1980) *North-South: A Programme for Survival* (Londres: Pan).

Brandt, W. (1983) *Common Crisis* (Londres: Pan).

Brantlinger, P. (1985) 'Victorians and Africans: the genealogy of the myth of the dark continent', *Critical Inquiry*, vol.12, p.166-203.

Bridges, R.C. (1980) 'The first conference of experts of Africa', em J.C. Stone (org.), *Experts in Africa* (Aberdeen University, African Studies Group), p.7-11.

Bromley, R. e C. Birkbeck (1988) 'Urban economy and employment', em M. Pacione (org.), *The Geography of the Third World: Progress and Prospect* (Londres: Routledge), p.114-47.

Bryant, R.L. (1992) 'Political ecology, an emerging research agenda in Third World studies', *Political Geography* vol.11, p.12-36.

Brydon, L. e S. Chant (1989) *Women in the Third World. Gender Issues in Rural and Urban Areas* (Londres: Elgar).

Bunge, W. (1974) 'The human geography of Detroit', em R.A. Roberge (org.), *La Crise urbaine: a challenge to geographers* (University of Ottawa Press), p.49-69.

Calio, S.A. (1990) 'The Brazilian economic crisis and its impact on the lives of women', *Political Geography Quarterly*, vol.9, p.415-23.

Callaway, B.J. (1984) 'Ambiguous consequences of the socialisation and seclusion of Hausa women', *Journal of Modern African Studies*, vol.22, p.429-50.

Chadhuri, N. e M. Strobel (orgs.) (1990) 'Special issue on western women and imperialism', *Women's Studies International Forum,* vol.13, nº 2.

Chant, S. (1991) *Women and Survival in Mexican Cities. Perspectives on Gender, Labour Markets and Low-Income Households* (Manchester University Press).

Christopher, A.J. (1985) 'Patterns of British overseas investment in land, 1885-1913', *Trans. Inst. Br. Geogr.*, vol.10, p.452-66.

Christopher, A.J. (1988) *The British Empire at its Zenith* (Londres: Croom Helm).

Colls, R. (1986) 'Englishness and the political culture', em R. Colls e P. Dodd (orgs.), *Englishness: Politics and Culture 1880-1920* (Londres: Croom Helm), p.29-61.

Corbridge, S. (1986) *Capitalist World Development. A Critique of Radical Development Geography* (Londres: Macmillan).

Corbridge, S. (1988) 'The debt crisis and the crisis of global regulation', *Geoforum*, vol.19, p.109-30).

Corbridge, S. (1989a) 'Marxism, post-Marxism and the geography of development', em R. Peet e N. Thrift (orgs.), *New models in geography, the political-economy perspective* (Londres: Unwin Hyman), p.224-53.

Corbridge, S. (1989b) 'Debt, the nation-state and theories of the world economy', em D. Gregory e R. Walford (orgs.), *Horizons in Human Geography* (Londres: Macmillan), p.341-60.

Crowder, M. (1987) 'Whose dream was it anyway? Twenty-five years of African Independence', *African Affairs*, vol.86, p.7-24.

Daniel, P. (org.) (1991) 'Foreign investment revisited', *IDS Bulletin*, vol.22, nº 2.

Dankelman, I. e I. Davidson (1988) *Women and Environment in the Third World: Alliance for the Future* (Londres: Earthscan).

Davies, S. e M. Leach (1991) 'Food security and the environment', *IDS Bulletin*, vol.22, nº 3.

Dixon, C. e M.J. Hefferman (orgs.) (1991) *Colonialism and Development in the Contemporary World* (Londres: Mansell).

Domosh, M. (1991) 'Towards a feminist historiography of geography', *Trans. Inst. Br. Geogr.*, vol.16, p.95-104.

Eckstein, S. (org.) (1988) *Power and Popular Protest: Latin American Social Movements* (Berkeley: University of California Press).

Eddy, J. e D.M. Schreuder (1988) *The Rise of Colonial Nationalism* (Londres: Unwin Hyman).

Edwards, S. e J. Larrain (orgs.) (1989) *Debt, Adjustment and Recovery: Latin America's Prospects for Growth and Development* (Oxford: Blackwell).

Faber, M. e S. Griffith-Jones (orgs.) (1990) 'Approaches to Third World debt reduction, *IDS Bulletin*, vol.21, nº 2.

Fieldhouse, D.K. (1982) *The Colonial Empires, a comparative survey from the eigtheenth century*, (2ª ed.) (Londres: Macmillan).

Gale, F. (1990) 'The participation of Australian Aboriginal women in a changing political environment', *Political Geography Quarterly*, vol.9, p.381-95.

Halliday, F. e Alavi H. (orgs.) (1988) *State and Ideology in the Middle East* (Londres: Macmillan).

Hammerton, A.J. (1979) *Emigrant Gentlewomen, Genteel Poverty and Female Emigration, 1830-1914* (Londres: Croom Helm).

Hancock, G. (1989) *Lords of Poverty* (Londres: Macmillan).

Harris, N. (1986) *The End of the Third World. Newly Industrialising Countries and the Decline of an Ideology* (Londres: Tauris).

Hayford, A.M. (1974) 'The geography of women: an historical introduction', *Antipode*, vol.2, p.1-19.

Heffernan, M. (1989) 'The limits of utopia: Henry Duveyrier and the exploration of the Sahara in the nineteenth century', *Geographical Journal*, vol.155, p.342-52.

Hemming, J. (org.) (1985) *Changes in the Amazon Basin*, vols 1 e 2 (Manchester University Press).

Hettne, B. (1990) *Development Theory and the Three Worlds* (Londres: Longman).

Hill, P. (1986) *Development Economics on Trial: the anthropological case for the prosecution* (Cambridge Univesity Press).

Hudson, B. (1977) 'The new geography and the new imperialism: 1870-1919', *Antipode*, vol.9, p.12-19.

Humphrey, J. (1987) *Gender and Work in the Third World. Sexual Division in Brazilian Industry* (Londres: Tavistock).

Huttenback, R.A. (1974) *Racism and Empire. White Settlers and Coloured Immigrants in the British Self-Governing Colonies 1830-1910* (Ithaca: Cornell University Press).

Jacquette, J.S. (org.) (1989) *The Women's Movement in Latin America: Feminism and the Transition to Democracy* (Londres: Unwin Hyman).

Jollie, E.T. (1924) *The Real Rhodesia* (Londres: Hutchinson).

Journal of Southern African Studies (1989) vol.15, nº 2, edição especial sobre a política de conservação na África do Sul.

Kennedy, P. (1988) *African Capitalism. The Struggle for Ascendancy* (Cambridge University Press).

Kofman, E. e L. Peake (1990) 'Into the 1990s: a gendered agenda for political geography', *Political Geography Quarterly*, vol.9, nº 4, p.313-36.

Larrain, J. (1989) *Theories of Development* (Cambridge: Polity Press).

Lipton, M. (org.) (1986) 'Aid effectiveness', *IDS Bulletin*, vol.17, nº 2.

Longhurst, R. (org.) (1986) 'Seasonality and poverty', *IDS Bulletin*, vol.17, p.27-35.

Mackay, J. e P. Thane (1986) 'The englishwoman', em R. Colls e P. Dodd (orgs.), *Englishness: Politics and Culture 1880-1920* (Londres: Croom Helm).

Marshall, J. (1990) 'Structural adjustment and social policy in Mozambique', *Review of African Political Economy*, nº 47, p.28-43.

Maxwell, S. (org.) (1990) 'Food security in developing countries', *IDS Bulletin*, vol.21, nº 3.

Millenium (1988) edição especial: *Women and international relations*, vol. 17, nº 3.

Miller, J. (org.) (1956) *The American Puritans* (Nova York: Anchor Books).

Mohanty, C. (1988) *Third World Women and the Politics of Feminism* (Indiana University Press).

Momsen, J. (1991) *Women and Development in the Third World* (Londres: Routledge).

Momsen, J.H. e J. Townsend (orgs.) (1987) *Geography of Gender in the Third World* (Londres: Hutchinson).

Moser, C. e L. Peake (1987) *Women, Human Settlements and Housing* (Londres: Tavistock).

Onimode, B. (1989) *The IMF, the World Bank and the African Debt*, volumes I e II (Londres: Zed).

Patterson, J.G. e N.R. Shrestha (1988) 'Population growth and development in the Third World: The neocolonial context', *Studies in Comparative International Development*, vol.22, p.3-32.

Pavlich, G. (1988) 'Re-evaluating modernisation and dependency in Lesotho', *Journal of Modern African Sudies*, vol.26, p.591-605.

Peet, R. (1985) 'The social origins of environmental determinism', *Annals of the Association of American Geographers*, vol. 75, p.309-33.

Peet, R. (1991) *Global Capitalism. Theories of Societal Development* (Londres: Routledge).

Porter, D. (1991) 'Enemies of the race: Biologism, environmentalism and public health in Edwardian England', *Victorian Studies*, vol.35, p.159-78.

Prins, G. (1989) 'But what was the disease? The opresent state of Lealth and healing in African Studies', *Past and Present*, nº 124, p.159-79.

Redclift, M. (1987) *Sustainable Development. Exploring the Contradictions* (Londres: Methuen).

Richards, P. (1985) *Indigenous Agricultural Revolution: Ecology and Food Production in West Africa* (Londres: Hutchinson).

Sabatier, R. (1988) *Blaming Others. Prejudice, Race and Worldwide AIDS* (Londres: Panos).

Sahlins, M. (1974) *Stone Age Economics* (Londres: Tavistock).

Said, E. (1978) *Orientalism* (Londres: Routledge e Kegan Paul).

Semmel, B. (1960) *Imperialism and social reform. English Social-Imperial Thought 1895-1914* (Londres: George Allen e Unwin).

Semple, E, C. (1911) *Influences of Geographic Environment on the Basis of Ratzel's System of Anthropo-Geography* (Nova York: Russell e Russell).

Sklar, R. (1988) 'Beyond capitalism and socialism in Africa', *Journal of Modern African Studies*, vol.26, p.1-21.

Smith, N. (1984) *Uneven Development. Nature, Capital and the Production of Space* (Oxford: Blackwell).

Smith, S. (1990) *Front Line Africa. The Right to a Future. An Oxfam Report on Conflict and Poverty in Southern Africa* (Oxford: Oxfam).

Stea, D. e B.Wisner (1984). 'The fourth world: A geography of indigenous struggles', *Antipode*, vol.16, nº 2.

Stokes, E. (1974) 'The voice of the hooligan': Kipling and the Commonwealth experience', em N. McKendrick (org.) *Historical Perspectives. Studies in English Thought and Society in Honour of J.H. Plumb* (Londres: Europa), p.285-301.

Tarrant, J.R. (1990) 'Food policy conflicts in food-deficit developing countries', *Progress in Human Geography*, vol. 14, p.467-87.

Taylor, F.W. (1911) *The Principles of Scientific Management* (Londres: Harper & Bros). [Ed. bras.: *Princípios de Administração Científica.* São Paulo, Atlas.]

Taylor, M.J. e N.J. Thrift (orgs.) (1986) *Multinationals and the Reestructuring of the World Economy* (Londres: Croom Helm).

Vail, L. (org.) (1989) *The Creation of Tribalism in Southern Africa* (Londres: Currey).

Wallace, T. e C. March (orgs.) (1990) *Our Work is Just Beginning. A Reader on Gender and Development* (Oxford: Oxfam).

Wallace, T. e C. March (orgs.) (1991) *Changing Perceptions: Writings on Gender and Development* (Oxford: Oxfam).

Watts, M.J. (1989) 'The agrarian question in Africa: debating the crisis', *Progress in Human Geography*, vol.13, p.1-41.

White, C.P. e K.Young (orgs.) (1984), 'Research on rural women: feminist methodological questions', *IDS Bulletin*, vol.15, nº 1.

Whitehead, A. (1981) 'A conceptual framework for the analysis of the effects of technological change in rural women', *World Employment Paper* (Genebra: ILO).

Williams, B. (1938) *Cecil Rhodes* (Londres: Greenwood).

Wisner, B. (1988) *Power and Need in Africa. Basic Human Needs and Development Policies* (Londres: Earthscan).

Wood, G. (1985) *Labelling in development policy, Essays in honour of Bernard Schafler* (Londres: Sage).

World Bank (1984) *World Development Report* (Nova York: Oxford University Press).

World Bank (1989a) *World Development Report* (Nova York: Oxford University Press).

World Bank (1989b) *Sub-Saharan Africa, from Crisis to Sustainable Growth* (Washington DC: World Bank).

Younghusband, F.E. (1896) *The Heart of a Continent* (Londres: Murray).

7

Visando o âmago da região

NIGEL THRIFT

Introdução

Somente poucos geógrafos humanos hoje em dia iriam proclamar-se "geógrafos regionais", e até há pouco a geografia regional foi descrita como se estivesse necessitanto mais de ser exumada do que ressuscitada. E o que é pior, ela algumas vezes pareceu estar se tornando uma forma aceitável de nostalgia profissional, conjurando memórias de uma era dourada, agora (felizmente) extinta. Contudo, nos últimos poucos anos, a geografia regional proporcionou algo como uma reentrada. Uma enxurrada de publicações e projetos recolocaram a síntese regional no mapa (Gregory, 1978; Gilbert, 1988; Pudup 1988; Sayer, 1989; Thrift, 1983, 1990b, 1991, 1993).

Neste capítulo, também quero retomar a geografia regional. Minha opinião é que este ato de retorno também pode indicar um caminho para a frente. Particularmente, sustentarei que, agrupados em torno da prática de produzir geografia regional, podemos encontrar a maioria dos importantes problemas que a geografia humana enfrenta hoje em dia. Invocar a geografia regional não resolverá esses problemas mas certamente os colocará em evidência e, ao fazê-lo, nos mostrará quão longe ainda precisamos ir.

O capítulo se divide em três partes, iniciando com um estudo da obra de Paul Vidal de la Blache (1845-1918). Por que escolher a obra de Vidal como uma introdução para os dilemas da moderna geografia regional? Destacam-se três razões principais. A primeira delas é que determinados elementos de seu modo de pensar sobre geografia regional persistiram até o presente. Precisamos examinar esses diversos elementos e ver como eles se apresentam na moderna geografia regional. A segunda razão é que quero afirmar que vivemos agora numa época bastante parecida àquela em que viveu Vidal, uma época em que a antiga ordem está em seus estertores e que os principais contornos de uma nova ordem estão justamente começando a aflorar. A exemplo de Vidal, temos de lidar com um mundo mudado e a alterada natureza das regiões neste mundo. Uma terceira razão é que temos a impressão de estarmos ingressando em um novo período de localismo e as comparações com o localismo da época de Vidal são instrutivas e importantes.

A parte seguinte examina a obra de Karl Marx (1818-83). Escolhi concentrar-me em Marx por duas razões principais. A primeira é que, assim como Vidal, Marx viveu numa época de transição. Ele era ambos, um crítico e um celebrante das dores do nascimento da nova ordem capitalista e da emergente região industrial urbana que se localiza no seu âmago. A segunda é que os escritos de Marx exerceram influência maior sobre a geografia humana dos últimos vinte anos. No esforço de compreender os *insights* de Marx sobre as modernas sociedades capitalistas e como eles podem ser usados no estudo de regiões, os geógrafos puderam descobrir seus próprios *insights* que apontam tanto para a força quanto para a fragilidade da obra de Marx.

Na última parte faço um resumo da obra de Fredric Jameson (1987, 1988a, 1988b, 1991). Escolhi Jameson por três razões. A primeira é que ele representa uma tentativa de traçar as mudanças em nossa era, que são, de uma maneira própria, tão épicas e de amplas conseqüências quanto as mudanças que Vidal e Marx vivenciaram e ponderaram. A segunda é porque, pelo menos em princípio, Jameson está decidido a estabelecer um papel-chave para o espaço nessas mudanças. A terceira razão é porque Jameson ainda quer levar avante a obra de Marx e o modo como ele empreende esta tarefa aponta para o que ainda falta ser compreendido acerca de geografias regionais (pós) modernas e o que não pode ser compreendido através de Marx.

Na Tabela 7.1 tentei esboçar algumas das principais maneiras em que tracei distinções entre as geografias desses três autores. A tabela não é completa, mas serve a grosso modo como guia para o campo que iremos percorrer. Diversas advertências devem ser arroladas. Em primeiro lugar, e de grande importância, estarei dissertando acerca de geografias regionais de países capitalistas ocidentais. Muitas de minhas generalizações e críticas não se aplicam, ou não se aplicam igualmente bem, a outra espécie de país. O motivo para a aparente omissão orientalista de uma boa parte do mundo é simples; o espaço é limitado. Em segundo lugar, não abordo os problemas de definição regional e de taxinomia. Em parte isto é novamente devido a espaço limitado, mas também porque a idéia de que só pode haver uma definição ou taxinomia é ingênua (Lakoff,

1988). Finalmente, como ficará claro, dificilmente se poderá dizer que cobri toda a geografia regional neste capítulo. Em particular, sinto a omissão de um grande número de geografias regionais "populares" que aparecem a cada ano, muito embora, como também ficará claro, a crescente popularidade desse tipo de trabalho é, creio, um indicador de uma nova espécie de região. Eu me restringi à geografia "acadêmica", mas ao fazê-lo, não tive nenhum senso de superioridade automática deste produto — em alguns casos bem o oposto de fato!

TABELA 7.1 *Três autoridades: Vidal, Marx e Jameson*

	Vidal	Marx	Jameson
Imaginário Principal	camponês França	industrial Inglaterra	suburbano EUA
Modo de produção dominante	Feudalismo	Capitalismo industrial	Capitalismo recente ou multinacional
Principais classes	camponeses/ donos de terras	proletários/ capitalistas	classe média
Experiência dominante	Vivendo	Produzindo	Consumindo
Modo dominante de representação cultural	Falado	Escrito	Imagens
Meios principais de interpretação cultural	Contar estórias/metáforas naturais	Metanarrativa/ ciência/geral	Narrativas locais/hermenêutica/diferença
Espacialidade principal	Retorno/restabelecimento homogeneização	Explosão/ colonização/ heterogeneidade	Implosão/ colonização/ mobilidade
Sítios principais	Aldeia/campo	Lar/fábrica	Lar/lojas

O inconsciente político de Paul Vidal de la Blache

São inúmeros os relatos em que Paul Vidal de la Blache é aquele que teria iniciado o período da geografia regional clássica, sendo bastante apropriado começar com esta bem-conhecida porém surpreendentemente enigmática figura (Wrigley, 1965; Buttimer, 1971; Lacoste, 1979; Andrews, 1984). Alguns autores descreveram um sistema teórico vidaliano de uma elegância e simetria quase espiritual, que simplesmente não consigo encontrar em suas obras (para exemplo, ver Buttimer, 1978; Berdoulay, 1978); portanto, sinto-me à vontade para trazer ao primeiro plano o que considero as duas características principais da obra de Vidal. Ambas envolvem de diferentes maneiras a legitimação da idéia da França e de uma nação francesa.

A primeira dessas características, e pela qual é melhor conhecida, consiste de uma apreciação, ou mesmo um hino à França dos camponeses. Para Vidal as paisagens camponesas da França eram uma prova do poder do ambiente físico como "um princípio subjacente de causação" (Vidal de la Blache, 1903, p.viii). Ao mesmo tempo elas também mostravam o poder de grupos sociais de se adaptar ao ambiente físico e moldá-lo através dos séculos.

> É o homem que revela a individualidade de um país ao moldá-lo para seu próprio uso. Ele estabelece um vínculo entre características não-relacionadas, substituindo os efeitos aleatórios de circunstâncias locais por uma cooperação sistemática de forças. Só então é que um país adquire um caráter que o diferencia de outros, até que por fim ele se torna, por assim dizer, uma medalha cunhada à semelhança de um povo (ibid.)

Na França este processo de interdigitação de terra e povo resultou na evolução de uma série de "*pays* não consagrados por alguma aceitação oficial mas transmitidos de uma geração a outra entre os camponeses, que são geólogos à sua maneira" (ibid., p.14). Os *pays* eram um conjunto de lugares em que as repetidas práticas agrícolas e outras mais (o que Vidal chamou uma "comunidade de costumes"), se apoderaram da terra. Contudo, esta ênfase no "discípulo do solo" (ibid., p.viii) e o que ela ou ele extraíam era apenas uma das características do trabalho de Vidal sobre regiões. Vidal também se interessou nas outras maneiras pelas quais a França poderia ser definida.

Assim, Vidal devotou toda a sua carreira em dar importância à influência da França sobre outras raças. No rastro da derrota da França para os prussianos em 1870, ele foi um defensor entusiástico do "hábito da geografia" como instrumento no arsenal geopolítico da França (ver Hudson, 1977). Não é nenhuma surpresa descobrir que ele apoiava ativamente a colonização. Os trabalhos posteriores de Vidal tenderam para um caráter ainda mais geopolítico. Especialmente em *La France de l'Est*, publicado em 1916 (Vidal de la Blache, 1916, 1979), Vidal fez um exame detalhado dos fatores geopolíticos. Tendo em vista a região que ele escolhera estudar — a Alsácia Lorena — e a força simbólica que esta tirava das reivindicações concorrentes da França e da Alemanha à sua posse, dificilmente isto poderia ocorrer de outra maneira.

Vidal foi freqüentemente censurado por sua ênfase sobre as "pequenas comunidades locais" que constituíam a França camponesa e certamente, com o benefício de nossa perspectiva atual, uma ênfase como essa parece mal colocada. Durante todo o tempo em que escreveu, os diferentes modos de vida dos camponeses franceses estavam se extinguindo aos poucos diante da violenta investida do capitalismo e do estado francês. Apenas três anos após o nascimento de Vidal, em 1848, aconteceu a última importante revolta dos camponeses "em protesto contra o surgimento da agricultura privada capitalista, na defesa dos direitos comunitários tradicionais" (Baker, 1984. p.25). A coesão dos camponeses franceses foi atacada por todos os lados: pela colonização de seu próprio povo por um estado francês mais e mais intensamente racionalizado e centralizado (com seu serviço militar, seu sistema de educação de massa, e assim por diante) determinado em transformar *le paysan* em *le Français* (Weber, 1977); pelo individualismo engendrado pela economia monetária no campo; por novos investimentos em transportes, tais como estradas de ferro, e pela atração associada às cidades em rápido crescimento — mais especialmente Paris. "Paris é a própria centralização", proclamou o imperador Louis Napoleon. Haussmann chamou Paris "a cabeça e o coração da França" (Harvey, 1985).

Mas isto não era tudo. Pois uma vez chegados às cidades, os camponeses foram submetidos a novas forças. Em suas comunidades locais eles haviam sido encasulados em suas representações de si mesmos.

> A vida de uma aldeia, apartada de seus atributos físicos e geográficos, talvez seja a soma de todos os relacionamentos sociais e pessoais que existem dentro dela, mais as relações sociais e econômicas — geralmente opressivas — que vinculam a aldeia ao resto do mundo. Mas poderia se dizer algo parecido acerca da vida numa grande cidade. O que distingue a vida de uma aldeia é que ela também é um retrato vivo de si mesma; um retrato comunal no qual todo mundo está retratado e todos retratam. Como acontece com os entalhes nos capitéis de uma igreja românica, existe uma identidade de espírito entre o que é mostrado

> e como é mostrado — como se os retratados também fossem os escultores. Todo retrato de aldeia de si mesmo é, no entanto, construído não com pedras, mas feito de palavras, faladas e lembradas: de opiniões, estórias, depoimentos de testemunhas oculares, lendas, comentários e boatos. E é um retrato contínuo: o trabalho que nele se executa nunca pára (Berger, 1979, p.33).

Mas agora os camponeses tiveram que se submeter a novos trabalhos de representação, interpretando as vidas que levavam nas cidades. Para muitos, a cidade era uma "liberação da tradição e da rotina, mas também o local de distanciamento interpessoal e experiência fragmentada" (Berman, 1983, p.38). Em outras palavras, os camponeses tiveram de enfrentar de cara a experiência explosiva da modernidade capitalista. O choque deve ter sido grande. Aqui havia a claridade da iluminação a gás; da exibição de moda; auto-estradas, velocidade, mudança e movimento, celebrados na poesia parisiense de Baudelaire (e depois ritualizados nas interpretações da Paris de Baudelaire feitas por Benjamin). No processo de confronto com a modernidade, os camponeses foram transformados.

> O arquétipo do homem moderno, como o vemos aqui, é um pedestre atirado na grande confusão do tráfego da cidade moderna, um homem solitário que se debate numa aglomeração de massa e energia que é pesada, veloz e letal. A rua borbulhante e o tráfego das avenidas desconhecem limites espaciais e temporais, se esparramam por todo e qualquer espaço urbano, transformando todo o ambiente moderno num "caos em movimento". O caos não reside aqui propriamente nos que se movimentam — os pedestres e os condutores, cada qual procurando seu caminho mais eficiente — mas na interação deles na totalidade de seu movimento num espaço comum. Isto faz com que a avenida seja um símbolo perfeito das contradições interiores do capitalismo, levando à irracionalidade anárquica no sistema social que reúne todas essas unidades (ibid., p.159).

Naturalmente os camponeses franceses não foram os únicos a ter dificuldade em suportar a modernidade. Muitos outros franceses tiveram a mesma dificuldade, inclusive os de origem burguesa como Vidal. Portanto, a obra de Vidal sobre a França campesina não deve ser vista apenas como uma elegia a um modo de vida desvanecido (Miller, 1987), em parte melancólica, em parte reacionária, mas também como uma tentativa de chegar a um acordo com o moderno mundo urbano em que ele viveu.

> Vidal de la Blache lamentava que só pudesse observar e não ajudar. Achava que o que havia de melhor na vida da França provinha do âmbito e do equilíbrio de suas comunidades originais. Ele julgava, como tantos de seus contemporâneos, que as qualidades morais da vida rural eram importantes para a nação e receava a deterioração das mesmas (Wrigley, 1965, p.11).

Mas Vidal tem o mérito de não ter enterrado a cabeça nas areias do passado. Desejava registrar as mudanças que ocorreriam na composição das regiões francesas depois da metade do século XIX. Assim, a primeira parte e a mais longa de *La France de l'Est* consiste de um hino convencional à França rural composto no estilo de sua obra anterior. Mas a segunda parte do livro começa a confrontar a torrente irresistível do capitalismo industrial que se precipitava através da Alsácia Lorena, dissolvendo muitos de seus anteriores laços econômicos e sociais localmente baseados. Vidal preocupa-se com a necessidade de dedicar-se não apenas à singularidade da região mas também à sua crescente independência.

> O advento da máquina a vapor, das estradas de ferro, dos canais para transporte de carvão e novas fiações de algodão da Alsácia não significavam a superposição de uns poucos novos elementos sobre um padrão há muito estabelecido, mas foi o primeiro estágio na dissolução do padrão de vida tradicional, rural, local e regional. As novas indústrias representavam um novo tipo de sociedade. A nova sociedade era capaz de produzir bens industriais em escala muito maior e girava em torno de comunicações baratas e rápidas. Alimentos, vestuário, materiais de construção, ferramentas, todos logo cessaram de ser produzidos localmente e deixaram de ser diferentes de uma região para outra (ibid., p.10).

Portanto, Vidal vivenciou e escreveu um dilema. Ele vivia numa França que estava se tornando mais racionalizada, mais moderna a cada momento, mas ele relembra um mundo habitado por camponeses tirando seu sustento do solo em comunidades locais. Como mostra *La France de l'Est*, ele se adaptou à nova realidade: "a idéia de região sob sua forma moderna é um conceito que tem a ver com indústria: é associado com a metrópole industrial" (Vidal de la Blache, 1916, p.163, citado em Wrigley, 1965, p.11). Seria porém difícil afirmar que ele teve um sucesso irrestrito na tarefa de modernizar sua geografia regional de modo que ela pudesse fazer frente ao moderno mundo do capitalismo industrial e, especialmente, à nodal região industrial baseada nas cidades.

É fácil agora descartar as idéias de Vidal. Quero apresentar uma resposta mais ponderada. O elemento mais importante e progressista das idéias de Vidal foi o seu conceito de geografia enquanto ciência social. Isto sempre foi um conceito vacilante e ocluso mas ainda merece ser examinado. Em primeiro lugar, era uma ciência social baseada no modelo das ciências naturais. Para Vidal, geografia era a ciência da paisagem. Por conseguinte, "a geografia vidaliana se inspira no sonho taxinômico das ciências naturais e está firmemente voltada para a descrição, o geógrafo encontra-se diante de uma paisagem: o aspecto perceptível e visível do espaço" (Ross, 1988, p.86). Em segundo lugar, a idéia de Vidal quanto à geografia como uma ciência social foi freqüentemente menos do que sistemática em seu caráter.

> A apresentação de argumentos por Vidal seguia freqüentemente um padrão bastante consistente envolvendo uma enxurrada de exemplos tirados de diferentes regiões do mundo, como se uma litania de exemplos fosse prova suficiente da correção da posição ou associações precedentes. As conexões causais são simplesmente sustentadas ou subentendidas, insinuadas ou arranjadas de forma a parecerem plausíveis, mas raramente demonstradas por meio deste procedimento (Andrews, 1984, p.327).

Porém, quase no fim de sua vida, as opiniões de Vidal se tornaram mais firmes e mais coerentes. Em 1903, ele escreveu: "a geografia moderna é o estudo científico de lugares" (Vidal de la Blache, 1903, citado em Andrews, 1984), e o exemplo de *La France de l'Est* confirma em que medida esta máxima estava sendo seguida. Em terceiro lugar, a idéia de Vidal de ciência social nunca foi inteiramente social. Suas noções de estrutura espacial eram geralmente impressionísticas enquanto que as pessoas raramente sequer estavam presentes, salvo como tipos representativos. Freqüentemente na obra de Vidal, "se os humanos chegam a aparecer de algum modo, eles o fazem de uma maneira que reforça a harmonia natural da região, o nativo... faz parte da paisagem... num relacionamento de cenário" (Ross, 1988, p.87).

Resumindo, Vidal não esforçou-se em examinar atentamente a idéia do que era ou poderia ser uma ciência social. Suas idéias a respeito de ciências sociais eram geralmente desconexas, não-pensadas, e com demasiada freqüência representavam o espaço como um referente natural, congelado. As comparações com contemporâneos tais como Durkheim e Reclus ainda são instrutivas. Neste caso, a idéia que Durkheim fazia de ciência social era fortemente sistemática em caráter, em parte influenciada pelo positivismo comteano, e ele tinha opiniões bem-fundamentadas sobre como a estrutura espacial influenciava a vida social e vice-versa, encapsulada no ramo da sociologia que ele chamava "morfologia social" (Gregory, 1978). As idéias de Reclus eram igualmente precisas. Para ele, geografia não era "nada além de história no espaço" e o relacionamento entre espaço e vida social era um relacionamento reflexivo: "geografia não é uma coisa imutável. Ela é feita e refeita todos os dias; a cada instante ela é modificada pelas ações dos homens" (citado em Ross, 1988, p.23; ver também Stoddart, 1986).

Existem, contudo, alguns fatores moderadores que podem ser postos na balança e que dão peso à opinião de que Vidal não era nenhum ingênuo. Se as suas opiniões sobre a ciência social eram curtas, de certa maneira elas enxergavam longe em outras. Pois, indubitavelmente, parte do motivo para a opinião pouco nítida de Vidal acerca de ciência social veio de um compromisso com a "profundeza" do espacial. Se Vidal é pouco claro (e sem dúvida ele de vez em quando o é), então, ao que me parece, seus problemas de claridade advêm em parte de suas tentativas de avaliar, de levar em conta e descrever diferenças entre regiões que não são apenas extraídas de um conjunto de forças "universais" que se juntam em combinação com diferentes lugares, mas que também dependem da personalidade dos lugares em si. Isto é, forças universais devem ser vividas por pessoas, e elas muitas vezes podem ser juntadas de vários modos e inesperadas maneiras. Essas diferentes maneiras de viver, sedimentadas ao longo dos anos, contêm seus próprios poderes para contra-atacar as forças universais, mudando-as e até mesmo produzindo novas forças.

Desse modo, pelo menos um pouco do que Vallaux, escrevendo em 1925, notou assim como "incerteza e confusão mental" no pensamento de Vidal, "disposto a apoderar-se de coisas opostas ou contraditórias ao mesmo tempo" (citado em Andrews, 1984, p.328) poderia ser mais proveitosamente visto como a notória dificuldade de tentar descrever e explicar a causalidade contextual. Muitos dos temas mais inoportunos de Vidal — encadeamento de fenômenos, conectividade, e assim por diante — podem ser interpretados como tentativas de permitir que o singular ocupe um lugar na ciência. Aqui, Vidal procurava admitir que lugares poderiam ter um valor maior do que serem estudos de caso exemplificando ou confirmando uma lei geral, tentando mostrar que a singular existência deles não seria apenas para servir de bucha de canhão para a ciência.

Evidentemente esta casualidade contextual era muito mais fácil de ser encontrada no meio do *pays* onde predominava uma ordem local.

> Cada pequena região poderia comerciar com outras áreas em comunidades especiais mas os produtos básicos da vida e do trabalho deveriam ser locais. Isto naturalmente deu origem a alimentos e pratos, estilos arquitetônicos de casas e fazendas, roupas, e demais artigos tipicamente regionais. E principalmente, devia ser rural, enraizado na terra, como o grosso da população, seja trabalhando na terra seja servindo àqueles que o faziam. Até mesmo a burguesia e a pequena nobreza que viria a se fixar no local achariam difícil de se libertarem dos padrões da vida rural local. O camponês estava profundamente engastado nos mesmos. Daí o interesse de Vidal nas minúcias da cultura material de cada pequena área. Ele insistiu por algum tempo na importância, para o geógrafo, de museus etnológicos neste sentido (Wrigley, 1965, p.8).

Era muito mais difícil de ser percebido (naquela época) em meio às indústrias que se expandiam em Nancy e Mulhouse.

A história da geografia regional se espalha por todo o mundo e por uma questão de espaço não posso entrar em detalhes a esse respeito. Há certamente alguns pontos altos — a Picardia de Demangeon, a Índia e o Paquistão de Spate, os Fenlands de Darby, o Texas de Meinig, a Paris de Chombart de Lauwe e a Nova Orleans de Lewis (Pudup, 1988). Contudo, em retrospecto, é possível retratar a história da geografia regional como cumprindo apenas uma parte da promessa contida nos escritos de Vidal. Dois exemplos serão suficientes para ilustrar este ponto.

Primeiro, o extenso alcance das idéias de Vidal não foi desenvolvido. Em vez disso, os geógrafos se concentraram em apenas algumas de suas idéias, estreitando a sua mensagem e confinando seu projeto. Tem-se argumentado na França que muito da substância do sistema de Vidal foi mais habilmente adotada pela escola de historiadores dos Annales, com sua abrangência em termos de regiões, seu interesse na *mentalité* e sua insistência na perspectiva de larga escala. Enquanto isto, os geógrafos regionais franceses produziram monografias regionais que enfocavam apenas umas poucas idéias de Vidal.

> À medida que a geografia francesa se voltava para si, as monografias regionais que ela produzia tendiam a tornar-se cada vez menos interpretativas e cada vez mais factuais, criando fama acadêmica mais por reunir uma quantidade maior de tijolos do que por construir pontes melhores. O equivalente do "pecado dos eventos" do geógrafo era exaltado em monografias fundamentalmente factuais registrando a geografia do lugar "como ele realmente era" (Baker, 1984, p.16).

Em segundo lugar, há o exemplo do que aconteceu quando geógrafos se voltaram para a região da cidade. Com demasiada freqüência eles caíram na armadilha do âmbar taxinômico, relacionando as características formais da cidade e evitando diligentemente o ponto mais importante a respeito da cidade moderna, a confusão da constante *mudança* econômica, social e cultural gerada pela modernidade capitalista.

Na geografia anglo-americana esta estratégia de formalização foi particularmente aparente, como o foram suas conseqüências. Nos anos de 1920 e de 1930, os geógrafos adotaram os modelos de cidade da Escola de Sociologia de Chicago mas ignoraram seu elegante trabalho etnográfico (e, subseqüentemente, toda uma importante tradição de sociologia americana). Nos anos 40 e 50, os geógrafos ficaram obcecados por definir as regiões com diferentes medidas elegantes. Não foi surpresa que pelos anos 60 alguns geógrafos decidiram efetivamente que o estudo de fórmulas poderia substituir o estudo das regiões. A perseguição à simplicidade conduziu à morte da região.

É difícil determinar por que a geografia regional só raramente cumpriu a promessa de Vidal. Porém, quatro razões correlacionadas se destacam. Antes de mais nada, parece haver pouca dúvida de que o pano de fundo teórico para grande parte da geografia regional era fraco, fraco o bastante para ser deixado de lado nos anos 60 mesmo para uma filosofia inconsistente como o positivismo. Os debates em torno da geografia regional caíram rápido demais em simples oposições: "idiográfico" *versus* "nomotético", "sistemático" *versus* "sintético", "funcional" *versus* "formal" e assim em diante. Até mesmo onde as discussões sobre geografia regional chegaram à sofisticação, elas eram com demasiada freqüência confundidas pela aparente falta de conhecimento da teoria social por parte de seus autores, o que lhes teria permitido fixar o que afirmavam dentro do escopo mais amplo da ciência social. Em segundo lugar, a geografia regional foi continuamente atormentada pelo naturalismo implícito na obra de Vidal. Partindo de noções de ecologia humana (sejam as de Barrows ou Hägerstrand), passando por determinismo ambiental até chegar a simples analogias biológicas, escritores de geografia regional seguidamente se afastaram, assustados pela idéia da sociedade ser parecida com... sociedade. Conseqüentemente, eles nunca conceitualizaram adequadamente as esferas social e cultural, ou vincularam as mesmas com seus problemas endêmicos de descrição. Em terceiro lugar, a região mudou a sua natureza no curso da história. Vidal observou uma mudança de uma espacialidade rural baseada no local para uma região cujo motor é o urbanizado capitalismo industrial. Aconteceram outras mudanças também. Essas mudanças na natureza da região não são bem atendidas ou captadas por um base conceitual que com demasiada freqüência consiste de conceitos simples, ahistóricos. Em quarto lugar, muito poucos geógrafos regionais alguma vez voltaram sua atenção para o problema de como *escrever* geografia regional. Geografia regional poderia ser descrita como "a forma mais elevada da arte do geógrafo" (Hart, 1982), mas notavelmente pouca atenção jamais chegou a ser focalizada sobre o que seria esta arte (com poucas exceções, tais como Darby, 1962).

Todavia, nos anos 70 algumas dessas objeções quanto à prática da geografia regional começaram a ser enfrentadas em conseqüência de diversas perspectivas de inspiração marxista sobre a região. É para essas perspectivas que quero voltar-me agora, através de um comentário sobre o próprio Marx.

O inconsciente político de Karl Marx

Karl Marx nasceu antes de Vidal e morreu quando Vidal ainda estava na casa dos trinta. Todavia, de muitas maneiras Marx aparece agora como o mais original e presciente dos pensadores. Suas realizações intelectuais foram compreensivelmente ajudadas por sua experiência de uma geografia de transformação capitalista que estava mais adiantada do que a da França (ver Shanin, 1983; Corrigan e Sayer, 1983). Para Marx, a Inglaterra era a "metrópole do capital". Muito antes de Vidal, ele foi capaz de observar, dentro das fronteiras da Inglaterra, a transformação do camponês num proletário. No caldeirão das emergentes cidades-região industriais da Inglaterra, ele foi capaz de fixar seu olhar sobre um número cada vez maior de operários fabris que se reuniam em massa e se transformavam em "homens-novidade" [sic] durante o processo. À medida que os novos meios de transporte e de comunicação contraem o tempo e o espaço ingleses (Harvey, 1989), a centralização econômica, social, política e cultural sobre as novas cidades-região se tornava cada vez mais aparente, não só em escala nacional como também em escala internacional.

Para Marx era claro que a força motivadora por trás dessa radical transformação de geografia da Inglaterra era o "vórtice" do capitalismo industrial, o "grande revolucionador de todas as condições e relacionamentos sociais", e que dentro de um tempo viria a ocupar "toda a superfície do globo". Mas o capitalismo não pararia aí. A fim de sobreviver, ele teria que continuamente derrubar as barreiras à acumulação que ele mesmo criara; ele teria de se alimentar de si mesmo.

> A verdade sobre este assunto, na opinião de Marx, é que tudo que a sociedade burguesa constrói é construído para ser derrubado. "Tudo que é sólido" — desde as roupas de nosso corpo até os teares e fiações que as tecem, aos homens e mulheres que operam as máquinas, às casas e vizinhanças em que vivem os operários, às empresas e corporações que empregam os operários, às vilas e cidades e regiões inteiras e até mesmo nações que as abrangem — são todos eles feitos para serem quebrados amanhã, despedaçados ou fragmentados ou pulverizados ou dissolvidos, a fim de que possam ser reciclados ou substituídos na próxima semana, e o processo todo pode continuar indefinidamente, com esperanças de para sempre, sob formas cada vez mais lucrativas (Berman, 1983, p.122).

Este estado de contínuo apocalipse une o mundo econômica, social e culturalmente.

> Em lugar dos antigos desejos, satisfeitos pela produção do país, descobrimos novos desejos, que para sua satisfação exigem os produtos de países e climas distantes. Em lugar da antiga auto-suficiência local e nacional, temos relações em todas as direções, interdependência universal. E, assim, tanto no material como no espiritual. A criação espiritual de nações individuais se transforma em propriedade comum. Unilateralidade e estreiteza de visão nacionais se tornam mais e mais impossíveis, e das numerosas literaturas nacionais e locais surge uma literatura mundial (Marx, 1952, p.476-7).

Talvez não seja nenhuma surpresa descobrir que Marx não deu grande atenção à diferença geográfica em sua obra, o que não quer dizer que ele era insensível a ela, especialmente em seus escritos ulteriores. É claro, porém, que para Marx o capital era essencialmente uma influência *homogeneizante* e *centralizante*. Tendo em vista a época em que ele viveu, elas devem ter parecido conclusões bastante razoáveis de se tirar. Na primeira arrancada do desenvolvimento capitalista, a homogeneidade representada pela produção em massa, mercados de massa, cultura de massa e o crescimento das massas deve ter parecido bastante distante para suplantar quaisquer tendências à heterogeneidade. De modo semelhante, a "aniquilação do espaço pelo tempo" (Schivelsbuch, 1987), conjugada com a extensão da migração do rural para o urbano e a gradual urbanização do campo, deve ter dado a impressão de descrever uma trajetória em que a população mundial, pelo menos figurativamente, acabaria dançando na cabeça de um alfinete.

Todavia, existem outros problemas mais arraigados no sistema de Marx que lhe dificultaram incorporar a diferença geográfica. Em primeiro lugar ele não previu em que medida a variedade local poderia tornar-se uma parte da dinâmica do capitalismo. O sistema de nações-estado, por exemplo, mais se engrandeceu do que desvaneceu desde os tempos de Marx e esses estados constituem tanto barreiras (ao livre fluxo de produtos, dinheiro, capital, mão-de-obra, poder e assim por diante) como oportunidades (como mercados, concentrações de forças de trabalho etc.) para a acumulação do capital. Novamente, a variação local dentro e entre estados transformou-se em fonte de lucro e conseqüentemente algo a servir de alimento para o capital. Diferenças entre regiões podem vir a ser oportunidades econômicas precisamente devido às suas diferenças, como o crescimento da moderna indústria do turismo capitalista o prova eloqüentemente.

Em segundo lugar, Marx não chegou a desenvolver (como pretendia) sua explicação da "reprodução da força de trabalho", em outras palavras, a produção de pessoas ajustadas e capazes de assumir seu lugar no sistema capitalista. Isto deve envolver a explicação de como um complexo sistema de instituições sociais (tais como escolas, fábricas e escritórios) é organizado e como essas instituições devem ser estendidas por sobre divisões sociais (tais como gênero, etnia e religião) que com grande freqüência antecedem o capitalismo. Essas separações têm suas próprias histórias e geografias, muitas vezes bastante diferentes, com as quais este sistema de instituições sociais interage.

> É a dificuldade e até mesmo a impossibilidade de se produzir de um dia para o outro, ou no espaço de uns poucos anos, "pessoas capitalistas" (como capitalistas, propriamente falando, e como proletários) — isto é, de fabricar socialmente indivíduos para os quais o que conta ou não, o que tem ou não importância, para os quais o significado de determinada coisa ou de um determinado ato são doravante definidos, postulados e instituídos. Homens [sic] para os quais espaço e tempo são organizados, articulados internamente e imaginariamente representados de uma maneira diferente; homens cujo próprio corpo não é meramente sujeito a outras disciplinas externas mas apanhados em uma outra relação com o mundo, capazes de tocar, pegar, manipular outros objetos e de outras maneiras; homens para os quais as relações entre indivíduos são subvertidas, as comunidades e organizações tradicionais esmagadas, as ligações e lealdades correspondentes destruídas, homens para os quais, finalmente, um conseqüente excedente econômico... não se destina a ser gasto em prestígio, distribuído entre os membros de uma ampliada família ou grupo, usado para uma peregrinação ou entesourado, mas *acumulado* (Castoriadis, 1987, p.358).

Em terceiro lugar, o desinteresse de Marx por diferença regional remonta à sua noção de ciência social. Sua noção de uma ciência de relações estruturais é claramente muito sofisticada, especialmente quando comparada aos tropeços de escritores como Vidal. Contudo, com a vantagem de uma visão retrospectiva, não surge sem problemas com base na época e no lugar em que se originou. Três desses problemas, interligados, são particularmente importantes.

Hoje em dia a obra de Marx parece, algumas vezes, estar perigosamente próxima a um sistema totalizante: isto é, um sistema "tão preenchido e tão hermeticamente confinado quanto um ovo" — uma narrativa-mestre evolucionista do grande e geralmente mau Capital *versus* os créditos do bom proletariado conta por tudo que há na vida social (Jay, 1984; Terdiman, 1985). A balbúrdia da variação espacial local é um desafio para esta espécie de sistema teórico porque ela questiona até que ponto um sistema unificado existe para ser mapeado, em que medida um único sistema teórico pode explicar e planejar minuciosamente todas as diferentes geografias da sociedade moderna. Daí não ser surpresa descobrir que hoje em dia muitos escritores querem ver "sociedade" não como uma "coisa" coerente, uma "estrutura" ou "sistema" únicos claramente definidos, mas uma série de redes superpostas e entrecruzadas de poder/integração social/discurso (ver Foucault, 1977; Giddens, 1985; Mann, 1986).

Poder-se-ia muito bem desaprovar a descrição que se faz de Marx como um cantor do "grande hino da história" (salvo no seu modo polêmico) (Shanin, 1983; Corrigan e Sayer, 1983). Afinal de contas, "nenhum discurso" — como o próprio Marx se deu ao trabalho de insistir — "pode totalizar a história, quanto mais não seja porque a dialética sócio-histórica à qual as estratégias discursivas são responsivas não se acaba... apenas dentro do mundo das palavras" (Terdiman, 1985, p.253). É indiscutível que muitas das versões de marxismo que vieram depois de Marx tentaram esquivar-se de qualquer sinal de totalidade, desenvolvendo outros aspectos dos escritos de Marx. É bastante mais difícil esquivar-se do racionalismo de Marx. Apesar de todo o seu compromisso com a praxis, Marx conservou uma fé no poder da razão, numa capacidade de manter uma distância crítica e de discernir entre o que é real e o que é imaginário. Desse modo, uma de suas principais intenções era fazer com que a racionalidade burguesa se voltasse contra ela própria, a fim de usar seus *insights* para enfraquecer suas conclusões.

Mas as descobertas da psicologia e da antropologia, que começaram a incidir sobre o pensamento científico social nas décadas de 1860 e de 1870 transformaram a racionalidade em uma premissa cada vez mais difícil de ser sustentada. Mais recentemente, o ataque a esta maneira de pensar tem sido conduzida por uma avaliação pós-estruturalista da diferença e da incomensurabilidade: pessoas e sociedades simplesmente não "somam", elas não se reproduzem de modo a produzir a espécie de conhecimento coerente que seria necessário para formar os objetos a serem retidos pela teoria racionalista (ver Dews, 1987; Derrida, 1978). O máximo que se pode esperar são graus de certeza, que Lakoff (1988) chama "conhecimento radial". Novamente, o espaço é um ingrediente vital da crítica da racionalidade. As pessoas e as sociedades se estendem cada vez mais por sobre espaço e tempo, são fragmentadas, diferenciadas; a geografia moderna faz a diferença (Thrift, 1985). (Nota-se, creio eu, que o atual defensor-chave da noção de racionalidade nas ciências sociais, Habermas, também é um dos poucos teóricos sociais modernos que não incorporaram o espaço em suas teorias.)

O terceiro problema no sistema de Marx provém da impiedosamente crescente circulação de *significados* que vem ocorrendo desde os tempos de Marx. Marx viveu num mundo em que a mídia de massa e as comunicações de massa, vistas através de uma visão retrospectiva, só desenvolveram uma pequena parcela de seu potencial (Terdiman, 1985; Thrift, 1990a; Giddens, 1984, 1987; Gregory, 1989; Habermas, 1962). Marx não poderia prever que o aumento na produção e na circulação do capital seria acompanhado por um enorme aumento na produção e circulação de informações e comunicações. O aparentemente selado circuito de troca simbólica em que agora parecemos estar imersos ainda não estava concluído (Terdiman, 1985). Mas desde os tempos de Marx não é surpresa descobrir que o estudo da produção, circulação e interpretação de significados dentro deste circuito de troca simbólica tornou-se a chave para a moderna ciência social. Alguns comentaristas descreveram a extensão de uma vasta rede de comunicações, de escritos e textos, e ultimamente imagens, que não têm origem ou fim identificável (e portanto nenhuma localização da qual se possa estabelecer uma distância crítica). Nesta rede os significados se multiplicam indefinidamente. Visto desta maneira, o "imaginário" se transforma em real e o real se transforma em "imaginário". O "comentarista" se transforma em comentário e o "comentário" se transforma em comentarista. Não sobrou nenhum ponto de observação do qual se possa assistir o presente desfile da sociedade.

A atenção dedicada aos significados deu a entender que uma atenção muito maior está sendo dada agora à questão da descrição. Como podemos representar o mundo quando este se tornou decididamente intertextual? Daí a busca por inspiração nas artes e humanidades, em matérias como teoria literária, estética e retórica. Pois, se as narrativas-mestre de Marx e de outros devem ser canceladas, o que deve substituí-las? Seria uma seqüência de relatos acerca de localidades, revelando o mundo moderno por meio da intertextualidade (por exemplo, Cooke, 1989)? Seria uma arqueologia, concentrada em desenterrar os efeitos das antigas narrativas-mestre que ainda continuam enraizadas na maneira como pensamos a respeito de contextos, mas soterradas por ceticismos atuais (Foucault, 1977; Lentricchia, 1987)? Ou seria a ação livre de todas as formas de estratagemas textuais, uma era de experimentação desenfreada (Eagleton, 1986)? Ademais, podem as novas estratégias textuais evitar o destino das antigas estratégias modernistas que ao final foram absorvidas pelo capitalismo?

Caso fosse preciso achar uma maneira de resumir essas três lacunas no sistema de Marx, isto seria feito apontando para a falta da dimensão contextual que Vidal se empenhava, embora vagamente, em introduzir em sua obra. Para Marx, diferença local é um problema que ambos, teoria e capitalismo, devem superar, e não usar como jogo. O descaso por diferença regional em Marx fez com que os geógrafos marxistas, quando apareceram na cena anglo-americana nos anos 60 e 70, tivessem dificuldade em falar sobre geografia. Certamente, uma quantidade demasiada grande de tentativas anteriores pelos novos geógrafos marxistas acabaram parecendo formas grosseiras de determinismo econômico. Ao mesmo tempo é fácil ver o porquê disto: há uma ênfase sobre o capital como força protéica, livre de qualquer barreira; há uma falta de atenção para a reprodução daquele produto excepcional — força de trabalho; e há a dificuldade de se introduzir contextualidade para dentro do sistema de Marx, com suas conseqüências para as noções de totalidade, racionalidade e descrição.

A idéia de desenvolvimento desigual, um conceito tomado emprestado de Lenin, prenunciava a primeira experiência em direção a uma geografia regional. É claro que seria difícil negar que as regiões são desigualmente desenvolvidas e que o capital esteve metido nisto. Mas o problema é avançar além dessas percepções. As respostas a este problema produziram uma literatura rica e variada, a qual não pormenorizarei aqui (ver, porém, Gilbert, 1988; Pudup, 1988). Em vez disso, quero me concentrar sobre uma tentativa de responder ao problema de desenvolvimento desigual (e redesenvolvimento) que, mais do que qualquer outro, apoderou-se da imaginação geográfica, a saber, a idéia de Massey (1984) da "divisão espacial do trabalho". Mais do que qualquer outro geógrafo marxista, Massey tentou produzir um conjunto de princípios para praticar geografia regional marxista. A asserção básica de Massey era que diferentes níveis de produção exigem diferentes qualidades de mão-de-obra. As empresas procuram a qualidade mais apropriada de mão-de-obra para satisfazer suas necessidades em meio às alternativas regionais disponíveis e se localizam de acordo, produzindo, como agregado, uma divisão espacial do trabalho. Em diferentes ciclos de acumulação de capital essas necessidades se alterarão de modo que as forças de trabalho de alguma região serão descartadas pelo capital, outras serão adaptadas, e outras mais serão abertas a novas formas de exploração. Ao final do processo, a luta entre capital e trabalho, o estado do jogo pode ser resumido como uma divisão espacial do trabalho. A reestruturação industrial leva à reestruturação regional. Com o tempo, à medida que sucessivos ciclos de acumulação de capital vêm e vão, também as sucessivas divisões espaciais de trabalho que eles engendram se combinarão uma com outra para formar um rico e complexo palimpsesto de "fábrica e pessoa" (ver Gregory, 1989).

A metáfora "geológica" de Massey, que se constitui de camada sobre camada de resultados sedimentados de lutas entre capital e trabalho, é admirável por sua simplicidade e economia de explicação. É também notável que ela ache uma maneira de praticar geografia regional marxista que pode ser retroativamente vinculada aos esforços experimentais de Vidal de examinar o surgimento da cidade-região industrial no século XIX e no início do século XX, como também às explorações de Marx, e que possa levar o assunto adiante. No esquema de Massey, lugares como Nancy ou Mulhouse, neste período inicial, formam o núcleo de uma região que representa uma conseqüência do primeiro ciclo de acumulação do capital, uma região baseada sobre "especialização espacial setorial". Regiões como essas começaram a ser rompidas pela força de um novo ciclo de acumulação de capital nos anos 20 e 30, quando os métodos fordistas de produção de massa alteraram o equilíbrio do jogo entre capital e trabalho e abriram as portas para uma nova divisão espacial do trabalho. Depois, lá pelos anos 60 e 70 a roda gira novamente; novas divisões espaciais do trabalho começam a aparecer, devastando algumas regiões e rejuvenescendo outras, com base em novos métodos mais flexíveis de produção e novas demandas mais flexíveis de mão-de-obra (ver Massey, 1988; Harvey, 1987; Scott, 1988; Lash e Urry, 1987).

A descrição feita por Massey da constante reestruturação da indústria, regiões e forças de trabalho é uma brilhante metáfora de uma modernidade cumulativa e acumulativa. Mas isto não deixa de apresentar seus problemas. De forma mais particular, foi salientado que a metáfora geológica de um capitalismo sedimentado age, por sua própria natureza, como um meio simplificador de processos complexos. Dessa maneira, a própria Massey mostra que a metáfora esconde "estruturas mais abrangentes de comunidade, alterados padrões de consumo, a reestruturação de formas espaciais, o clima ideológico e político nacional em processo de mudança, e os padrões de mercado da diferenciação geográfica cultural" (Massey, 1984, p.58). Warde (1985) ampliou ainda mais a relação de elisões. De novo, o movimento de uma divisão espacial de trabalho para outra, o qual é, em geral, altamente disputado e experimental, tende a ser representado como uma conclusão prévia, uma espécie de brincadeira marxista da dança das cadeiras. Há também o problema de identificar realmente processos "regionais" na moderna teia internacionalizada de corporações e comunicações multinacionais.

Uma coisa é clara, porém, o fato de que uma nova geografia regional de inspiração marxista foi engendrada pela obra de Massey, uma geografia regional simbolizada pela palavra "localidade". Esta nova geografia de "localidades" tem sido alvo de numerosas críticas (resumidas em Jonas, 1989; Warf, 1989), mas essas críticas são reveladoras em si mesmas. Para exemplificar, o trabalho sobre localidades foi criticado por Duncan e outros (Duncan, 1989; Duncan e Savage, 1989), por não ser capaz de produzir evidências de efeitos espaciais autônomos (efeitos de localidade), conjuntos característicos de relações sociais que emanam da região. Foi criticado por Harvey (1987) e outros por desperdiçar o poder da metanarrativa marxista com sua insistência em investigar o local. Foi criticado por Gregory (1989) e outros pelo conservadorismo de suas estratégias textuais.

Essas críticas me parecem sintomáticas de questões mais amplas que precisam ser formuladas acerca da natureza de regiões capitalistas modernas e qual a melhor maneira de se representar esta natureza. Portanto, para se responder às três críticas especificadas acima, pode-se argumentar que a moderna mídia e as comunicações, combinadas com o processo de mercantilização, estão alterando o contexto e significados de contextos locais, talvez irreversivelmente. Pode-se argumentar novamente que este novo sentido do local deve ser um elemento crucial de metanarrativas como as marxistas, caso elas venham a sobreviver (Doel, 1991). Finalmente, pode-se argumentar que as estratégias textuais terão de mudar se esses pontos forem aceitos. Desse modo, Sayer (1985, 1989) mudou de uma posição limitada sobre o que constitui geografia regional, com base em explicação causal, combinada com estudos de caso, para uma posição mais abrangente que incorpora problemas de interpretação e reconhece a importância de novas estratégias contextuais e o emprego da retórica.

No tópico seguinte, pretendo alimentar a idéia da possibilidade desses debates serem realmente sintomáticos, concentrando-me sobre a obra de Fredric Jameson. Para Jameson, as regras do jogo foram drasticamente alteradas por uma nova forma de capitalismo, tão drástica que, como nos tempos de Vidal e de Marx, a região está sendo redefinida. Em conseqüência, a geografia regional também precisa redefinir-se.

O inconsciente político de Fredric Jameson

É um tanto irônico que ao mesmo tempo que os geógrafos marxistas começaram a elaborar uma nova espécie de geografia regional — uma geografia que não via o ambiente natural como o modelo do social, uma geografia que não era constituída por simples conceitos ahistóricos, e que era teoricamente sofisticada — também a natureza da sociedade e (por implicação) a região davam a impressão de estar mudando quase como se a história quisesse grifar as lições que precisam ser aprendidas.

Não é tarefa fácil formar um relato da nova ordem. Ainda há controvérsia sobre o que é e o que ela significa. Mas talvez seu explorador mais notável seja o crítico literário marxista, Fredric Jameson, e é a sua obra que me servirá de orientação. Jameson é útil devido às suas ligações com Lefebvre (1971), com "psicogeógrafos" situacionistas como Debord (1977), e com autores pós-estruturalistas (e ex-marxistas) como Baudrillard (1988a, 1988b) e Lyotard (1984) (ver Jameson, 1988a, 1988b, 1991).

Qual é, então, a natureza da síntese de Jameson? Para Jameson, que segue os passos de Mandel, entramos, a partir dos anos 60, numa era de recente capitalismo multinacional em que as corporações multinacionais dominam o globo. É uma era em que o capitalismo estabeleceu-se de vez no cenário mundial: "não é que isto não seja mais o capitalismo analisado por Marx, mas que se trata de uma versão mais próxima, mais *pura* de capitalismo" (Jameson, 1987, p.38). A paisagem do capitalismo de Jameson é ao mesmo tempo acre e doce.

Antes de mais nada, ela se baseia sobre o absoluto poder econômico das corporações multinacionais apoiado por "estonteantes estruturas de crédito e poder" (ibid., p.42). Em segundo lugar, esse poder é organizado e transmitido por meios eletrônicos. "Esta é a era do sinal e do cabo, da comunicação instantânea, de uma rede global de microcircuitos e piscar de luzes" (Jameson, 1988b, p.38). Em terceiro lugar, há a predominância absoluta da forma de mercadoria. A lógica da mercadoria alcançou sua apoteose, esta última baseada não em mercado homogêneo mas em um mercado heterogêneo que se desenvolve sobre uma diferença e incomensurabilidade alimentada pelo esgrimir da "rivalidade simbólica, pelas necessidades de auto-elaboração através da aquisição (mormente sob forma de mercadoria) de distinção e diferença, pela busca por aceitação através de estilo de vida e associação simbólica" (ibid., 1988, p.84). Em quarto lugar, esta propensão de mercantilização tornou-se factível pelo desenvolvimento da mídia, especialmente a televisão. Empresas de *design* e publicidade produziram, juntamente com a mídia, uma enorme máquina para gerar um anseio por mercadorias. Em quinto lugar, essas pressões produziram uma nova ordem espacial. As antigas tensões entre cidade e campo, núcleo e periferia foram substituídas pelo subúrbio, o shopping center e a auto-estrada expressa. Isto é o "capitalismo de shopping center" (Jameson, 1987, p.33), no qual a mercadoria e o poder da mídia agiram em conjunto para produzir espaços emblemáticos (ou simulacros, um termo que Jameson toma emprestado de Baudrillard) que são cuidadosamente planejados para estimular as pessoas a consumir, pequenas áreas de brinquedo onde contexto e consumo se alimentam um do outro. Nesses espaços simulados e no "hiperespaço" da mídia e das comunicações encenam-se pseudo-eventos (espetáculos) que também contribuem para esse fim. Para atualizar Shelley, "Examinem minhas obras, poderosos senhores... e comprem" (ver Bonnett, 1989, e Marcus, 1989, para os evidentes vínculos com a retórica situacionista).

Encontramos, assim, uma cultura que se tornou dependente de mercadorias para significado e expressão. "A mercadoria é sua própria ideologia: as práticas de consumo e consumismo... são suficientes para reproduzir e legitimar o sistema" (Jameson, 1984, p.9). Para Jameson, esta cultura pós-moderna é a "dominante cultural" do capitalismo recente. Forma um contraste marcante com a era modernista de Vidal e Marx com suas noções de uma alta cultura de autênticas obras de arte únicas, destacadas da cultura das massas, uma cultura, ela mesma, uma reação ao crescimento inicial do consumo de massa. Porém, na fase mais recente do capitalismo, descobrimos que numa "brincadeira sem graça" (Eagleton, 1986), essa produção estética, por mais esquisita que pudesse parecer, foi integrada dentro da produção de mercadorias: "a frenética pressão econômica de produzir continuamente mais bens que parecem novidade (de vestuário a aviões), em proporções cada vez maiores de reposição, atribui agora uma função e posição cada vez mais estrutural à inovação e experimentação estética" (Jameson, 1984, p.56). A mercadoria esteve fora, caçando, e a corrente estética alternativa da alta cultura modernista foi capturada e incorporada: todas as imagens foram desvalorizadas em busca de lucro. "Com o eclipse da cultura na forma de esfera ou espaço autônomo, a própria cultura 'cai no mundo', sendo a conseqüência não o seu desaparecimento mas sua prodigiosa expansão, ao ponto de a cultura se tornar coincidente com a vida social em geral... na sociedade de espetáculos, a imagem ou o simulacro, tudo por fim se torna cultural" (ibid., p.87), ou seja, "um texto latente, um valor de troca e uma mercadoria, tudo ao mesmo tempo" (ibid., p.88).

Finalmente, existe o efeito que esses acontecimentos tiveram sobre a experiência da modernidade. Para Jameson, eles são tão importantes que cruzamos a linha divisória ingressando em uma nova era de pós-modernidade na qual surge uma nova espécie de "renovado homem-novidade", o que Derrida (1987) chama, tanto em tom de brincadeira como seriamente, o homem-pós, um indivíduo perdido na teia da comunicação sem fim, sem interioridade ou exterioridade. Conseqüentemente, Jameson observa uma perda de expressão humana coerente que se compõe de uma perda de (1) afeto, causada pela dispersão de sentimento por "outros" no interior da teia de "profundidade referencial"; (2) interpretações que nos permitem imaginar que há alguma coisa dentro de uma imagem, um sinal ou uma pessoa tentando sair; e (3) tempo histórico — as idéias modernistas de história e de uma lógica histórica foram substituídas por uma lógica espacial. Em outras palavras, o passado não é mais uma dimensão vertical, de profundidade. Ele foi rotacionado para dentro do presente e se tornou uma horizontal, uma superfície de coleção de imagens cuja função principal é de auxiliar na diferenciação de mercadorias ao atuar como inspiração para cópias atuais. Daí o surto nostálgico — o passado se transforma num empreendimento operante. Em resumo, a pós-modernidade consiste de um embaraçamento dos antigos limites, entre o si mesmo e o outro, o dentro e o fora, e história e geografia.

Para Jameson, a cultura pós-moderna e a experiência de pós-modernidade são, simultaneamente, solução e problema. Enquanto elas oferecem uma solução para o problema do consumo, atenuam nossos impulsos críticos. No mundo da mídia eletrônica talvez tenhamos mais *informações* acerca do mundo mas menos *conhecimento* de nós mesmos. Assim, usamos a informação como substituto de conhecimento, saqueamos a história por suas imagens, grudamos e colamos, fazemos colagens, criamos pastiches. Nossos sistemas mais antigos de percepção estão cedendo, e num sentido muito real, nós nos perdemos. No léxico pós-estruturalista, nos tornamos "indivíduos descentrados" (ver Hebdige, 1989). É este sentido de desvinculação e confusão que leva Jameson a pedir novos "mapas cognitivos" para uma cartografia que nos permitirá "mais uma vez começar a compreender nosso posicionamento na qualidade de sujeitos individuais e coletivos" (Jameson, 1984, p.88), nosso sentido de lugar.

Esta nova ordem do capital recente ou global pode ser resumida por uma palavra: *descentrada*. O poder reside na coletividade em si, a qual pode ser acessada por uma quantidade de terminais. Esta é uma "hiper-realidade" de corporações descentradas, cidades descentradas, indivíduos descentrados, difícil de compreender e, portanto, difícil de contestar (ver, Kearney, 1989; Hebdige, 1989: Journal of Communications Inquiry, 1986; Theory, Culture and Society, 1988).

É claro que os escritos de Jameson acrescentam para uma poderosa visão de mundo, uma visão que claramente tem um valor heurístico.

Eles se conectam novamente com Vidal. Jameson também tem uma visão de colonização, mas agora é da colonização da sociedade pela cultura capitalista tanto quanto pela economia capitalista, e daquela cultura capitalista que se estende pelo resto do mundo, não deixando espaço para distância crítica. Por sua vez, seus escritos nos levam de volta a Marx. Mas isto é agora um mundo em que tudo que é sólido derreteu no calor de uma constante troca simbólica. Deixaram-nos nadando num mar de sinais.

Existem fortes razões para levar a sério a visão que Jameson tem da sociedade capitalista moderna. Mas há, igualmente, fortes razões para dúvida. Três razões se destacam. Primeiro, o corpo de escritos de Jameson forma uma "visão do topo" (especialmente, a partir dos Estados Unidos). Eles são a história do sucesso de um executivo de vendas. Em termos de narração, a teia eletrônica foi urdida pela aranha capitalista e a mosca proletária caiu na armadilha. Evidentemente, essa espécie de visão de cultura de massa como "situação final não-autêntica" (Miller, 1987; Thrift, 1983), tem uma longa história, e as razões para sua reintrodução pelos acadêmicos franceses e americanos nos anos 80 necessitaria, sem dúvida, de um exame mais acurado (e não apenas como um exemplo primordial de eurocentrismo) (ver Ahmad, 1986; Said, 1978). É, porém, uma visão simplesmente negativa demais da vida em países capitalistas modernos. Ignora evidência convincente que dá a entender que os consumidores podem fazer suas próprias culturas ficarem fora das mercadorias: as condições de uso não são sempre ditadas pelo capital (Miller, 1987; Willis, 1977; Hebdige, 1989). De fato, algumas vezes as mercadorias são usadas como símbolos de resistência. Ignora forte evidência que dá a entender que a recepção pelas pessoas dos significados da mídia não é um processo passivo mas um processo transformativo: "as mensagens da mídia não são recebidas e interpretadas em isolamento, a própria atividade de recebê-las é uma prática social que pode ter seus próprios significados para quem os recebe" (Thompson, 1988, p.378; ver também Morley, 1986). Ignora forte evidência que dá a entender que a mídia não é simplesmente um instrumento para reproduzir a ordem dominante, mas constitui seu próprio domínio (Habermas, 1962) e pode ser usada de maneira positiva (observe o caso dos eventos de ajuda Band-Aid). Ignora forte evidência de que os consumidores podem atuar como conjuntos de opiniões que podem mudar o tipo de mercadorias que estão em oferta (Mennell, 1985; Morley, 1986). Ignora forte evidência que dá a entender que é prematuro anunciar a morte da narrativa. Fora dos limites das culturas da elite, a narrativa ainda parece dar conta do recado (Williamson, 1986). A lista poderia ser estendida quase indefinidamente. A questão é que a visão a partir do topo encobre toda a atividade emergente que se desenvolve em baixo.

Em segundo lugar, embora Jameson siga Lefebvre ao dar grande importância ao espaço na reprodução do capitalismo moderno, ele, com demasiada freqüência, não toma conhecimento da ênfase igual ou oposta de Lefebvre sobre espaço como uma área de debate e conflito (Ross, 1988). Os espaços de Jameson são os espaços do centro da cidade e o shopping center: "viveiros para a classe média alta" na frase memorável de Davis (1985). Mas em outros espaços fora desses recintos (e algumas vezes dentro deles) as pessoas ainda lutam, ainda se esquivam, ainda se refugiam, ainda promovem tomadas simbólicas de espaço à semelhança de um carnaval, disputando ainda seu direito à cidade (Lefebvre, 1968; Bakhtin, 1968; de Certeau, 1984).

Em terceiro lugar, há a perspectiva de Jameson de fazer ciência social. Como salientado por vários autores, a perspectiva de Jameson sobre ciência é uma perspectiva marxista relativamente convencional (advinda de Lukacs), mas ela certamente está a par das críticas ao pensamento de Marx. Tanto para desarmar essas críticas quanto como uma maneira de analisar o capitalismo moderno, Jameson leva em conta grande parte do aparato do pensamento pós- estruturalista — a ênfase sobre diferença e incomensurabilidade, o recurso à narrativa local, a perda do distanciamento crítico, a importância da retórica, o indivíduo descentrado. Ele não age assim ingenuamente. Está bem informado que muitos desses motivos podem ser vistos como sintomas da predominância da cultura de mercadoria (como utilizada na publicidade, por exemplo). Pode-se argumentar, porém, que ao agir assim ele está pegando o tigre pelo rabo. Pois ele certamente é afetado pelo senso de pessimismo e alienação ("à segunda potência" como diz Eagleton [1986]) que instrui grande parte do pensamento pós-estruturalista a respeito de sociedade moderna. Ele produz o que, na verdade, é um sistema totalizante tão firmemente delineado e que projeta uma perspectiva tão desolada que efetivamente ele se vê obrigado a assegurar que existem meios de se sair dela. Por quê? Para começar, Jameson considera os processos que ele descreve na moderna sociedade como sendo a apoteose do capitalismo quando, como o mostra Davis (1985), eles podem igualmente ser interpretados como sintomas de crise, de uma sociedade excremental em sua fase final de dissolução do tipo que Gibson (1985, 1986a, 1986b, 1988) tão bem retrata em suas histórias de ficção científica "cyberpunk". Depois ele, com demasiada freqüência, não toma conhecimento daquilo que suspeitamente parece ser como eclosões de distância crítica na sociedade moderna (como o movimento das mulheres ou o movimento ecológico), em parte, desconfio, porque ele freqüentemente equipara, como teórico literário, intertextualidade com o mundo. Parafraseando Mallarmé, o mundo todo é feito para acabar sendo levado à TV (em franca oposição à crítica situacionista da vida cotidiana) (ver Jameson, 1981). Finalmente, ele permite que o seu senso de espaço o abandone quando mais precisa dele. Pois a distribuição no espaço geográfico, por mais toldada que seja pela mídia e pela comunidade, continua suficientemente grande para oferecer evidência do eu e dos outros, interioridades e exterioridades, outras histórias e geografias (como de fato os interesses de Jameson em literatura do Terceiro Mundo deixam claro). Ainda existem distâncias, e algumas delas são críticas.

E por fim, Jameson oferece uma importante problematização da moderna sociedade capitalista e de seu espaço ao empregar muitos dos motivos do pensamento pós-estruturalista. Mas ele segue os pensadores pós-estruturalistas longe demais e acaba repetindo seus erros. Especialmente diante do obstáculo final da dimensão contextual, o seu senso histórico lhe falha (de modo que ele acaba enredado na teia de um sistema completamente ordenado), o mesmo acontecendo com seu senso geográfico (de modo que ele iguala diferença e incomensurabilidade). Em resumo, e em contraste com Marx, Jameson dedica uma atenção insuficiente à diferença local como fonte de resistência às simulações do capitalismo, e atenção demais a ela como um expediente do qual o capitalismo tira proveito.

Como pode então uma geografia regional ser transposta para os tempos pós-modernos? É claro que o passo inicial já foi dado nas geografias regionais de inspiração marxista. Mas é igualmente claro que essas geografias não vão muito longe. As idéias de Jameson, a despeito de todas as suas imperfeições, dão-nos, pelo menos, a chave para saber que problemas precisam ser atacados.

Três problemas parecem especialmente prementes. O primeiro deles é que a região está se fragmentando, tornando-se não tão desorganizada (como Lash e Urry [1987] gostariam) quanto *deslocada* nos termos em que costumamos considerar regiões como áreas contínuas e demarcadas. Essa fragmentação tem ocorrido em diversos planos. Por exemplo, no plano da economia, o crescimento de corporações multinacionais compostas por redes de escritórios e instalações industriais espalhadas por todo o globo integraram bolsões de espaço amplamente distribuídos. No plano da sociedade e da cultura existe uma proliferação de agrupamentos de diferentes estilos de vida, cujos membros querem determinada localidade e, cada vez mais, essas áreas lhes são oferecidas, sob medida ou reformadas, por um capital ávido em maximizar seu lucro ao promover a fragmentação do espaço em mais e mais "lugares de mercado" segmentados (Harvey, 1989). (Como conseqüência, determinados tipos de pessoas se tornam cada vez mais conspicuamente representados em determinadas localidades à medida que este processo de seleção se desenvolve, exagerando ainda mais seus efeitos.) Em terceiro lugar, no plano da cultura há a espacialização da cultura, como observada por Jameson e o conseqüente crescimento de simulacros que fornecem apoio afetivo para a fragmentação.

Portanto, assistimos ao surgimento de um novo localismo "globalizado", um localismo sistematizado e racionalizado que visa absorver as mercadorias ao produzir e reproduzir consumidores. Esta nova sociedade globalmente local é, obviamente, muito difícil de ser assimilada pelo geógrafo regional. Em contraste com os tempos de Vidal, quando uma miríade de diferentes comunidades locais tinham, cada uma, diferentes modos de vida associados a elas, vinculados à natureza do meio ambiente, e em que as diferentes estratégias econômicas, sociais e culturais se desenvolveram durante muitos anos para atender as exigências daquele ambiente, o que vemos agora é uma série de localidades espalhadas através da megalópole que terão os *mesmos* estilos de vida associados com elas (exceto para variadas marcas locais) (Thrift, 1989). É preciso agora acelerar a rotatividade e não a implantação, e o capital está, portanto, produzindo heterogeneidade, transformando lugares em mercadorias numa velocidade sempre maior.

Evidentemente este processo tem limites. Ainda abundam os embaraços espaciais. Os consumidores também são bacias de mão-de-obra. Prédios devem proporcionar lucro antes de serem demolidos. Imagens devem continuamente ser refeitas com base em histórias e geografias conhecidas. Porém, uma coisa é certa — contextos podem ser consumidos localmente (embora até isto esteja em questão) mas são cada vez menos produzidos localmente.

Em segundo lugar, há o problema de como lidar com comunidade neste mundo de contexto fabricado. Os camponeses de Vidal conheciam apenas a região deles e, forçosamente, identificavam-se com ela, até o ponto em que esta espécie de identificação tem o mesmo significado de agora. Aí, no decorrer do século XIX, a sociedade ocidental desenvolveu níveis mais cônscios de identificação de comunidade com lugares, baseados principalmente no crescimento da mídia e viagens. Agora as comunidades são mais amplamente espalhadas e freqüentemente nômades conforme os padrões históricos. Seus laços afetivos e até suas subjetividades são baseados nas comunicações e na mídia, tanto quanto na interação face-a-face (Kirby, 1988). Suas redes sociais percorrem tanto fios como estradas. Desse modo, seu senso de identidade com a comunidade (ou comunidades) é muitas vezes obtido à distância, é "imaginado" (Anderson, 1983). "Ao mesmo tempo em que a verdadeira identificação das pessoas com comunidade possa ter diminuído, sua identificação com comunidade imaginada pode ter aumentado" (Savage, 1988, p.267). Portanto, a premência de se identificar com localidades parece ter se tornado mais forte. O súbito aparecimento de uma enorme quantidade de literatura local e de histórias de herança cultural sugere uma fixação à localidade, mas uma ligação mediatizada pela mídia (e que incidentalmente oferece um zunido afetivo vital para os contextos recém-produzidos). Um localismo "global" domina novamente.

Em terceiro lugar, existe o problema de como representar este novo mundo simulado, quando não estamos mais seguros do que significa "contexto" ou "comunidade" ou "local". A última geração de estudos de localidade são, em sua maioria, profundamente conservadores neste aspecto. Na era da televisão e do vídeo eles oferecem instantâneos. Numa era de movimento eles oferecem o estático. Numa era de comunidades, identidades e subjetividades difusas eles oferecem limites. Suas estratégias textuais deixam muito a desejar (Carter, 1987).

Conclusão: estrada que não leva a lugar algum?

Sociedade e espaço mudaram desde os tempos de Vidal, e as pessoas mudaram junto com eles. Precisamos ter o cuidado de não exagerar as mudanças. Muitos ainda vivem na pobreza, em condições precárias. Não é a elas que se destinam as delícias do consumo conspícuo em contextos modelados e os prazeres da hipermobilidade (mas a maioria possui um televisor).

Todavia, houve mudanças e essas mudanças aumentaram os problemas de produzir geografia regional ao invés de reduzi-los. Se quisermos compreender a moderna região, então quatro áreas de pesquisa terão de ser investigadas em muito mais profundidade do que tem sido o caso até agora. Primeiro precisamos investigar mais extensivamente a circulação de troca simbólica sobre o espaço, e em especial o que Habermas

(1962) chama a "esfera pública", todo o complexo (cada vez mais eletrônico) de textos e mídia que enquadra debates, forma opiniões e é progressivamente a esperança de solucões políticas informadas num mundo de símbolos. Em segundo lugar, e relacionado a isso, devemos ser bem mais claros de como determinados contextos influenciam a maneira pela qual tipos particulares de pessoas recebem, negociam e são formadas por significados (Thrift, 1986). Em terceiro lugar, precisamos teorizar mais claramente como o processo pelo qual o contexto foi transformado em mercadoria pode ser conectado novamente com as relações econômicas, especialmente as de consumo, dinheiro e dívida (Thrift e Leyshon, 1992). Em quarto lugar, precisamos encontrar novas maneiras de representar regiões. Para fazê-lo precisamos afiar nossos instrumentos de escrita *e* de leitura. Certamente os lampejos dessa nova espécie de geografia regional podem ser vistos no súbito aparecimento de trabalho social e cultural que está atualmente ocorrendo acerca de questões como gênero, sexualidade e etnias. A força deste trabalho reside em sua atenção para com a construção de espaços localizados de significado, fora de relações globais de poder e conhecimento. Isto oferece talvez o texto para o futuro da geografia regional. Certamente promete um novo período de exploração em geografia regional, a exploração dos limites do texto e as possibilidades de outros meios de representar o outro (Clifford e Marcus, 1986; Jackson, 1989).

Acima de tudo, espero ter mostrado que geografia regional é essencial à prática de produzir geografia humana. Ela propõe questões acerca do mundo em que vivemos de uma maneira importante porque é contextual. Neste capítulo, tentei colocar algumas dessas questões, pelo menos em termos gerais. Tive de deixar muita coisa de lado. Particularmente, continuo apreensivo com certa análise social e cultural por mim apresentada. Ela é, sem dúvida, demasiadamente arrebatadora; tende para o épico, mesmo quando exalta o local (ver, porém, alguns exemplos de escritos femininos e escritos sobre racialização, por exemplo, Steedman, 1986; Gilroy, 1987). Mas esta é uma das importantes funções de *fazer* geografia regional, talvez a mais importante. Ao examinar contextos *particulares* do dia-a-dia, ela revela bem quão importante é o contexto. O contextual não pode ser varrido para debaixo do tapete por grandiosas teorias sociais, pois ele permanece onde realmente vivemos. É a margem que constitui o centro (Lefebvre, 1971; Derrida, 1982; de Certeau, 1984).

Finalmente, quero voltar para onde comecei, a Vidal de la Blache. A nostalgia de Vidal por pequenas comunidades locais ligadas ao solo pode parecer ingênua, até fora de lugar. Mas, à medida que nos deslocamos em direção a pequenas comunidades locais cujo único propósito é de fornecer contextos para consumo conspícuo, ou depressões para aqueles sem recursos para consumir, vale a pena refletir o quanto esta perspectiva é condenável. Pois, à medida que caminhamos para uma terrível crise ecológica que está atada à própria natureza da cultura do excesso do capital global, Vidal, e natureza, podem ainda vir a rir por último. Como diria Lacoste (1979), "À bas Vidal....Viva Vidal!".

Agradecimentos

O título deste capítulo foi tomado de Habermas, 1986. Um primeiro esboço foi concluído no verão de 1987. A revisão, que se beneficiou enormemente dos comentários de Derek Gregory, foi concluída no verão de 1989. A oportunidade para revisão surgiu como conseqüência de uma estadia na Universidade Macquarie, Sydney, à qual devo meus agradecimentos.

Referências bibliográficas

Ahmad, A. (1986) 'Jameson's rhetoric of otherness and the national allegory', *Social Text*, vol. 15, p.65-88.

Anderson, B. (1983) *Imagined Communities* (Londres: Verso).

Andrews, H. (1984) 'The Durkheimians and human geography', *Transactions, Institute of British Geographers*, NS9, p.215-36.

Baker, A.R.H. (1984) 'Reflections on the relations of historical geography and the *Annales* School of History', em A.R.H. Baker e D. Gregory (orgs.), *Explanations in Historical Geography* (Cambridge University Press), p.1-27.

Bakhtin, M. (1968) *Rabelais and His World* (Cambridge, Mass: MIT Press).

Baudrillard, J. (1988a) *Jean Baudrillard: Selected Writings* (trad. M. Poster) (Cambridge: Polity Press).

Baudrillard, J. (1988b) *America* (Londres: Verso).

Berdoulay, V. (1978) 'The Vidal-Durkheim debate', em D. Ley e M. Samuels (orgs.), *Humanite Geography* (Londres: Croom Helm), p.77-90.

Berger, J. (1979) *Pig Earth* (Londres: Writers e Readers).

Berman, M. (1983) *All That is Solid Melts into the Air. The Experience of Modernity* (Londres: Verso). [Ed. bras.: *Tudo que é sólido desmancha no ar.* São Paulo: Companhia das Letras, 1987.]

Bonnett, A. (1989) 'Situationism, geography, an poststructuralism' *Environment and Planning D. Society and Space* vol.7, p.131-46.

Buttimer, A. (1971) *Society and Milieu in the French Geographic Tradition* (Chicago: Rond McNally).

Buttimer, A. (1978) 'Charism and context. The challenge of la geographie humaine', em D. Ley e M. Samuels (orgs.), *Humanistic Geography* (Londres: Croom Helm), p.58-76.

Carter, P. (1987) *The Road to Botany Bay. An Essay in Spatial History* (Londres: Faber).

Castoriadis, C. (1987) *The Imaginary Institution of Society* (Cambridge: Polity Press).

Clifford, J.B. e G. Marcus (orgs.) (1986) *Writing Cultures* (Berkeley: University of California Press).

Cooke, P. (org.) (1989) *Localities* (Londres: Unwin Hyman).

Corrigan, P. e D. Sayer (1983) *The Great Arch* (Oxford: Blackwell).

Darby, H.C. (1962) 'The problem of geographical description', *Transactions and Papers, Institute of British Geographers*, nº 30, p.1-14.

Davis, M. (1985) 'Urban renaissance and the spirit of postmodernism', *New Left Review*, nº 151, p.106-14.

Debord, G. (1977) *The Society of the Spectacle* (Detroit: Black e Red).

De Certeau, M. (1984) *The Practice of Everyday Life* (Berkeley: University of California Press).

Derrida, J. (1978) *Writing and Difference* (University of Chicago Press).

Derrida, J. (1982) *Margins of Philosophy* (Chicago University Press).

Derrida, J. (1987) *The Postcard* (Chicago University Press).

Dews, P. (1987) *Logics of Disintegration* (Londres: Verso).

Doel, M.A. (1991) '(In)stalling deconstruction', manuscrito não publicado.

Dreyfus, H. e Rabinow, P. (1983) *Michel Foucault. Beyond Structuralism and Hermeneutics*. (Berkeley: University of California Press).

Duncan, S. (1989) 'What is a locality?', em R. Peet e N.J. Thrift (orgs.), *New Models in Geography*, vol.2 (Londres: Unwin Hyman).

Duncan, S. e M. Savage (1989) 'Space, scale and locality', *Antipode*, vol.21, p.179-206.

Eagleton, T. (1986) *Against the Grain* (Londres: Verso).

Foucault, M. (1977) *Discipline and Punish* (Londres: Allen Lane).

Gibson, W. (1985) *Neuromancer* (Londres: Gollancz).

Gibson, W. (1986a) *Count Zero* (Londres: Gollancz).

Gibson, W. (1986b) *Burning Chrome* (Londres: Gollancz).

Gibson, W. (1988) *Mona Lisa Overdrive* (Londres: Gollancz).

Giddens, A. (1984) *The Constitution of Society* (Cambridge: Polity Press).

Giddens, A. (1985) *The Nation and State and Violence* (Cambridge: Polity Press).

Giddens, A. (1987) em A. Giddens e J. Turner (orgs.), *Social Theory Today* (Cambridge: Polity Press).

Gilbert, A. (1988) 'The new regional geography in English and French speaking countries', *Progress in Human Geography*, vol.11, p.208-28.

Gilroy, D. (1987) *There Ain't No Black in the Union Jack* (Londres: Hutchinson).

Gregory, D. (1978) *Ideology, Science and Human Geography* (Londres: Hutchinson).

Gregory, D. (1989) 'The crisis of modernity? Human geography an critical social theory', em N.J. Peet e N.J. Thrift (orgs.), *New Models in Geography*, vol.2 (Londres: Unwin Hyman), p.348-85.

Habermas, J. (1962) *Strukterwandel der Offentlichkeit* (Berlim: Leuchterhand).
Habermas, J. (1986) 'Taking aim at the heart of the present', em D.C. Hoy (org.), *Foucault: a Critical Review* (Oxford: Blackwell), p.83-155.
Hart, J.F. (1982) 'The highest form of the geographers art', *Annals of the Association of American Geographers*, vol.72, p.1-29.
Harvey, D.W. (1985) *The Urbanisation of Consciousness* (Oxford: Blackwell).
Harvey, D. (1987) 'Flexible accumulation through urbanisation: reflection on post-modernisation in the American city, *Antipode*, vol.19, p.200-36.
Harvey, D. (1989) *The Condition of Postmodernity* (Oxford: Blackwell).
Debdige, D. (1989) *Hiding in the Light* (Londres: Routledge).
Hudson, B. (1977) 'The new geography and the new Imperialism: 1870- 1918', *Antipode*, vol. 9, p.12-19.
Ingham, G. (1984) *Capitalism Divided?* (Londres: Macmillan).
Jackson, P. (1989) *Maps of Meaning* (Londres: Hutchinson).
Jameson, F. (1981) *The Policital Unconscious. Narrative as a Socially Symbolic Act* (Londres: Methuen).
Jameson, F. (1984) 'Postmodernism or the cultural logic of late capitalism', *New Left Review*, vol.146, p.52-92.
Jameson, F. (1987) 'Regarding postmodernism — a conversation with Fredric Jameson', *Social Text*, vol.17, p.29-54.
Jameson, F. (1988a) *The Ideologies of Theory*, vol.1 (Londres: Routledge).
Jameson. F. (1988b) *The Ideologies of Theory*, vol.2 (Londres: Routledge).
Jameson, F. (1991) *Postmodernism, or the Cultural Logic of Late Capitalism* (Londres: Verso).
Jay, M. (1984) *The Dialectical Imagination* (Londres: Heinemann).
Jonas, W. (1989) 'A new regional geography of locality studies', *Area*, vol.20, p.101-10.
Journal of Communication Inquiry (1986), edição especial sobre o pós-modernismo.
Kearney, R. (1989) *The Wake of Imagination* (Londres: Hutchinson).
Kirby, A. (1988) *Journal of Communications Inquiry*, vol.12, p.121-76.
Lacoste, Y. (1979) 'A bas Vidal...Viva Vidal!', *Hérodote*, nº 16, p.68-81.
Lakoff, G. (1988) *Women, Fire, and Dangerous Things* (Chicago University Press).
Lash, S. e L. Urry (1987) *The End of Organised Capitalism* (Cambridge: Polity Press).
Lefebvre, H. (1968) *Le Droit à la Ville* (Paris: Anthropos).
Lefebvre, H. (1971) *Everyday Life in the Modern World* (Harmondsworth: Penguin).
Lentricchia, F. (1987) *Airel and the Police* (Brighton: Harvester Press).
Lyotard, J.F. (1984) *The Postmodern Condition* (Manchester University Press).
Mann, M. (1986) *The Sources of Social Power*, vol.1 (Cambridge University Press).
Marcus, G. (1989) *Lipstick Traces. A Secret History of the Twentieth Century* (Londres: Secker e Warburg).
Marx, K. (1952) *The Communist Manifesto* (Moscou: Progress Publishers).
Massey, D. (1984) *Spatial Divisions of Labour* (Londres: Macmillan).
Massey, D. (1988) 'Uneven development: social change and spatial divisions of labour', em D. Massey e J. Allen (orgs.), *Uneven Re-Development* (Londres: Hodder e Stoughton), p.250-76.

McLellan, D. (1973) *Karl Marx* (Oxford University Press).
Mennell, S. (1985) *All Manners of Food* (Oxford: Blackwell).
Miller, D. (1987) *Mass Consumption and Material Culture* (Oxford: Blackwell).
Morley, D. (1986) *Family Television* (Londres: Comedia).
Pudup, M.B. (1988) 'Arguments within regional geography', *Progress in Human Geography*, vol.12, p.319-40.
Ross, K. (1988) *The Emergence of Social Space. Rimbaud and the Paris Commune* (Londres: Macmillan).
Said, E.W. (1978) *Orientalism* (Londres: Routledge e Kegan Paul).
Savage, M. (1988) 'Spatial differences in modern Britain', em C. Hamnett, L. McDowell e P. Sarre (orgs.), *The Changing Social Structure* (Londres: Sage), p.244-68.
Sayer, A. (1985) 'Realism in geography', em R.J. Johnston (org.) *The Future of Geography* (Londres: Methuen), p.159-173.
Sayer, A. (1989) 'The new regional geography and the problem of narrative', *Environment and Planning D. Society and Space*, vol.7, p.253-76.
Schivelsbuch, W. (1987) *The Railway Journey* (Berkeley: University of California Press).
Scott, A.J. (1988) *New Industrial Spaces* (Londres: Pion).
Shanin, T. (org.) (1983) *Late Marx and the Road to Capitalism* (Londres: Routledge e Kegan Paul).
Steedman, C. (1986) *Landscape for a Good Woman* (Londres: Virago).
Stoddart, D. (1986) *On Geography* (Oxford: Blackwell).
Terdiman, R. (1985) *Discourse, Counter-Discourse* (Ithaca, NY: Cronell University Press).
Theory, Culture and Society (1988) vol.5, nºs. 2-3, edição especial sobre pós-modernismo.
Thompson, J.B. (1988) 'Mass communication and modern culture', *Sociology*, vol.22, p.359-83.
Thrift, N.J. (1983) 'On the determination of social action in space and time', *Environment and Planning D. Society and Space*, vol.1, p.23-57.
Thrift, N.J. (1985) 'Flies and germs. A geography of knowledge', em D. Gregory e J. Urry (orgs.), *Social Relations and Spatial Structure* (Londres: Macmillan). p.366-403.
Thrift, N.J. (1986) 'Little games and big stories', em K. Hoggart e E. Kofman (orgs.), *Politics, Geography and Social Stratification* (Londres: Croom Helm), p.86-143.
Thrift, N.J. (1987) 'No perfect symmetry: a response to David Harvey', *Environment and Planning D. Society and Space*, vol.5, p.400-7.
Thrift, N.J. (1989) *Images of Social Change* (Open University cours D314: 'Restructuring Britain') (Londres: Hodder e Stoughton).
Thrift, N.J. (1990a) 'Transport and Communication, 1770-1914', em R. Dodgshon e R.Butlin (orgs.), *A New Historical Geography of England and Wales* (Londres: Academic Press).
Thrift, N.J. (1990b) 'For a new regional geography 1', *Progress in Human Geography*, vol.14, p.272-9.

Thrift, N.J. (1991) 'For a new regional geography 2', *Progress in Human Geography*, vol.15, p.456-65.

Thrift, N.J. (1993) 'For a new regional geography 3', *Progress in Human Geography*, vol.17, p.92-100.

Thrift, N.J. e A. Leyshon (1992) *Making Money* (Londres: Routledge).

Vidal de la Blache, P. (1903) *Tableau de la Geographie de la France*, (Paris), referência a uma tradução parcial inglesa (1928), *The Personality of France*, trad. H.C.Brentnall (Londres: Christophers).

Vidal de la Blache, P. (1916) *La France de l'Est* (Paris: Armand Colin).

Vidal de la Blache, P. (1979) 'La France de L'Est' (Alsácia Lorena), *Hérodote*, nº 16, p.82-96.

Warde, A. (1985) 'Spatial change, politics and the division of labour', em D. Gregory e J. Urry (orgs.), *Social Relations and Spatial Structures* (Londres: Macmillan), p.190-212.

Warf, B. (1989) 'Locality studies', *Urban Geography*, vol. 10, p.178-85.

Weber, E. (1977) *Peasants into Frenchmen: the Modernisation of Rural France 1870-1914* (Londres: Chatto e Windus).

Williamson, J. (1986) *Consuming Passions* (Edimburgo: Marion Bayers).

Willis, P. (1977) *Learning to Labour* (Farnborough: Saxon House).

Wrigley, E.A. (1965) 'Changes in the philosophy of geography', em R. Chorley e P. Haggett (orgs.), *Frontiers in Geographical Teaching* (Londres: Methuen), p.3-20.

8

Geografia urbana num mundo em mutação

SUSAN J. SMITH

A geografia urbana tradicional tem suas raízes na Chicago do início do século XX. Estudantes do curso de graduação ainda podem ser vistos traçando círculos e setores, correlacionando índices sociais através de unidades espaciais e avaliando, ocasionalmente, ambientação e "paisagens urbanas". Todavia, a subdisciplina cresceu rapidamente e se ampliou bastante durante a última metade do século. As cidades foram exaltadas por seu papel na transição do feudalismo para o industrialismo, atribuíram-lhes um lugar na trajetória econômica do capitalismo organizado para a acumulação flexível, participaram da transição industrial do fordismo para o pós-fordismo e instilaram a dinâmica cultural do pós-modernismo. Existe uma vasta bibliografia sobre as conseqüências urbanas do capitalismo e do socialismo, sobre o impacto urbano do liberalismo e conservadorismo e sobre os efeitos da luta de classes e da mudança cultural sobre a conduta da vida urbana. Um simples capítulo não pode tratar devidamente dos variados e mutáveis elementos apresentados como Geografia Urbana. Inicio, portanto, em uma fase que se questiona a integridade dos estudos urbanos. No entanto, a maioria de meus comentários se alonga sobre a emoção ainda maior causada pela resposta vivaz gerada pela geografia.

Em seu livro *Social Theory and the City*, Peter Saunders (1981) sustenta que não há nada de característico a respeito das cidades que justifique o desenvolvimento de estudos especificamente *urbanos*. Sua argumentação é persuasiva: as cidades podem, algum dia, ter desempenhado um papel na transição para o industrialismo (ao aliciar os protagonistas para uma nova ordem econômica longe do regime feudal do campo), mas este papel já se tornou redundante há muito; se as cidades foram, algum dia, caracterizadas por um sistema administrativo distinto, este não é mais o caso; se, algum dia, pensou-se que tamanho, densidade e heterogeneidade das cidades dariam origem a culturas unicamente "urbanas", existem muitos motivos para que tais pressupostos sejam agora questionados; se o urbanismo foi, algum dia, demarcado pelo estilo de construção das cidades, o crescimento suburbano desordenado e a "urbanização do campo" refutam agora até mesmo esse fundamento lógico para um enfoque distintamente urbano. Em poucas palavras, de acordo com a perspectiva de Saunders, não há nada a lucrar teoricamente com a persistência em rotular alguns elementos de ordem econômica, política, social ou espacial, de "urbano" só porque sempre as consideramos como cidades no passado. Evidentemente, se aceitarmos este argumento, não haverá tampouco motivo lógico para manter a geografia urbana na agenda do ensino e da pesquisa.

Não causa surpresa, portanto, que a crítica de Saunders tenha atraído refutações vigorosas, especialmente por parte dos geógrafos. Parte deste debate aparece nas primeiras páginas de *Environment and Planning D: Society and Space*. Não obstante, enquanto muitos contestam sua argumentação, poucos questionam o ponto fundamental de que, com as reestruturações econômicas e previdenciárias dos últimos anos do século XX, a antiga ordem de estudos urbanos está no ponto para ser substituída: todas as disciplinas que têm seus fundamentos na estrutura social e espacial da cidade são forçadas a reconsiderar suas raízes e argumentos. Isto é tão verdadeiro para a geografia urbana quanto o é para qualquer outro campo de estudos urbanos, e é tanto um período de exaltação quanto de agitação à medida que os analistas buscam avançar, seja por meio da elaboração sobre a própria força de suas disciplinas, seja por meio da troca de inspiração com campos relacionados. Numa tentativa de captar esta agitação, o que vem a seguir não diz respeito à história de uma subdisciplina; nem trata tampouco, exceto de uma maneira passageira, sobre a recente crise de identidade de geografia urbana. É mais precisamente sobre o que a geografia urbana está se tornando à medida que ela reconquista sua posição frente à ciência social em geral e dentro do amplo campo dos estudos urbanos em particular.

Antes de prosseguir, é preciso repassar novamente os batidos argumentos que conhecimento e interesses estão ligados, e que os resultados da análise urbana (e portanto o conteúdo da teoria e política urbanas) irão refletir os pressupostos e julgamentos de valor do ambiente da pesquisa. O capítulo é, portanto, estruturado em torno de quatro (politicamente carregadas mas não mutuamente excludentes) perspectivas diferentes sobre o assunto principal de estudos urbanos. Em primeiro lugar, esboça-se a contribuição da economia política de esquerda para a teoria urbana. Isto precede um esboço da importância teórica e política dos desafios feministas e anti-racistas à análise urbana convencional — desafios que, eles mesmos, vieram principalmente da esquerda. Em terceiro lugar, examino rapidamente as implicações para a geografia urbana e política urbana, da filosofia e prática da assim chamada Nova Direita. O capítulo termina com algumas reflexões sobre a importância da cultura para uma compreensão da vida na cidade numa era preocupada com a "pós-modernização" dos ambientes construídos e sociais.

A teoria urbana e a esquerda

Nos últimos vinte anos a teoria urbana recebeu, sem dúvida, seu principal impulso da esquerda e, apesar de algumas tentativas importantes de situar o legado de Max Weber em uma posição central (Elliott e McCrone, 1983), são os escritos de Karl Marx que mais efetivamente se estenderam dentro da geografia urbana. Partindo de uma perspectiva neomarxista existem pelo menos duas "questões urbanas" distintas que têm preocupado os pesquisadores.

A primeira diz respeito ao papel do espaço no processo de acumulação do capital; e, ao vincular isto à análise urbana, os geógrafos sempre estiveram um passo à frente. O pressuposto de tal abordagem é que o papel do sistema urbano é o de gerar lucro para o capital industrial (esse lucro seria criado pela economia de escala associada com aglomeração, e, por um estímulo associado, ao setor de serviços). Como mostra Scott (1986), ao desempenhar este papel, espaço distintamente "urbano" pode ser concebido como um fenômeno criado por processos econômicos. Este ponto de vista é importante e bem pensado, mas é também necessário reconhecer que o urbanismo tem uma dimensão tanto ideológica como econômica. Isto é assumido por Henri Lefebvre, cuja preocupação, em obras como *La Révolution Urbaine* (1970) e *The Survival of Capitalism* (1976), era para explicar como as desigualdades geradas pelo capitalismo e encapsuladas nas cidades são amplamente aceitas ou ignoradas pelos cidadãos. Lefebvre busca, portanto, formular uma teoria de urbanismo capaz de afastar o véu ideológico que encobre as compreensões de "senso comum" da vida urbana. Em importante estudo de dois volumes intitulado *The Urbanization of Capital* e *Consciousness and the Urban Experience*, David Harvey (1985a, 1985b) juntou essas duas dimensões

— a econômica e a ideológica — numa tentativa de explicar a estruturação do espaço econômico e social urbano pelos processos associados com acumulação de capital. Essas obras descrevem as maneiras como o capitalismo molda tanto a forma e a organização das cidades como a consciência de seus habitantes.

Uma segunda "questão urbana" neomarxista enfoca as cidades como uma arena para a reprodução da força de trabalho. Os processos fundamentais neste sentido se relacionam não com os meios de produção e a acumulação de capital, mas com o *consumo* de bens e serviços. Ao lidarem com este tema, os geógrafos buscaram inspiração fora de sua própria disciplina, valendo-se especialmente da obra de Manuel Castells (1977, 1978, 1983). Castells concentrou-se primeiramente no consumo porque, com base em sua leitura althusseriana de Marx, ele identificou este processo (ao contrário, em seu modo de ver, àqueles associados com economia, ideologia e política) como distintamente urbano. Uma das principais realizações de Castells, portanto, foi usar estudos urbanos para chamar a atenção para as crises do capitalismo associadas não com produção, mas com consumo. Em diversas de suas obras ele salienta que a maximização do lucro não é compatível com a manutenção da infra-estrutura urbana, ou os padrões de vida associados a ela, em níveis adequados para assegurar tanto a satisfação dos trabalhadores como a reprodução da força de trabalho. Sua argumentação supre dois temas importantes em geografia urbana: o estudo de movimentos sociais urbanos como uma expressão dos conflitos sobre consumo coletivo, e a análise de políticas especificamente *urbanas* como a forma de intervenção do estado necessária para manter a força de trabalho.

Os movimentos sociais urbanos receberam provavelmente mais atenção do que merecem na produção acadêmica. Eles foram inicialmente conceitualizados como a vanguarda da mudança social, com o potencial de aumentar e talvez substituir os movimentos trabalhistas como fonte de ação coletiva com potencial revolucionário. À luz de seus limitados feitos na prática, porém, esta perspectiva de movimentos sociais urbanos teve de ser revista. Tendem agora a ser vistos como um veículo mais limitado para expressar interesses fora de partidos políticos, e foram interpretados como um sintoma de reajustamento à mudança econômica e política (Ceccarelli, 1982) e como base de formas mais descentralizadas de administração urbana (Castells, 1983).

Em nível teórico, contudo, o estudo dos movimentos sociais urbanos foi importante ao concentrar a atenção em pelo menos três questões de especial relevância para a geografia. Primeiro, este trabalho desenha uma distinção (e estabelece um relacionamento) entre conflitos relativos a produção e os que dizem respeito a consumo. Segundo, ele procura especificar os fatores que medeiam e controlam o conflito social; e, terceiro, uma preocupação com os movimentos sociais faz com que uma atenção se dirija para a importância de se explorar as diferenciadas fontes urbanas de poder político. Lowe (1986) examina essas três áreas de preocupação mais detalhadamente. Nos últimos vinte anos, uma explosão de interesse nos realinhamentos políticos associados com o pós-modernismo, e na flexibilidade e negociabilidade da identidade que os acompanhou deu um novo impulso a essas linhas de investigação.

Peter Saunders também seguiu o tema do consumo coletivo (que ele ainda considera uma categoria analítica mais válida do que cidades ou urbanismo). Ele, contudo, evitou o engodo dos debates sobre movimentos sociais urbanos, e, em vez disso, desenvolveu a análise do consumo coletivo seguindo por um caminho alternativo: uma preocupação com o papel da intervenção do estado na distribuição de bens e serviços. Ele se preocupou especialmente com a defasagem cada vez maior entre os que podem consumir via mercado e aqueles que dependem do estado para o suprimento de suas necessidades através de dinheiro ou em espécie. Dois elementos deste trabalho são particularmente importantes. Primeiro, a sua abordagem obriga os analistas a reconhecer até que ponto as políticas de consumo diferem das políticas de produção, e a admitir que isto pode exigir novas teorias de intervenção estatal. Segundo, seu raciocínio dá a entender que as clivagens do setor consumo podem ser mais evidentes e mais arraigadas e, portanto, mais importantes politicamente, do que as clivagens de classes como definidas mais convencionalmente. Sendo assim, (e isto revelou-se difícil de ser confirmado empiricamente), os estudos urbanos determinarão novas ou amplas teorias sobre a participação pública na política.

Mais recentemente, Saunders estendeu seu trabalho para as políticas de consumo. Na edição mais recente de seu livro ele demonstra uma excitação especial acerca do conceito de "autoprovimento" que contrasta com consumo via mercado e consumo que é diretamente subsidiado pelo estado. É claro, porém, que as políticas necessárias para promover o autoprovimento — enfatizando um estado que "habilita" mais do que um estado assistencialista — estão mais alinhadas com as estratégias da direita do que com as da esquerda. Serão, portanto, mais apropriadamente examinadas em uma seção mais adiante.

De uma maneira geral, a reestruturação da geografia urbana iniciada pela esquerda é baseada em uma avaliação da "nova" divisão internacional do trabalho, que no todo não estimulou tanto os autores a rejeitar prontamente o foco urbano, como os obrigou a contextualizá-lo dentro de uma estrutura político-econômica mais abrangente do que tem sido o costume em geografia urbana tradicional. Fothergill et al. (1988) explica, portanto, como o processo de desindustrialização — um corolário, no mundo desenvolvido, da internacionalização do capital e do trabalho — afeta as áreas urbanas, suburbanas e rurais de maneiras diferentes. Muitas cidades grandes enfrentam uma perda desproporcional de seu parque industrial e experimentam taxas desproporcionalmente elevadas de desemprego. Outras acumularam uma cota desproporcional do capital concentrado nos mercados financeiros mundiais, ligando o espaço local — inclusive através do investimento de capital em larga escala no ambiente construído — firmemente dentro da economia global. Essa economia mundial tem, ao que parece, uma pronunciada dimensão urbana; as recentemente flexíveis forças de produção se internacionalizaram e se localizaram simultaneamente.

A centralidade da análise urbana numa economia em fase de internacionalização é bem evidenciada na exposição de Rees e Lambert (1986) em *Cities in Crisis*. Esses autores expõem certas deficiências dos estudos urbanos tradicionais, criticando seu fracasso em relacionar os processos em determinadas cidades com o sistema social mais abrangente que impulsiona a mudança local. Ao se concentrarem sobre os vínculos entre produção capitalista, relações de classes e o estado, Rees e Lambert são capazes de contextualizar mas não diluir o foco urbano, e eles sustentam de maneira convincente que a intervenção do estado, como também as economias de mercado, têm uma componente territorial e que isto é o campo do analista de política urbana. Um argumento semelhante é apresentado por John Short (1984) em *The Urban Arena*, onde uma análise sistemática do capital, do estado e das comunidades como fatores que influenciam a estrutura e organização sugere que existem particulares e localizados conjuntos de interesses que devem ser tratados por uma intervenção política em nível distintamente "urbano", e analisados por especialistas em estudos urbanos. Exemplos semelhantes podem ser extraídos do mundo em desenvolvimento e da Orla do Pacífico: tanto o estudo de McGee (1988) da Malásia como o trabalho de Douglass (1988) no Japão evidenciam as dimensões urbanas da internacionalização do capital. O assunto também foi retomado por Leitner (1986).

Os geógrafos de esquerda reconheceram, portanto, a importância de se situar os estudos urbanos dentro da estrutura tanto de política nacional como de uma economia internacional. Isto é particularmente importante numa ocasião em que analistas em muitas disciplinas estão tentando assimilar o advento do pós-fordismo e o lugar deste na transição para o capitalismo desorganizado (Lash e Urry, 1987) ou acumulação flexível (Harvey, 1987). A esquerda também admitiu, cada vez mais, a importância de se examinar tanto a produção como o consumo na arena urbana. A maior parte desta escola de pensamento conservou seu foco urbano, não só por reconhecer um papel ainda distinto para as cidades no processo de acumulação do capital, como também ao demonstrar que o fato de os legisladores e administradores tratarem o urbano como "real" confere às cidades uma dinâmica política que lhes é própria. O que, porém, está bastante ausente em meio a toda esta preocupação pelas dimensões urbanas da produção e do consumo, reestruturação industrial e transição para o pós-fordismo, é uma certa avaliação de até que ponto a vida urbana é colocada em termos de gêneros e raça. A análise do patriarcado e do racismo ainda precisa ser completamente integrada na geografia urbana, embora, como as seções a seguir demonstram, algumas importantes fundações já foram assentadas.

O desafio feminista e anti-racista

A geografia urbana sempre se preocupou em como a estrutura de classes e a ordenação do *status* se refletem na organização do espaço urbano e são conformados por este último. O estudo da segregação "racial" como um índice espacial da situação das "relações" de raça também é uma preocupação tradicional. Até recentemente, contudo, categorias de raças eram tidas como certas em geografia urbana e a predominância de gênero foi freqüentemente ignorada. De um lado, portanto, a teoria urbana utilizou "raça" como uma variável explanatória (e não como uma elaboração social que demande, ela mesma, uma explicação). Por outro lado, a teoria urbana tem sido insensível a gênero, desenvolvendo generalizações em grande parte com base em observações de chefes de família do sexo masculino.

Por exemplo, o interesse da geografia urbana por "segregação racial" foi muitas vezes alimentado pelo pressuposto tautológico de que "*status* étnico" é o que explica o agrupamento espacial de minorias ou grupos de imigrantes. Na verdade, esse agrupamento ocorre freqüentemente nas piores partes do sistema habitacional, e é principalmente uma conseqüência da posição marginal dos residentes no mercado de trabalho (o que, por sua vez, limita suas realizações no mercado habitacional), e de sua exclusão dos benefícios da previdência (o que limita o seu acesso a auxílio habitacional e uma moradia satisfatória no setor público). "*Status* étnico" não é, pois, um conjunto de atitudes, aspirações, características comportamentais que dê conta de onde as pessoas vivem; é mais precisamente um rótulo que testemunha haver certas importantes divisões sócio-econômicas e políticas entre a população. São essas divisões que devem ser explicadas pelos analistas, geralmente com referência ao funcionamento discriminatório de mercados urbanos e instituições habitacionais.

Um tipo diferente de erro está contido em grande parte da economia urbana convencional, onde o comportamento familiar é subordinado às atividades dos chefes de família do sexo masculino. Modelos em *trade-off* de estrutura urbana, por exemplo, pretendem fazer generalizações acerca das atividades da população como um todo, mas são baseados unicamente no trajeto do indivíduo do sexo masculino ao trabalho. Essas abordagens ignoram o comportamento e as aspirações de mais da metade da população, mas instruem a maior parte da teoria urbana. Como conseqüência, tal teoria necessita de uma revisão urgente, como a obra de Pratt e Hanson (1988) o mostra claramente. Da mesma forma, os estudos etnográficos que produziram um bem-vindo discernimento do significado da vida urbana e a negociação da cultura urbana estão extremamente preocupados com a vida de rua dominada pelo indivíduo masculino ou com o trabalho assalariado nas profissões predominantemente masculinas. Até mesmo as mais críticas das análises neomarxistas de consumo coletivo tendem a ignorar a vida familiar e o papel das mulheres dentro dela ao considerar as cidades mais como um todo, do que por suas populações diferenciadas por gênero, como veículo de reprodução da força de trabalho. Abordagens como essas, insensíveis a gênero, concentraram-se também principalmente na análise do trabalho assalariado, desvalorizando implicitamente a contribuição do trabalho doméstico não-assalariado na manutenção do sistema urbano.

Essas lacunas teóricas e empíricas na literatura da geografia urbana foram sendo gradualmente preenchidas ao longo da última década. Estudos de "raça", "segregação racial" e "relação de raça" estão sendo substituídos por análises de ideologias raciais, racismo e discriminação (Jackson, 1987; Smith, 1989), enquanto os geógrafos feministas foram bem-sucedidos em seus esforços não só de tornar as mulheres visíveis como também de introduzir um conceito de relações de gênero na teoria urbana, tanto no Ocidente (Little et al., 1988) como no mundo em desenvolvimento (Momsen e Townsend, 1987).

Para uma geografia urbana anti-racista, o desafio é rejeitar o conceito de "raça" como categoria explanatória e, em vez disso, concentrar-se em explicar como a reprodução das desigualdades materiais está estruturada em torno de idéias cientificamente indefensáveis acerca do significado social da variedade somática (fenotípica e genética). A ênfase deveria ser colocada não na descrição de onde vivem diferentes "raças" e como elas se comportam, e sim em detalhar os processos sócio-econômicos e políticos da formação de "raça". Isto nos obrigará a dar atenção à organizacão da migração de mão-de-obra (Miles, 1982), ao padrão da reestruturação econômica (Cross, 1983), ao exercício da política social (Rex, 1986) e à condução da democracia política (Gilroy, 1987). Algumas dessas idéias foram desenvolvidas mais recentemente numa coletânea editada por Cross e Keith (1993).

Por parte da teoria feminista, um primeiro desafio à geografia urbana foi simplesmente o de tornar as mulheres visíveis. Isto levantou questões relacionadas com o lugar das mulheres na divisão do trabalho doméstico, seu acesso limitado ao espaço urbano e a suas habilitações não-reconhecidas para serviços pouco subvencionados como as creches. Este enfoque produziu explicações para as diferenças entre o comportamento das mulheres e dos homens em termos do papel do gênero e a expectativa de função. Subseqüentemente, no entanto, esta perspectiva de "mulheres e..." foi ofuscada por uma preocupação com *relações* de gênero, desigualdade de gênero e, acima de tudo, com patriarcado. Patriarcado é esta particular e mais típica forma de relações de gênero em que os homens dominam as mulheres, e que produz uma forma distinta de desigualdade de gênero na qual as mulheres estão em desvantagem em relação aos homens em termos de acesso a recursos materiais, *status* e poder político. Procuramos, pois, descobrir maneiras de conceitualizar e analisar a dimensão urbana de lutas de poder entre homens e mulheres e vinculá-las às lutas de poder associadas com conflitos de classes e racismo. Uma abordagem criativa neste sentido foi desenvolvida por Elizabeth Wilson (1991) que sustenta que as opiniões das mulheres podem contribuir para resgatar o ideal da cidade e humanizar a paisagem urbana.

Essas perspectivas feministas e anti-racistas forneceram novas e importantes dimensões para as teorias que alicerçam a geografia urbana. Somos forçados a, por exemplo, reinterpretar o papel das cidades na transição para o industrialismo, a fim de levar em conta maneiras como os mercados urbanos de trabalho requerem (a fim de assegurar a reprodução da força de trabalho) novas modelagens do papel do gênero, como também novas fontes de mão-de-obra barata (racializadas). Mais recentemente, a transição para o pós-fordismo e a reestruturação espacial da economia que a acompanha atrai nossa atenção para como as relações de gênero ganham contorno, como as relações sociais são racializadas e como patriarcado e racismo são reproduzidos na moderna arena urbana. Vemos, portanto, análises de sistemas habitacionais urbanos que revelam um preconceito contra lares não-familiares, isto é, contra lares que freqüentemente são encabeçados por pessoas do sexo feminino e os menos prováveis de reproduzir as estruturas patriarcais associadas com a tradicional vida de núcleo familiar (Watson, 1988). Analistas demonstraram a relevância do gênero para teorias de elitismo (Bondi, 1991), conceitos do sistema habitacional (Madigan et al., 1990) e para idéias acerca da reprodução da desigualdade urbana (Smith, 1990). Vemos, também, análises de economias que marginalizam minorias racializadas (Harris, 1987), e estamos descobrindo indícios de titulações de cidadania que não são apenas racistas (Smith, 1989) mas que implicitamente também excluem as mulheres (Pateman, 1988). Em resumo, o desafio feminista e anti-racista à geografia urbana nos obriga a desenvolver novos meios analíticos para conciliar não apenas uma reestruturação espacial da economia política, como também a importância do espaço na reprodução do patriarcado e na perpetuação do legado do imperialismo. Embora esta exigência possa parecer óbvia para muitos leitores, ela é freqüentemente contestada pelos analistas da "Nova Direita" — um conjunto de pontos de vista, que, como mostraremos na próxima seção, traz alguns novos imperativos para o assunto em questão e a conduta da geografia urbana.

Problemas urbanos e a direita

O trabalho dos economistas urbanos e dos ecologistas sociais de Chicago no início do século XX é geralmente associado com a política liberal de direita, e isto não escapou à visão crítica da moderna geografia urbana. É portanto irônico que essa subdisciplina tenha, até agora, dado escassa atenção à importância intelectual do pensamento da Nova Direita durante os anos 80. Esta reelaboração da economia liberal, políticas autoritárias e moralidade conservadora reivindica, contudo, um lugar dentro da geografia urbana.

Enquanto o conservadorismo tradicional tem suas raízes em filosofia política e nos princípios de tradição e hierarquia, o estímulo por trás da

Nova Direita provém da economia e é fundamentado nos princípios do individualismo e das forças de mercado. Todavia, vários governos de direita conseguiram, durante os anos 80, combinar políticas monetárias liberais (que deveriam deter o enfraquecimento econômico) com o ressurgimento do autoritarismo e do moralismo (que eram tidos como necessários para preservar o tecido social da nação). Em princípio, esses braços gêmeos da Nova Direita coexistem de forma pouco cômoda. Os defensores da economia neoliberal, e das associadas idéias de livre-arbítrio, evitam a intervenção do estado, enquanto que os absolutistas morais tendem a exigir um governo forte, pelo menos no âmbito do controle social. Na prática, porém, a combinação desses elementos econômicos e ideológicos da Nova Direita mostrou-se politicamente eficiente. O mais importante para nosso propósito é que eles desempenham um papel relevante na administração (e na legitimação da administração) do que Gottdeiner (1986) denominou a moderna crise urbana. Esta crise é assinalada, acima de tudo, pela pressão fiscal suportada por governos urbanos (locais) e pela escalada da agitação urbana. A partir de uma perspectiva de esquerda, esses problemas podem estar diretamente relacionados com processos da reestruturação econômica global e com a crise de legitimidade experimentada por estados cujos gastos em previdência social não podem mais garantir a reprodução de mão-de-obra. Analistas de direita, entretanto, tendem a retratar os problemas urbanos como mais pontuais (e potencialmente mais administráveis) ao descrevê-los, de um lado, como sintoma da exagerada intervenção do estado, e por outro, como conseqüência de padrões morais em declínio. Definidos desta maneira, os problemas financeiros e de ordem civil dos governos locais aparecem como podendo ter soluções óbvias nas políticas urbanas promovidas por governos neoconservadores.

Embora a direita política não detenha o monopólio sobre a administração urbana nos "novos tempos", governos da ala direita presidiram as reestruturações econômicas e culturais da última década tanto na Grã-Bretanha como nos Estados Unidos. Tomando o exemplo da Grã-Bretanha, que experimentou ambos os sintomas de Gottdeiner de crise urbana durante os anos 80, o restante desta seção mostrará como o impacto dos dois ramos da filosofia da Nova Direita — economia neoliberal e autoritarismo conservador — é patente na escala urbana. Sustentarei que, durante a última década, este conjunto de idéias teve uma forte influência sobre a maneira como os problemas urbanos são conceitualizados, afetam as estratégias que abrangem a política urbana, e deixam sua marca na condução da vida urbana e na interpretação do urbanismo.

O programa econômico permitiu o sucesso político inicial da Nova Direita, e examinarei isto em primeiro lugar. A economia liberal depende da eficiência das forças de mercado e é baseada na premissa de que mercados livres são mais eficientes e ao menos tão eqüitativo quanto a intervenção do estado como meio de distribuir bens e serviços aos cidadãos. A intervenção do estado nos processos de produção e consumo é rejeitada sob a alegação de que ela raramente cumpre seus propósitos e tem efeitos indesejáveis (e incontroláveis) não previstos. Conseqüentemente, o único sentido em que se deveria permitir a política de interferir na economia é o de manter as condições que possibilitem o funcionamento de um mercado livre. Este modo de pensar levou governos a cortar os gastos públicos pela redução do provisionamento de dinheiro em espécie pelo estado e (em teoria) o uso de poupança para reduzir os impostos. Na Grã-Bretanha isto acarretou, entre outras coisas, a venda de empresas públicas e a venda (ou mercantilização) de edifícios destinados a programas de habitação. Além disso, há três áreas em que o pensamento neoliberal tem uma relação direta com as crises fiscais de governos locais, que recentemente dominaram a geografia urbana britânica.

Em primeiro lugar, a fim de conter a crise de desindustrialização com que se defrontam os centros urbanos (mais extensamente comentada por Fothergill et al., 1988), a política urbana foi, do princípio ao fim dos anos 80, cada vez mais vinculada ao programa de recuperação econômica. O caminho para o sucesso era definido em termos de "liberação" da livre empresa do controle do estado. Este objetivo impregnou a maioria das áreas de política urbana: ela serviu de base para a mudança na ênfase do *Urban Programme* (que abandonou suas preocupações iniciais em favor de um enfoque quase exclusivo sobre recuperação urbana), a criação de empresas de desenvolvimento urbano, o advento das forças-tarefas urbanas, a popularidade de iniciativas como a Business in the Community (Negócios na Comunidade) e o Financial Institutions Group (Grupo de Instituições Financeiras), e uma grande quantidade de estratégias políticas mais recentes para aumentar o investimento nos centros urbanos. O espírito dessas idéias pode, contudo, ser demonstrado com referência à noção de zonas empresariais, que foram previstas pela primeira vez no orçamento de 1980. Dentro dessas zonas (eram onze na primeira fase) concedia-se aos empreendedores, por um período de dez anos, incentivos que incluíam a isenção de tributos, de imposto territorial, deduções sobre os custos da construção de prédios e o abrandamento de diversos controles de planejamento local. O objetivo era, pois, "abrir" o mercado libertando pequenos lotes de solo urbano da teia (inspirada no estado) do planejamento burocrático e das regras de tributação. Por fim, vinte e cinco zonas empresariais foram instituídas nas áreas decadentes de antigas cidades industriais. Muitas alcançaram um grande sucesso na recuperação do patrimônio e, em menor grau, em gerar empregos. Contudo, o "custo" para o estado (em termos de perda de receita) foi enorme, e em muitas áreas sustenta-se que o grosso da recuperação teria ocorrido sem o estabelecimento de uma zona empresarial. O que não pode ser contestado é o grau em que uma ênfase na livre iniciativa e no investimento privado mudou a forma e a organização de diversas grandes cidades britânicas.

Em segundo lugar, paralelamente à concessão de incentivos para a iniciativa privada, o governo central empreendeu uma série de tentativas para restringir os gastos do governo local, os quais em áreas urbanas de elevada despesa tenderam a ser controlados pelo Partido Trabalhista. As autoridades pródigas em gastos não se ajustam às exigências da economia neoliberal, visto que continuam a mobilizar mais a intervenção do estado do que as forças de mercado para prover as necessidades dos cidadãos. A fim de reduzir o dispêndio (e com isso "liberar" a economia local), os governos locais foram impedidos de investir a receita de capital resultante da venda de prédios do programa habitacional novamente em habitações populares, tiveram suas capacidades de taxação limitadas onde os seus gastos em serviços e seguridade social excederam as metas governamentais, e por um breve período foram obrigados a abolir as taxas internas em favor de um imposto comunitário ou eleitoral, destinado (entre outras coisas) a encorajar o público a votar em políticos menos propensos em gastar do que nos pródigos. Esta contenção nas despesas públicas exige que cidades financeiramente bem-sucedidas dependam cada vez mais da atração do investimento privado, mão-de-obra especializada e consumidores de alta renda. Isto me traz a meu terceiro exemplo.

Enquanto a noção de administração urbana dominava a política urbana e a teoria urbana durante os anos 60 e 70, refletindo o predomínio de grandes burocracias públicas na distribuição de bens e serviços, no clima neoliberal dos anos 80, o lema passou a ser empreendimento urbano. Como Harvey (1987) destaca, as cidades estão concorrendo umas com as outras por investimento, prestígio e mão-de-obra. Elas devem mostrar-se seguras, agradáveis e lucrativas. Isto é obtido pela "mobilização do espetáculo" — a construção de luxuosos shopping centers, a organização de festivais ou a promoção de eventos esportivos, a noção de Cidades Européias de Cultura e assim por diante. Esses espetáculos desempenham os múltiplos papéis de parecer unir comunidades divididas em classes, atrair investimentos e gerar empregos. Eles podem significar a diferença entre fracasso e sucesso na economia urbana do pós-fordismo.

A economia política neoliberal deixou sua marca tanto na organização da vida urbana como em nossas interpretações da mesma. Todavia, o impacto da Nova Direita também é sentido através do ressurgimento do autoritarismo neoconservador e do moralismo. Este é um movimento interessado em conter o notado declínio moral ao fortalecer os valores sociais compartilhados e atribuir um papel estabilizador às instituições tradicionais (tais como a família) e ao sentido de herança comum que acompanha um "modo nacional de vida". A estratégia econômica dos *Tories* significou mais do que um desvio do "capital social de consumo" (provisão em dinheiro ou espécie de recursos geralmente adquiridos com salários) para "capital social de investimento" (despendendo em projetos que canalizam recursos para o setor privado ao estimular um ambiente favorável aos negócios) no sentido delineado por O'Connor (1973). Ela significou, também, um investimento maciço em "capital de despesas sociais" para apoiar os serviços responsáveis pela lei e pela ordem e conter, assim, aquele segundo sintoma de crise urbana: a escalada de agitação civil. Na Grã-Bretanha, por exemplo, a eclosão de distúrbios no início dos anos 80 — especialmente em 1981 e 1985 — ajudaria a explicar por que, nos primeiros anos do governo Conservador (após 1979) as despesas com a lei e a ordem dobraram, o tamanho da força policial aumentou em relação ao público e, porque havia uma evidente centralização — alguns diriam uma virtual nacionalização — do processo de policiamento e o dever de a polícia prestar conta de seus atos parecia mínimo (Fyfe, 1989; Smith, 1986). As cidades pareciam ter sido divididas, para efeitos de policiamento, em zonas respeitáveis e mal-afamadas, na pressuposição de que se as últimas não pudessem ser "curadas" poderiam ao menos ser contidas, de modo que não viessem a denegrir a imagem necessária para assegurar investimento urbano por parte do capital privado.

Para a Nova Direita as crises urbanas vinculadas pela esquerda à reestruturação econômica internacional são tidas como originadas, em vez disso, das deficiências econômicas e políticas do estado assistencial, na ascendência de políticas de interesse de grupos, no desequilíbrio das forças de livre-mercado causado por distúrbios relacionados com sindicatos, e numa perda de orgulho nacional. Assim definidos, espera-se que esses problemas cruciais sejam resolvidos por políticas que abram o mercado enquanto se mantêm as forças para o controle social. Isto está produzindo uma geografia urbana mais calcada nos ideais de crescimento econômico do que nos princípios de justiça social, uma estruturação de espaço mais dependente na mobilização das obrigações dos "cidadãos" do que na ampliação de seus direitos, e um ambiente construído em torno de desigualdades da prosperidade individual que têm pouco interesse em promover o bem-estar coletivo.

Cultura, capital e mudança urbana

Fica claro, a partir das perspectivas já examinadas, que embora o conteúdo e a organização da vida da cidade tenham mudado dramaticamente na última metade do século, a interpretação de urbanismo é, essencialmente, mais uma questão política do que uma questão ontológica. A geografia urbana é tanto uma disputa de idéias quanto uma busca por realidade; tanto uma declaração de como as coisas deveriam ser quanto um relato de como elas são. Isto é bem demonstrado por recentes esforços dentro da geografia urbana de dar um sentido ao pós-modernismo — uma forma cultural que se transformou num elemento cada vez mais difuso na vida urbana nos últimos vinte anos.

O pós-modernismo é uma noção complexa e contestada associada com tendências em arte, literatura e arquitetura como também com avanços em filosofia e teoria social. É uma condição cultural que, nas cidades, encontra expressão no ambiente construído, na organização do consumo, na condução da vida social e na negociação da identidade pessoal.

Sob o ponto de vista arquitetônico, o pós-modernismo representa um afastamento dos estilos modernos e internacionais associados com o trabalho de Frank Lloyd Wright, Le Corbusier e Mies Van Der Rohe, e condensado nos monótonos tons de cinza dos arranha-céus laminados de concreto e nas áreas residenciais constituídas de apartamentos. Em seu lugar, a arquitetura pós-moderna adota uma pluralidade de formas, cores e texturas, requer a volta do simbolismo e da ornamentação, e seus traços característicos são o ecletismo e a mescla produzida pela livre combinação dos estilos arquitetônicos do passado. A paisagem da cidade moderna é, pois, uma colagem de tradições locais, referências históricas e alusão típica do lugar. O objetivo, condensado na obra de Charles Jencks e Robert Venturi, é criar um ambiente social e culturalmente relevante, atendendo a uma variedade de gostos e captando a pluralidade da vida urbana contemporânea (ver Relph, 1987). A arquitetura pós-moderna domina agora o horizonte do centro de muitas cidades (o centro comercial de São Francisco é o exemplo mais amplamente citado), traços pós-modernos inspiram a indústria da construção civil, e os ambientes construídos pós-modernos são a nova marca característica de bairros sofisticados e do planejamento comunitário. Mas o impacto urbano do pós-modernismo não se restringe à arquitetura. Jameson (1984) caracteriza o pós-modernismo tanto como a transformação do consumo de bens e serviços urbanos como na produção de forma urbana.

Café, automóveis, roupas, alimentos, móveis, ampliação de casas: nada disso é hoje vendido ou adquirido simplesmente por seu valor de uso. Os bens de consumo vêm embalados em uma imagem — de romance, machismo, elegância ou sucesso — como se, ao comprar um produto, o comprador estivesse expressando ou absorvendo o estilo de vida exclusivo, freqüentemente elitista, que o envolve. Isto é vivamente demonstrado no estudo de Mills (1988) sobre o elitismo em Vancouver. Dessa maneira, o pós-modernismo estimula a renegociação de limites sociais, facilitando o surgimento de novas identidades políticas (através do feminismo e do anti-racismo, por exemplo); representa a dissolução dos tradicionais limites de classes e assinala a transmutação de clivagens do setor de consumo, de modo que uma distinção-chave nas cidades hoje em dia é separar "os que gastam tempo para poupar dinheiro daqueles que gastam dinheiro para poupar tempo" (Ignatieff, 1989).

Resumindo, o pós-modernismo pode ser considerado o caráter cultural dos assim chamados "novos tempos" (tempos que também abrangem o advento da acumulação flexível e o pós-fordismo na economia e o sucesso de políticas neoconservadoras). Como tal, o espírito do pós-modernismo passa para uma preocupação mais longeva entre os geógrafos urbanos com a análise da cultura urbana. Esta preocupação foi primeiramente estabelecida num artigo de seminário de Louis Wirth, "Urbanism as a way of life" (1938), e foi ressuscitado muitas vezes com o intuito de desenvolver uma teoria cultural da cidade. Duas escolas de pensamento se propuseram a este fim.

A primeira deriva diretamente do trabalho da Escola de Chicago e é seguida por Ulf Hannerz, cujo excelente livro *Exploring the City* (1980) retrata o urbanismo não como uma determinante da identidade social, mas como um produto simbólico de vida social. Nas palavras de Jonathan Raban,

> a cidade se torna macia; ela aguarda a marca de uma identidade... o convida a refazê-la, a consolidá-la num formato no qual você possa viver. Decida quem você é e a cidade assumirá novamente uma forma à sua volta... Cidades, ao contrário de aldeias e pequenos povoados, são maleáveis por natureza. Nós as moldamos de acordo com nossas imagens: elas, por sua vez, nos influenciam pela resistência que elas oferecem quando tentamos impor-lhes nossa própria forma pessoal (Raban, 1974, p.9-10).

A partir desta perspectiva, as cidades não incutem nas pessoas um conjunto de normas culturais que condicionam seu comportamento e psique. São mais precisamente as pessoas que criam as cidades, incutindo-lhes um simbolismo e significado social.

A segunda abordagem à análise da cultura urbana sustenta que a forma das cidades afeta a estrutura e o significado das relações sociais e se intromete no desenvolvimento da personalidade individual e social. Esta espécie de raciocínio é exposta no comentário de Smith sobre "Social Theory e the City" (1980), parcialmente no capítulo sobre Louis Wirth, porém mais acerbamente na crítica dos escritos de Theodore Roszack e Richard Sennett, sendo que ambos se preocupavam com as conseqüências culturais (mais do que com as causas) da urbanização. Estudos mais recentes nesta linha preocuparam-se com os efeitos sobre a personalidade e conscientização humanas de novas formas de desenvolvimento econômico e crescente complexidade tecnológica.

Essas perspectivas se defrontaram umas com as outras repetidamente na história dos estudos sobre cultura urbana. Não nos causa surpresa encontrá-las no centro dos debates dos geógrafos a respeito da importância e do impacto do pós-modernismo. Poucos autores discordam da opinião de que pós-modernismo, acumulação flexível e neoconservadorismo estiveram até agora estreitamente interligados. Onde surge divergência, ela se concentra na questão de eles serem causalmente relacionados ou não e de que maneira o seriam — e, no contexto urbano, como essas relações são expressas no ambiente configurado e social das cidades.

De um lado há a visão mais intimamente ligada com a obra de Phil Cooke, de que a cultura pós-moderna é, pelo menos parcialmente, autônoma, e pode até ajudar a impelir processos econômicos e políticos. Isto confere um brilho otimista (ou, pragmático, nos termos de Cooke [1990]) ao pós-modernismo, permitindo-nos interpretá-lo como uma força humanizante. Esta dimensão está evidente, por exemplo, nas paisagens "liberais" de Vancouver descritas por David Ley (1987). É também patente nas oportunidades que Cooke identifica para a "democratização e acessibilidade da cultura", o desenvolvimento de "máximo controle factível local", e o surgimento de cidades que são "cada vez mais cosmopolitas, diferentes, fragmentárias mas comunicativas" (Cooke, 1990, p.29-30). A visão aqui é claramente a de que as prioridades culturais conformam o significado e o uso do espaço urbano, atrelando pelo menos algumas forças econômicas e políticas às tradições, necessidades e aspirações de um público local heterogêneo.

Por outro lado, há uma visão mais crítica apresentada sobretudo por David Harvey (1989) que considera o pós-modernismo como pouco mais do que uma "roupagem cultural" de acumulação flexível. A cultura pós-moderna é, a partir desta perspectiva, um produto da organização da economia. A paisagem das cidades transformou-se numa tela para a projeção da imagem corporativa; a arquitetura pós-moderna abrange os ideais de comércio e a mercantilização do espaço existente. Essas paisagens não são responsivas à cultura — elas a moldam à medida que sistema de significados, imagens e estilos de vida são comprados e vendidos sob a forma de locação, vizinhança e arquitetura. De acordo com esta interpretação, a cidade pós-moderna está preocupada com as forças de mercado: pluralismo, escolha e democracia de gostos são noções relevantes apenas para aqueles com expressiva renda disponível. O modo de vida pós-moderno só é disponível para aqueles ávidos em "gastar dinheiro para poupar tempo", e um íngreme gradiente sócio-econômico e político os separa claramente daqueles — muitas vezes bastante próximos — cujos estilos de vida giram em torno do conceito anterior moderno, menos conspícuo, de gastar tempo para poupar dinheiro. Daí é que Short descreve o ambiente construído pós-moderno como uma "arquitetura de casamata" — uma forma "mais preocupada com segurança do que com ostentação, mais com a segurança pessoal do que com exibição e mais com a exclusão das comunidades nativas do que com a sua integração" (Short, 1989, p.187).

Meu propósito ao resumir esses argumentos não é o de forçar uma escolha entre eles. Na verdade, alguns dos melhores trabalhos acadêmicos atuais transcende a ambos (por exemplo, Zukin, 1991). A questão, todavia, é que cidades são importantes para a teoria social precisamente porque o urbanismo tem componentes tanto culturais como econômicos e políticos. As cidades estão saturadas de simbolismo, são reproduzidas e recriadas na mente do público e fortemente fixadas nas culturas políticas que determinam a política pública.

Conclusão

A geografia tem um passado rico e complexo, mas este capítulo ocupou-se principalmente com seu futuro. Primeiro, sustentei que a subdisciplina tem futuro: os lugares urbanos são importantes por seu papel na acumulação de capital, disseminação de informações, consumo de bens e serviços e reprodução de mão-de-obra assalariada e não-assalariada. As cidades são também importantes, ainda, como estilo de vida. A *idéia* de cidade como poderoso símbolo cultural e político talvez esteja cada vez mais presente nesses "novos tempos" turbulentos. Segundo, sugeri que o tipo de futuro reservado para a geografia urbana não se baseia na coleta e coordenação de uma gama de dados cada vez mais detalhados e precisos. Na verdade, seu futuro será formado por debates políticos — debates nos quais os geógrafos urbanos podem e devem ser envolvidos — a respeito de como as cidades deveriam ser organizadas, como os problemas urbanos são definidos e qual a forma a ser adotada pelas políticas urbanas. Finalmente, mostrei que a condução da geografia urbana não pode girar em torno de conceitos como capital, classes e culturas no abstrato. A influência do feminismo e do anti-racismo já mostra o quanto a desigualdade e a discriminação tomam formas sistemáticas e particulares em contextos diferentes, e o debate pós-moderno nos faz lembrar a importância de um sentido de lugar na formação das identidades urbanas num mundo em mudança.

Referências bibliográficas

Bondi, L. (1991) 'Gender divisions e gentrification: a critique', *Transactions, Institute of British Geographers NS* 16, p.190-8.

Castells, M. (1977) *The Urban Question* (Londres: Edward Arnold).

Castells, M. (1978) *City, Class and Power* (Londres: Macmillan).

Castells, M. (1983) *The City and the Grassroots* (Londres: Edward Arnold).

Ceccarelli, P. (1982) 'Politics, parties and urban movements: Western Europe', em N.I. Fainstein e S.S. Fainstein (orgs.), *Urban Policy Under Capitalism* (Beverly Hills: Sage).

Cooke, P. (1990) 'Modern urban theory in question', dissertação apresentada na conferência anual do Institute of British Geographers, Glasgow.

Cross, M. (1983) 'Racialised poverty and reservation ideology: blacks and the urban labour market', dissertação apresentada na quarta conferência sobre Mudança Urbana e Conflito, Clacton-on-Sea.

Cross, M. e M. Keith (orgs.) (1993) *Racism, the City and the State* (Londres: Unwin Hyman).

Douglass, M. (1988) 'The transnationalization of urbanization in Japan', *International Journal of Urban and Regional Research*, vol.12, p.425-54.

Elliot, B. e D. McCrone (1983) *The City: Patterns of Domination and Conflict* (Nova York: St.Martin's Press).

Fothergill, S., G. Gudgin, M. Kitson e S. Monk (1988) 'The deindustrialisation of the city', em D. Massey e J. Allen (orgs.), *Uneven Re-development. Cities and Regions in Transition* (Londres: Hodder e Stoughton), p.68-90.

Fyfe, N. (1989) 'Policing the recession', em J. Mohan (org.), *The Political Geography of Contemporary Britain* (Londres: Macmillan).

Gilroy, P. (1987) *There Ain't no Black in the Union Jack* (Londres: Hutchinson).

Gottdeiner, M. (1986) *Cities in Stress: A New Look at the Urban Crisis* (Beverley Hills: Sage).

Hannerz, U. (1980) *Exploring the City* (Nova York: Columbia University Press).

Harris, C. (1987) 'British capitalism, migration and relative surplus — population: a synopsis', *Migration*, vol.1, p.47-96.

Harvey, D. (1989) *The Condition of Postmodernity* (Oxford: Blackwell).

Harvey, D. (1985a) *The Urbanization of Capital* (Oxford: Blackwell).

Harvey, D. (1985b) *Consciousness and the Urban Experience* (Oxford: Blackwell).

Harvey, D. (1987) 'Flexible accumulation through urbanization: reflections on 'post-modernism' in the American city', *Antipode*, vol.19, p.260-86.

Ignatieff, M. (1989) 'Cleverness is all', *The Independent*, Janeiro 7, p. 25.

Jackson, P. (org.) (1987) *Race and Racism* (Londres: Allen e Unwin).

Jameson, F. (1984) 'Postmodernism, or the cultural logic of late capitalism', *New Left Review*, vol.146, p.53-94.

Lash, S. e J. Urry (1987) *The End of Organised Capitalism* (Cambridge: Polity Press).

Lefebvre, H. (1970) *La Révolution Urbaine* (Paris: Gallimard).

Lefebvre, H. (1976) *The Survival of Capitalism* (Londres: Allison e Busby).

Leitner, H. (1986) 'Urban geography: the urban dimension of economic, political and social restructuring', *Progress in Human Geography*, vol.13, p.551-65.

Ley, D. (1987) 'Styles of the times: liberal and conservative landscapes in inner Vancouver 1968-86', *Journal of Historical Geography*, vol.13, p.40-56.

Little, J., L. Peake e P. Richardson (1988) *Women in Cities* (Londres: Macmillan).

Lowe, S. (1986) *Urban Social Movements* (Londres: Macmillan).

Madigan, R., M. Munro e S.J. Smith (1990) 'Gender e the meaning of the home', *International Journal of Urban and Regional Research*, vol.14, p.625-647.

McGee, T.G. (1988) 'Industrial capital, labour force formation and the urbanization process in Malaysia', *International Journal of Urban and Regional Research*, vol.12, p.356-74.

Miles, R. (1982) *Racism and Migrant Labour* (Londres: Routledge e Kegan Paul).

Mills, C. (1988) '"Life on the upslope": the postmodern landscape of gentrification', *Environment and Planning D: Society and Space*, vol.6, p.169-89.

Momsen, J. e J. Townsend (orgs.) (1987) *The Geography of Gender in the Third World* (Londres: Hutchinson).

O'Connor, J. (1973) *The Fiscal Crisis of the State* (Nova York: St. Martin's Press).

Pateman, C. (1988) *The Sexual Contract* (Cambridge: Polity Press).

Pratt, G. e S. Hanson (1988) 'Gender, class, and space' *Environment and Planning D: Society and Space*, vol.6, p.15-35.

Raban, J. (1974) *Soft City* (Londres: Collins Harvill).

Rees, G. e J. Lambert (1986) *Cities in Crisis* (Londres: Edward Arnold).
Relph, E. (1987) *The Modern Urban Landscape* (Londres: Croom Helm).
Rex, J. (1986) *Race and Ethnicity* (Milton Keynes, Open University Press).
Saunders, P. (1981) *Social Theory and the Urban Question* (Londres: Hutchinson) (2ª ed., 1986).
Scott, A.J. (1986) 'Industrialization and urbanization: a geographical agenda', *Annals, Association of American Geographers,* vol.76, p.25-37.
Short, J. (1984) *The Urban Arena* (Londres: Macmillan).
Short, J. (1989) *The Humane City* (Oxford: Blackwell).
Smith, M.P. (1980) *The City and Social Theory* (Oxford: Blackwell).
Smith, S.J. (1986) *Crime, Space and Society* (Cambridge University Press).
Smith, S.J. (1989) *The Politics of 'Race' and Residence* (Oxford: Polity Press).
Smith, S.J. (1990) 'Income, housing wealth and gender inequality', *Urban Studies*, vol.27, p.59-78.
Watson, S. (1980) *Accommodating Inequality. Gender and Housing* (Sidney: Allen e Unwin).
Wilson, E. (1991) *The Sphinx in the City* (Londres: Virago).
Wirth, L. (1938) 'Urbanism as a way of life', *American Journal of Sociology*, vol.44, p.1-24.
Zukin, S. (1991) *Landscapes of Power* (Berkeley: University of California Press).

9

História, geografia e o "mistério ainda maior" da geografia histórica

CHRIS PHILO

Considerações introdutórias

> Algumas pessoas consideram o geógrafo como uma espécie de trapeiro intelectual [coletor] que se contenta em separar fragmentos e pedaços de informações desconexas de várias outras disciplinas... A geografia histórica é um mistério ainda maior; poucos se aventuram além da crença de que se trata de "velhos" mapas, e que talvez ela se preocupe demais com as lendas de marinheiros de antigamente, viajantes medievais e mercadores aventureiros. Outros acham que se trata de uma disparatada tentativa dos geógrafos em explicar a história, e pensam que o geógrafo histórico está certamente transgredindo e deveria provavelmente ser processado. Isto não é bem assim, o geógrafo histórico é um geógrafo em primeiro lugar, por último e o tempo todo (Mitchell, 1954, p.1-2).

"Geografia histórica" é um termo que vem sendo empregado há muito no mundo da língua inglesa para descrever certas variedades de escritos topográficos, e é um termo que, nos anos mais recentes, veio a identificar uma subdisciplina aparentemente distinta da geografia acadêmica. Algumas dificuldades são associadas a esta subdisciplina, todavia, e os estudantes que se deparam pela primeira vez com cursos de geografia histórica ficam confusos de como exatamente esses cursos devem ser diferenciados de outros ministrados nos departamentos de história e geografia. Na verdade, a geografia histórica — ao contrário das geografias mais sistemáticas designadas por "econômica", "social", "política", "urbana", "agrícola", "médica", e assim por diante — não pode reivindicar um objeto de estudo perfeitamente definido, pois o que significa dizer que "história" é este objeto quando a história por si é tão heterogênea e pode ser estudada em tantos aspectos diferentes (e quando os próprios historiadores dividem suas investigações em caixas rotuladas "econômica", "social", "política")? Além do mais, é evidente que os pesquisadores que se autodenominam geógrafos históricos se concentram sobre uma diversidade de questões substantivas, e também tendem a fazer uso de uma diversidade de jogos de ferramentas filosóficas e metodológicas sobre uma diversidade de fontes primárias e secundárias. A situação, então, não é tanto a de um empreendimento acadêmico uniforme impulsionado por um misto de interesse, teoria e prática, mas sim de uma compilação solta e eclética de investigações que se somam para o que Mitchell (1954) descreveu como o "mistério ainda maior" da geografia histórica.

Evidentemente, uma observação como essa pode alimentar a conclusão de que não faz sentido falar sobre uma geografia histórica, mas quero me opor a tal conclusão pelo fato de que investigar "o mistério ainda maior" de Mitchell permite uma compreensão de como a complexa geografia do mundo está estreitamente ligada com o que acontece em sua história. Eu poderia desenvolver esta alegação em diversas direções, mas meu argumento principal aqui é que a importância da geografia histórica é fazer com que uma sensibilidade geográfica seja introduzida no estudo de todos esses fenômenos do passado — econômicos, sociais, políticos ou qualquer outro — que são a própria "substância" da história e que atraíram a atenção dos historiadores (como também a de outros estudiosos das ciências sociais e das humanidades). Considere, por exemplo, um acontecimento histórico como o do "massacre" de Newport ocorrido no outono de 1839 (ver Williams, 1959, p.234-41) quando vários galeses dos Welsh Chartists, agitadores em prol da reforma política, foram baleados e mortos por soldados durante uma rebelião na cidade de Newport, no País de Gales do Sul. O fato de uma região como a de Gales do Sul ter experimentado uma atividade dos chartistas reflete uma combinação peculiar de dificuldade econômica com um certo estilo de radicalismo político; o fato de uma rebelião ter ocorrido de todo dependeu da reunião num mesmo lugar de indivíduos descontentes oriundos de três centros diferentes e disjuntos (Blackwood, Ebbw Vale e Pontypool); e o fato de que a rebelião evoluiu em confusão e perda de vidas foi, em parte, devido aos homens de Pontypool não terem chegado a Newport a tempo, uma falha ela mesma relacionada tanto à distância que eles tinham de percorrer por terrenos acidentados como ao mau tempo da noite anterior. Isto é obviamente apenas um diminuto exemplo, mas mostra como um punhado de fatores geográficos — as características econômicas e políticas de uma determinada região, a coordenação de pessoas em diferentes lugares e o movimento de pessoas e de informações através do espaço — foram fundamentais à criação de um pequeno "pedaço" de história.

Essas alegações podem, a princípio, não parecer suficientemente fortes ou excepcionais, mas sustentar a importância de uma sensibilidade geográfica enaltecida em face de um "historicismo" arraigado — uma tendência que os estudiosos de quase todos os credos têm de interpretar o mundo social em termos de relações temporais (geralmente cadeias de causas-e-efeitos que se perseguem "através dos anos") — é uma tarefa vital mas onerosa (e para um tratamento teórico sistemático desses assuntos, ver Soja, 1989, especialmente o capítulo 1). Ademais, enquanto minhas alegações aqui não pareceriam estranhas para as gerações mais velhas de historiadores e geógrafos, muitos dos quais estavam atentos ao papel da geografia na história, eles, na verdade, vão contra o que mais recentemente tem sido considerado como o nicho da geografia histórica na "divisão do trabalho" intelectual. Para ser mais preciso, o nicho alternativo que imagino para a geografia histórica em meio às ciências sociais e às humanidades é o que os estudiosos uma vez se referiram não como geografia histórica mas como "história geográfica" (e eu explicarei este termo em breve), e, ao externar esta opinião, não estou apenas argumentando contra os geógrafos históricos de hoje, mas também nadando de acordo com a maré do que eles realmente fazem em suas pesquisas substantivas. Na segunda seção de meu ensaio, conseqüentemente, examino distinções mais antigas feitas entre história e geografia e, por meio desse exame, resgato a noção de história geográfica como uma espécie de lente através da qual podemos observar trabalhos em curso em geografia histórica. Na terceira seção desenvolvo um exemplo mais detalhado de história geográfica, e neste caso, a história em questão é a da "loucura": de pessoas que foram declaradas "loucas", das instituições que as abrigaram e dos médicos que delas trataram. E, na seção final, pondero sobre a história "espacializada" de Michel Foucault, o renomado intelectual francês que freqüentemente escreveu sobre assuntos históricos, e ao fazê-lo insiro tanto um "tato" por investigação histórica como alguns conceitos — que tratam de fenômenos intangíveis tais como conhecimento e poder — que instruem minha visão mais geral de geografia histórica (ou história geográfica) e também figuram em minha mais focalizada geografia histórica da "loucura". Em conjunto, espero que os vários elementos de meu capítulo resultem numa demonstração teórica e substantiva das razões para que algo que ainda pode ser chamado de "geografia histórica" (mesmo que eu, pessoalmente, preferisse resgatar o termo "história geográfica") continue central para a arena intelectual.

Geografia histórica e história geográfica

> A história... não é uma estória de eventos consecutivos ou um relato de mudanças. Ela não trata de eventos considerados como tais. Ela é um estudo dos processos de pensamento que motivaram as ações humanas no passado, e não simplesmente apreciar fenômenos em seus relacionamentos com o tempo. O conteúdo do campo da história limita-se a objetos particulares, isto é, ações humanas que são as conseqüências do pensamento consciente (Beaujeu-Garnier, 1952, p.6).
>
> O material, ou objetos, do estudo geográfico [são] os aspectos que caracterizam partes diferentes da superfície da terra. Por aspectos, quero me referir àqueles fenômenos que podem ser observados seja diretamente a olho nu ou indiretamente por intermédio de um instrumento ou estatísticas. Podemos ver coisas como casas, linhas ferroviárias, nuvens, plantas e morros; por meio de instrumentos podemos observar temperatura, chuva, radiação solar; podemos medir estatisticamente o número de pessoas em um lugar ou a densidade de colheitas em determinada área. Todos eles em conjunto formam os aspectos da superfície da terra que podem, razoavelmente, compor o material da geografia (ibid., p.7).

Esses trechos foram extraídos de uma palestra proferida pela geógrafa francesa Jacqueline Beaujeu-Garnier no Ibadan University College, Nigéria, em 1952, e embora possa parecer estranho desenterrar este discurso há muito esquecido — fico impressionado que Beaujeu-Garnier também explicite aqui uma série de discriminações que influíram bastante na opinião acerca de geografia histórica tanto na época como mais recentemente. Mais particularmente, ela bate numa exposição mais ampla pela qual vários geógrafos de meados do século buscavam estabelecer os limites entre história e geografia, e que deste modo estavam a ponto de efetivamente escolher em separado o que fora a abordagem mais aberta e holística para aliar à investigação histórico-geográfica apresentada por (digamos) Vidal de la Blache e os *Annalistes* na França ou por H.J. Fleure e a Aberystwyth School no País de Gales. O resultado desta escolha em separado foi o de compartimentalizar o conhecimento de um modo não muito útil, assim diria, e produzir uma situação em que a subdisciplina declaradamente histórica da geografia — isto é, a geografia histórica — acabou curiosamente divorciada das preocupações, teorias e métodos da história.

Não basta fazer esta reclamação, no entanto, porque é vital compreender a exata natureza desta separação (mesmo que seja apenas para avaliar melhor os possíveis termos de uma reconciliação). Afirma-se às vezes que a manobra crucial foi a separação analítica entre história como a ciência de "relações de tempo" e geografia como a ciência de "relações espaciais" que Richard Hartshorne (baseando-se em geógrafos e filósofos alemães mais antigos) introduziu na literatura geográfica anglo-americana (Hartshorne, 1939, p.134-44):

> A descrição em conformidade com o tempo é História, a que está de acordo com o espaço é Geografia"... "A História difere de Geografia apenas na consideração de tempo e área. A primeira é um relato de fenômenos que seguem um ao outro e têm relação com o tempo. A segunda é um relato de fenômenos um ao lado do outro no espaço (Kant, 1802, citado em Hartshorne, 1939, p.135).

Hartshorne declarou, pois, que para a geografia "o tempo em geral passa para o segundo plano" (ibid., p.184), e afirmou que estudos geográficos que enfatizam a dimensão temporal corriam o risco de se tornar estudos em história (ibid., p.177-84). Isto significava que sua compreensão da geografia histórica envolvia um certo distanciamento do fator tempo — um distanciamento que o levou a usar o termo "histórico" simplesmente mais no sentido "do passado" do que inferir, a partir dele, qualquer ligação com o campo da história (ibid., p.185) — e, desse modo, ele confinou a subdisciplina à reconstrução do "presente histórico", um "atalho" utilizado por um particular e preferivelmente curto período de tempo (ibid., p.184-8).

Deve-se duvidar, porém, da separação de Hartshorne como uma base para a efetiva prática da geografia histórica em meados do século XX, especialmente tendo em vista que, praticamente ao mesmo tempo, Carl Sauer — que é freqüentemente considerado um geógrafo histórico (Williams, 1983) por seu papel central para a Escola de Berkeley de geografia histórica e cultural — foi bastante explícito em sua ênfase sobre as mutações históricas de longo prazo no âmbito da cultura material (e até descreveu seus estudos como parte de uma "história cultural" mais ampla: ver Sauer, 1941). Sauer, no entanto, não teve receio em identificar uma preocupação por história como "relações temporais" no cerne de sua prática histórico-geográfica, e até mesmo o geógrafo britânico histórico H.C. Darby, que certamente se preocupava com a compatibilidade lógica entre história e geografia, estava preparado a aceitar o compromisso de Sauer com a "dimensão de tempo em geografia" (Darby, 1989). É portanto revelador que, em sua palestra de 1952, Beaujeu-Garnier tenha delineado a separação de Hartshorne entre história e geografia (Beaujeu-Garnier, 1952, p.2-4), mas depois criticou a mesma por deixar de especificar os objetos — o conteúdo ou o material — que compõem "o campo da investigação geográfica", em oposição ao da investigação histórica (ibid., p.4-7). Ela se valeu das idéias do historiador R.G. Collingwood, que delimitou a história como o estudo de "processos de ação que possuem um lado interior, constituído por processos de pensamentos" (citado em ibid., p.5: ver também Guelke, 1982), e usou sua definição como trampolim para delimitar a geografia como o estudo de fenômenos muito mais permanentes, tangíveis e observáveis. Esta distinção está claramente estabelecida nos dois trechos de Beaujeu-Garnier citados anteriormente, e em síntese fica claro que ela considerava história e geografia como separados não tanto em termos de uma preocupação, seja por "relações temporais" seja por "relações espaciais", quanto separadas porque uma se concentrava em objetos imateriais (ou "ideais") tais como pensamentos e ações humanos, enquanto a outra se concentrava em objetos materiais tais como "casas, linhas ferroviárias, nuvens, plantas e morros".

Gostaria de lembrar que os geógrafos humanos de um modo geral sentiram-se freqüentemente pouco à vontade em tratar de fenômenos destituídos de uma materialidade óbvia, e que toda uma história ainda está por ser escrita do medo "do imaterial" na investigação geográfica (ver, porém, Philo, 1991; Watson, 1957). Também parece que o tipo de distinção identificada por Beaujeu-Garnier levou muitos geógrafos históricos a concentrar suas pesquisas em torno de objetos materiais, e, ao fazê-lo, eles se distanciaram dos historiadores que estão mais propensos em falar acerca de fenômenos imateriais, não apenas as "idéias" presentes nas cabeças de pessoas históricas (enfoque de Collingwood) mas também de todo um conjunto de acontecimentos passageiros (guerras, fome), entidades abstratas (instituições políticas, movimentos intelectuais) e estruturas mais profundas (as "leis" do capitalismo, a "lógica" da luta de classes). Na verdade, se pensarmos nas diversas tradições e "escolas" de geografia histórica poderemos notar esta predileção pelo mundo material e isto é tão verdadeiro para os norte-americanos como Carl Sauer e Fred B. Kniffen (com seus enfoques sobre cultura material e coisas tão "corriqueiras" como estábulos e moirões de cerca) quanto o é para os pesquisadores britânicos preocupados com as morfologias de povoamentos do passado e sistemas de campo. Ademais, se formos reexaminar o clássico ensaio teórico de Darby de 1953 (reeditado em 1957), poderemos ver que ele considerava a atividade do geógrafo histórico como básica "para explicar a paisagem" — explicar as configurações (as distribuições e as associações) dentro da paisagem —

caso necessário pela lama e o suor do trabalho de campo (Darby, 1957, p.650).

Será útil deter-nos por um momento no ensaio clássico de Darby, visto que ele codificou aqui três possíveis maneiras de reunir as disciplinas de história e geografia, e, ao longo do processo, ele, de uma maneira questionável, imprimiu à geografia histórica uma direção que a afastou do muito que havia de interessante no campo de história (o que certamente *não* deve depreciar a substância de sua própria pesquisa). Em primeiro lugar, ele identificou o estudo de "geografias passadas", em que as paisagens de artefatos humanos e atividades associadas com determinados períodos de tempo ("cortes transversais" temporais) tinham de ser reconstruídas (ibid., p.643-54); e, em segundo lugar, ele identificou a "história por trás da geografia" em que acontecimentos de longo prazo esculpindo importantes impactos na paisagem ("os temas verticais") tiveram de ser rastreados por dezenas e até centenas de anos (ibid., p.646-9). Ele aparentemente considerou a primeira dessas possibilidades como a "verdadeira" geografia histórica, com a segunda possibilidade desempenhando um importante papel de apoio, mas a terceira dessa tríade — à qual ele se referia como a "geografia por trás da história" — foi vista mais como alheia e como algo que não poderia ser incorporado "até mesmo dentro da abrangência mais ampla de geografia" (ibid., p.643). O que Darby chamava de "geografia por trás da história" eram aqueles estudos em que o curso da história humana se relacionava com controles postos em ação pelos atributos naturais e humanos da "base geográfica" de uma determinada região (ibid., p. 640-3) e, ao identificar esta espécie de investigação intelectual e em seguida banir a mesma do campo da geografia, ele anunciou um tema que estivera presente na geografia britânica continuamente desde o encontro de geógrafos e historiadores em 1932, quando C.B. Fawcett — captando o ambiente do encontro — declarou que qualquer tentativa de usar "fatos geográficos" para explicar "acontecimentos históricos" se constituiria num exercício de "História, história geográfica e não geografia" (Geographical Association/Historical Association, 1932, p.40). Neste sentido, na verdade, alguns escritores se referiram ao objeto dos debates como "história geográfica", e um breve resumo das conclusões a que se chegou aqui foi apresentado por F.J. Monkhouse em 1955:

> O relacionamento entre Geografia e História pode ser examinado em termos de história geográfica e geografia histórica. História geográfica é a atividade do historiador, que procura seus [sic] próprios interesses com o emprego de seus próprios métodos; ele se utiliza da "geografia por trás da história" a fim de dar

> uma localização exata à teia de acontecimentos pelos quais ele se interessa... Mas, inversamente, a geografia histórica está dentro da competência direta do geógrafo. O geógrafo histórico ocupa-se da reconstrução da geografia do passado, a história da paisagem... (Monkhouse, 1955, p.19-20).

Em outras palavras, desde que os pesquisadores ancorassem seus estudos nos objetos materiais de paisagens do passado (e com isso investigassem onde estavam localizados esses objetos, e como eram combinados), o resultado era geografia histórica propriamente dita: mas, se desviassem sua atenção para acontecimentos, entidades e estruturas mais imateriais da história, e se talvez quisessem dizer algo a respeito da geografia por trás desta história, o resultado então, seria a história geográfica que pertencia à história e não à geografia. E manobras como essa excluíram, de fato, muitos estudos mais antigos — como os de Ellsworth Huntington, Ellen Churchill Semple e, mais recentemente, Gordon East (1938) — do corpo geográfico, e ao proceder assim também exageraram a distância disciplinar entre os geógrafos e os escritos fascinantes de historiadores como H.B. George (1901) e Lucien Febvre (1932).

Pode parecer um tanto estranho preocupar-se agora com esses argumentos e discriminações mais antigas, mas o propósito da narrativa acima é de resgatar uma série de oposições que foram outrora levadas à sério — entre história e geografia; entre história geográfica e geografia histórica — e que podem proveitosamente esclarecer o que está se passando *realmente* em geografia histórica hoje em dia (e talvez em geografia humana de um modo mais geral: ver também Driver, 1988). Simplificando as coisas, ocorre-me que grande parte do que atualmente se faz passar por geografia histórica deixou de respeitar as cercas mais antigas, e que estudo após estudo segue atualmente o sentido de uma história geográfica onde o foco se desviou da materialidade de "fatos geográficos" para a imaterialidade de fenômenos históricos. Não se deduz daí que geógrafos históricos do presente não mexam com fenômenos que tenham uma expressão indelével sobre a superfície da terra — como aldeias desertas, igrejas, templos, fábricas, guetos e assim por diante — mas serve para afirmar que pelo menos uma boa parte da pesquisa se voltou para fenômenos com, na melhor das hipóteses, um impacto mínimo ou tangencial sobre "o solo". E, com relação a esta última conexão, considere a pesquisa sobre temas tão variados como a difusão de inovações, a migração de pessoas e seus sistemas ideológicos, o crescimento de associações fraternas e políticas, o embate de classes sociais, o funcionamento da máquina estatal, as representações artísticas de terras e mão-de-obra, e assim por diante. A motivação por trás desta pesquisa não é, evidentemente, um genuíno desejo de reconstruir a materialidade de "geografias passadas": na verdade, a atenção se desgarrou dessas geografias como ponto final de investigação para uma agenda estabelecida por historiadores (e por outros estudiosos) dominados por questões e temas tidos como significativos na transformação de antigos sistemas ecológicos, econômicos, sociais, políticos, culturais e ideológicos. Isto não quer dizer que a geografia material do mundo tenha desaparecido dos estudos realizados: em vez disso, serve para enfatizar que esta geografia deixou de ser investigada como um "fim em si", mas é introduzida para apontar a diferença crucial que a geografia na história faz para as questões e temas especificados na agenda (à primeira vista "ageográfica" e "aespacial") dos historiadores. Em outras palavras, se antes eram coisas a ser explicadas, as "geografias passadas" se tornaram parte de uma explicação sendo dada para algo diferente, e aqui este "algo diferente" deve ser encontrado no raio de acontecimentos mais imateriais, entidades e estruturas que por convenção são tratados no campo da história.

Esta manobra deve ser interpretada com muito cuidado, todavia, pois o que ela envolve não é um retorno à crassa história geográfica inserida no "determinismo ambiental" de Huntington, Semple e outros, nem qualquer simpatia por declarações como "a história é governada pela geografia" ou "história é geografia posta em movimento" (Darby, 1957, p.642). Neste sentido, concordo com Darby que deveríamos ser cautelosos em fazer permutas em história geográfica, mas não vejo nenhuma razão para supor que todos os esforços em escrever história geográfica sejam mal orientados em suas ambições ou realizações. E, se recentes trabalhos de geografia histórica forem consultados, restará pouca dúvida que a tendência não é em direção a algum simples determinismo ambiental mas em direção a uma cautelosa narrativa de como as realidades de espaço e lugar — os contrastes e relações de cidade/campo, padrões regionais de práticas agrícolas e industriais, modos de ver e agir em paisagens, disposições internas e ambientes externos de instituições como asilos e prisões, geografias locais de etnia, gênero, grupos ocupacionais e de classe (apenas para dar alguns exemplos) — se tornaram todos eles básicos para a formação de acontecimentos históricos fundamentais como o surgimento do capitalismo, as revoluções agrícolas e industriais, a rápida expansão do urbanismo no mundo ocidental, o desenvolvimento de nações e estados, a formação de modernos sentidos de auto-identidade humana, e a produção de conflitos raciais, sexuais e baseados em classes (ver, por exemplo, Cosgrove, 1984; Daniels, 1993; Dennis, 1984; Dodgson, 1987; Driver, 1993a; Dunford e Perrons, 1983; Gregory, 1982; Harvey, 1985; Langton e Morris, 1986; Mackenzie, 1989; Rose, 1988). A conclusão a ser tirada desses trabalhos não é que os acontecimentos da história podem ser reduzidos às complexidades da geografia, mas que é possível enriquecer e lançar uma nova luz sobre esses acontecimentos históricos ao injetar-lhes um pouco de sensibilidade geográfica. Esta é a promessa da nova história geográfica: é a promessa de estudos que se recusam a fechar-se em torno da disposição dos objetos no mundo material, mas que estão preparados a reelaborar as preocupações de "mestres" como Darby e Sauer numa tentativa de criar uma subdisciplina em sintonia com os interesses mais amplos das contemporâneas ciências sociais e humanidades. É também a promessa que devo me empenhar agora em exemplificar mais explicitamente, embora deva-se admitir que o debate a seguir não pode fazer mais do que esboçar o potencial de uma história geográfica cuidadosamente buscada.

Espaço e lugar na história da loucura

> Até recentemente, grande parte da pesquisa no campo da saúde mental era ahistórica e aespacial. Achamos que o tratamento compreensivo de ambos, os assentamentos histórico e geográfico de temas ligados à saúde mental é particularmente importante (Smith e Giggs, 1988, p.viii).

Nos últimos anos, trabalhos sobre a história da "loucura" se tornaram bastante comuns, e é possível encontrar toda sorte de investigações históricas preocupadas com indivíduos mentalmente perturbados de épocas passadas — as "pessoas loucas", "lunáticos" e "insanos" de terminologias mais antigas — e, tanto com as instituições que algumas vezes os abrigaram como com os médicos (e outros especialistas) que às vezes trataram deles. Essas investigações têm com isso resgatado os pensamentos e as experiências de pessoas loucas do passado; reconstruído interpretações sobre a loucura no passado e as propostas associadas para seu tratamento; debatido as atuais práticas adotadas em asilos e outros espaços institucionais; deparado com os "médicos de loucos" e seus antecedentes; e têm desenredado os contextos demográficos, econômicos, sociais e políticos em que surgiram os especializados "negócios de loucos" (sistemas de instituições e práticas direcionadas para o objeto da loucura). Alguns desses estudos eram limitadas "histórias psiquiátricas" escritas por psiquiatras que proclamavam as realizações de seus predecessores, mas a maioria dos estudos mais recentes tende a situar seus achados numa tela de mudanças sócio-econômicas mais amplas na natureza do mundo ocidental. Ademais, seguindo o rastro do pioneiro *História da loucura* (1967), de Michel Foucault, admitiu-se que a história da loucura é um momento crucial na história da razão: na história de como as pessoas nas sociedades ocidentais vieram a considerar-se — e foram encorajadas a se tornar — indivíduos humanos, "racionais", "normais" e "responsáveis". Portanto, a estória de como "nós" aprendemos a identificar, internar e tratar de loucos (com o propósito de torná-los "não-loucos") é, ao mesmo tempo, a estória de como "nós" constituímos os edifícios conceituais de "racionalidade", "normalidade" e "responsabilidade" dos quais depende todo o funcionamento da moderna vida social. Manifestamente, então, os tipos de histórias ora sendo pesquisadas aqui respondem questões acerca do mundo moderno pelo menos tão importantes quanto as questões abordadas por (digamos) historiadores marxistas preocupados com o surgimento de uma ordem sócio-econômica capitalista.

Esforços foram devidamente despendidos na realização de investigações em dimensão histórica de "temas de saúde mental", mas consideravelmente pouco foi tentado com respeito às conjuntas dimensões histórico-geográficas desses temas, com a conclusão — assim diria eu — de que os estudos empreendidos não conseguiram realizar tudo o que poderiam ter realizado. Em primeiro lugar, e esta é a reivindicação mais frágil, os historiadores deixaram freqüentemente de notar as diferenças geográficas extremamente reais na maneira como as sociedades do passado identificavam, mandavam internar e tratavam os loucos. Isto os levou a produzir histórias que dão a entender terem os negócios de loucos do passado sido muito mais coerentes em seus contextos e conteúdos do que o eram na realidade, e também de retratar mudanças históricas como se elas envolvessem tendências instantâneas e em massa de um conjunto de idéias e práticas para outro. A "verdade" era indubitavelmente muito mais heterogênea e fragmentária do que essas histórias admitem, e, em relação a isto, é esclarecedor repetir a advertência de Roy Porter sobre considerar os asilos que apareceram na Inglaterra dos séculos XVIII e XIX como um "sistema" coerente:

> O asilo por fim transformou-se no remédio preferido para a doença de uma civilização. Apesar disso, sua ascensão foi lenta, limitada e gradativa até o fim do século XVIII, e é discutível se o termo "sistema" que ocasionalmente era aplicado a este devenvolvimento não seria enganador. Afinal de contas, até o início da era vitoriana, a nação só possuía uma cobertura esparsa de hospícios, mesmo em áreas densamente povoadas, e apesar de aprovar a Lei de 1808 que

> permitia aos condados estabelecerem asilos subvencionados, apenas uma dúzia estava em funcionamento até 1845. O mapa dos manicômios do século XVIII mostra menos um sistema coordenado do que uma distribuição altamente desigual de instituições heterogêneas — grandes e pequenas, empreendimentos privados ou de caridade, públicos ou particulares. O termo "sistema" sugere uma uniformidade ilusória. A diversidade era o ingrediente fundamental (Porter, 1987, p.156).

Ao levar adiante este argumento, Porter expõe claramente uma sensibilidade para a geografia desigual do "mapa dos manicômios", e existe um sentido em que sua perspicácia por este mapa se funde com sua ênfase mais geral sobre a "absoluta diversidade dos desenvolvimentos (relacionados com a loucura) durante o longo século XVIII" (ibid., p.14: voltarei ao assunto já).

Em segundo lugar, e esta é a alegação mais forte, os historiadores da loucura raras vezes apreciaram a proporção em que espaço e lugar — as distribuições espaciais e as combinações de fenômenos; a vinculação de fenômenos a determinados locais — fizeram uma diferença crucial exatamente para a elaboração das histórias que escrevem. De fato, a própria loucura (ou a população de presumíveis loucos) sempre foi um fenômeno com uma geografia definida: ela sempre foi mais predominante em certas regiões e localidades do que em outras, talvez porque determinados tipos de redondezas — e notadamente as circunstâncias depressivas dos povoados e cidades do florescente século XIX — provocavam, na realidade, mais desassossego psicológico nas pessoas do que outros tipos de ambientes; ou talvez porque determinados tipos de redondezas tornavam as pessoas menos capazes de lidar com dependentes perturbados e mais propensos a entregá-los à mercê de órgãos de "controle social" (inclusive os administradores de asilos) do que antes. Por outro lado, as diversas instituições que surgiram para lidar com a loucura ao longo dos séculos dependeram basicamente da manipulação de espaço e lugar, e é por isso que Foucault dedica certa atenção ao que ele chama a "geografia dos lugares mal-assombrados" (Foucault, 1967, p.57). A simples presença de prédios aos quais os loucos eram freqüentemente encaminhados, caracterizados por seus altos e intimidativos muros, janelas gradeadas e portas aferrolhadas demonstram o uso do espaço como barreira para impor uma distância entre uma população supostamente sã e seus párias supostamente insanos. Isto significa que o processo histórico descrito acima — a criação e o subseqüente desmembramento das duas categorias, razão e loucura — foi sustentado por e realizado através de uma separação ao mesmo tempo social e espacial, cujo resultado foi deixar em liberdade uma comunidade a que Foucault se refere como "os Mesmos" e mandar confinar uma comunidade a que ele se refere como "os Outros" (ver Foucault, 1970, p.xxxiv, onde ele pondera sobre seus objetivos em *História da loucura*). Os detalhes de exatamente quem foi confinado, juntamente com os detalhes de como este confinamento foi interpretado, fundamentado e organizado, obviamente variavam muito conforme a época e o lugar em questão, mas não resta dúvida de que o processo de separação sócio-espacial foi fundamental para as histórias aqui examinadas.

Além disso, o princípio da separação sócio-espacial foi algumas vezes ampliado à medida que as autoridades buscavam transferir as próprias instituições para longe dos centros populacionais, resultando daí que os asilos especializados em lunáticos, inaugurados em muitas partes do mundo do século XIX, acabassem espacialmente marginalizados. Foram assim instalados no "alto da colina" ou em locais "longe dos olhos, longe do coração", e o que geralmente acontecia é que esses locais de loucura eram banidos — à semelhança de seus predecessores medievais, as colônias de leprosos — para áreas rurais bastante afastadas das cidades, povoados ou importantes rodovias. Esta geografia "ruralizada" de asilos refletiu evidentemente uma "intenção de policiar" (para usar uma frase algumas vezes empregada por contemporâneos) com o intuito de alijar pessoas e acontecimentos incômodos do cenário urbano, mas na realidade esta ruralização era mais do que uma simples e manifesta prática de controle social. O ponto principal aqui é que as autoridades do século XIX estavam empenhadas assaz constrangidamente em usar a paisagem rural juntamente com sua beleza natural e serenidade, para acalmar e, confiantemente, curar as mentes perturbadas dos reclusos em asilos. A estratégia mais ampla então empregada, conhecida como "tratamento moral" ou "administração moral", pedia um regime institucional humano em que atenção, afeto e a manipulação detalhada de ambientes locais (dentro e fora do asilo) eram planejadas para reacender nos "pacientes" um controle moral sobre suas tendências à instabilidade. Este importante ponto de partida na história da loucura — a instituição de uma resposta "moral" para os loucos a qual ainda hoje ecoa em diversos procedimentos psiquiátricos e de assistência mental — era, portanto, estreitamente vinculado desde o início à manipulação de geografias institucionais:

> Colinas, vales, bosques e jardins eram todos destinados a desempenhar um papel na administração moral. Ao contemplar essas paisagens rurais e idílicas da Inglaterra, os lunáticos eram sutilmente impelidos em direção a um padrão cultural. O fato de mulheres pacientes recolhidas no Asilo Fisherton para os

criminalmente insanos arrancarem toda e qualquer flor no minuto em que esta despontasse acima do solo foi considerado uma psicopatologia muito séria (Showalter, 1985, p.35-6).

É evidente que meu exame aqui simplifica demais as coisas, uma vez que, na realidade, havia uma quantidade de diferentes espécies de espaços institucionais que recolhiam os loucos, cada um deles possuindo determinados tipos de combinações locacionais refletindo tipos específicos de argumentos a respeito da loucura e seu tratamento apropriado (Philo, 1992a). Porém, como o trecho acima de autoria de Elaine Showalter o demonstra de forma competente, o próprio funcionamento do negócio de loucos no século XIX — o objetivo desse negócio e como deveria ser atingido — mostra que ele era ao mesmo tempo influenciado pelos espaços e lugares de suas instituições competentes e influenciava os mesmos.

Os "médicos de loucos" e sua geografia

A fim de ser ainda mais específico com relação a isto, voltar-me-ei para o que à primeira vista pode parecer uma preocupação improvável para a investigação acadêmica: isto é, os "médicos de loucos" ou clínicos que historicamente organizavam a maior parte do tratamento dado aos dementes. Os clínicos (e todos eles eram homens) desempenharam um papel crucial ao desenvolver conceitos de loucura ou administrando os asilos públicos que apareceram durante o século XIX na Inglaterra e País de Gales (e em outras partes do mundo), e um elemento importante no processo pelo qual eles se tornaram uma "profissão", com pretensões especiais de atacar a aflição mental, foi a criação, em 1841, de uma organização formal chamada Associação dos Funcionários de Medicina em Asilos e Hospitais para Insanos (para detalhes sobre esta organização, ver Hack Tuke, 1879; Hervey, 1985, p.109-13; Outterson Wood, 1896; Walk, 1978; Walk e Walker, 1961). A Associação era um fenômeno altamente intangível, e envolvia pouco mais do que o compromisso de seus membros e de alguns fragmentos de trabalhos escritos, e nem é preciso dizer que seu impacto sobre a paisagem material foi insignificante. E, no entanto, também foi um fenômeno com uma geografia definida: uma geografia que foi deliberadamente moldada à medida que a Associação procurava tornar-se um órgão mais integrado, para disseminar mais amplamente a sua influência e obter favores nos "lugares certos". Examinemos rapidamente esta geografia.

A primeira coisa a ser notada é que uma das verdadeiras razões para a criação da Associação foi a de superar o isolamento dos funcionários de medicina em asilos, muitos dos quais ficavam efetivamente "presos" por seus compromissos de residência a instituições afastadas de centros populacionais (ver a seguir). Em sua circular de 19 de julho de 1841, Dr. Samuel Hitch, do Asilo do Condado de Gloucestershire anunciou que seria criada uma Associação, "uma vez que já se sentira há muito ser desejável que os cavalheiros da medicina ligada a asilos de lunáticos conhecessem melhor um ao outro" (Hitch, 1841, citado em diversas publicações, inclusive Outterson Wood, 1896, p.243). Além disso, também com relação à criação da Associação, um tal Dr. Blake fez um comentário sobre o quanto poderia ser realizado por uns "poucos homens de boa vontade" unidos para combater o inimigo da doença mental:

> pois cada um vinha trabalhando em isolamento, [quando] cuidar de insanos não era um problema que pudesse ser resolvido por um único homem. Aqui, mais do que com qualquer outro problema, havia a necessidade de uma combinação de uma quantidade de experiências ao longo de vários anos (Crommelinck, 1843, citado em Walk e Walker, 1961, p.617).

Uma reunião foi realizada de forma improvisada na cidade de Gloucester em 27 de julho de 1841, e foi nesta reunião — e apesar da limitada presença de apenas seis pessoas — que a Associação foi formalmente instituída e se estabeleceu o primeiro conjunto de regras. No decorrer dos anos seguintes, a existência da sociedade foi assaz precária, com um número reduzido de reuniões esporádicas e pouco freqüentadas, mas logo tentou-se contornar a dispersão geográfica dos membros com a construção de uma biblioteca de "livros, esboços e folhetos" a cargo do secretário da sociedade (ao qual os membros poderiam encomendar exemplares contanto que arcassem com as despesas de remessa e devolução). Mais tarde, um missivista suficientemente impressionado por este método chegou a recomendar que o mesmo fosse reativado sob o fundamento de que isso "propiciaria aos membros, especialmente os que residiam em áreas remotas, um interesse adicional no trabalho da Associação" (Outterson Wood, 1896, p.249-50). Providências decisivas para fortalecer a Associação só foram tomadas depois da reunião de 1852 em Oxford, e a partir desta data ela apresentou um "crescimento progressivo" que acarretou tanto "a ampliação de seu âmbito como o aprofundamento de suas raízes" (Kirkman, 1863, p.312).

O detonador do "rejuvenescimento" da Associação (Bucknill, 1861, p.4-6) durante os primeiros anos de 1850 foi, indubitavelmente, a produção de um "boletim interno" através do qual os membros isolados podiam manter contato entre si e com os últimos avanços terapêuticos, legislativos e administrativos (Anon., 1855, p.3-4: para detalhes da publicação ver Philo, 1987; Russel, 1988, p.299-301; Walk, 1953; Walk, 1978, p.532-36). O resultado foi o *Asylum Journal*, que apareceu pela primeira vez em novembro de 1853 e logo passou a ser o *Asylum Journal of Mental Science* (em 1856), e depois simplesmente *Journal of Mental Science* (em 1859), sendo que as mudanças de nome assinalavam o caráter cada vez mais acadêmico da publicação e as importantes mudanças que aconteciam então na conceitualização da perturbação mental. O fomento desta publicação pode quase ser descrito como uma deliberada "estratégia espacial", e ela logrou tanto integrar os membros dispersos da Associação como promover a difusão geográfica das opiniões da Associação. Como o Dr. Charles Lockhart Robertson observou ao assumir o cargo de editor em 1862:

> as idéias e o tom dos artigos publicados no período [1853-62] elevaram consideravelmente a posição da medicina psicológica inglesa tanto no país como no exterior. O *Journal* circula agora em nossas colônias mais distantes, e foi só neste verão que vim a saber por um distinto visitante estrangeiro que não menos do que sete exemplares circulavam na Suécia (Robertson, 1863, p.462).

Um dos presidentes da Associação até chegou a afirmar que não existia "discurso ou língua" no mundo civilizado em que a voz do *Journal* não se fizesse ouvir (Kirkman, na Reunião Geral Especial, 1862, p.453-4).

A crescente circulação da publicação caminhava em paralelo à crescente entrada de novos membros na Associação, e pelas listas apensas às edições da publicação é possível acompanhar o crescimento do número de associados (cerca de 120 em 1854-5 para cerca de 240 em 1863-4) e mapear a mudança geográfica do quadro dos associados (ver Figura 9.1). De muitas maneiras, uma comparação dos mapas para 1853 e para 1863 fala por si, no que ela demonstra a "ampliação" e o "aprofundamento" do acima mencionado "âmbito" da sociedade. Os pontos que figuram nesses mapas representam os endereços residenciais dos membros da Associação, que na maioria dos casos também era onde se localizavam asilos públicos, e é interessante observar que os médicos de loucos estavam conscientes da necessidade de estender sua influência não só a outros asilos mas também no domínio público, além dos portões dos asilos. Que algum sucesso fora alcançado neste sentido foi indicado pelo Dr. W.P. Kirkman (1863, p.315) ao mencionar que as funções dos "clínicos psicológicos" estavam "se tornando, a cada ano, mais intimamente entrelaçadas com vida social", e ao afirmar que a "esfera de nossa atividade" estava ficando "menos limitada ao perímetro de um asilo".

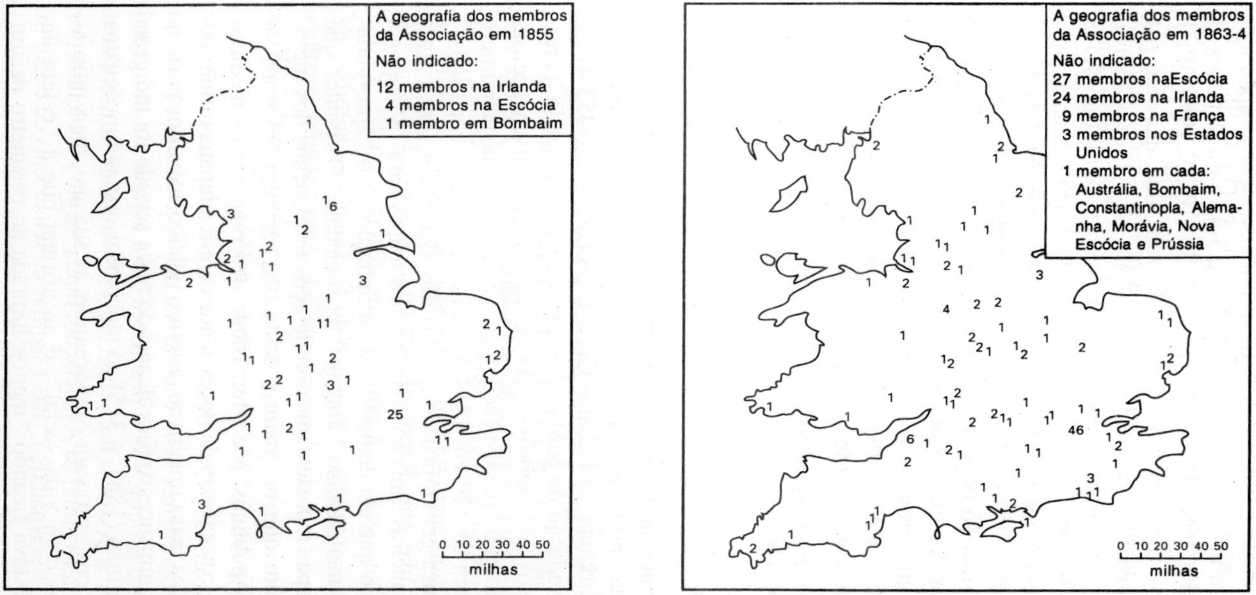

NOTA: Cada (1) representa o local de trabalho e/ou residência de um membro da Associação; o número (2, 3 etc.) representa o local de trabalho/ou residência de dois ou mais membros da Associação.

FIGURA 9.1 *A Mudança da Geografia dos Membros da Associação, 1855-64*

À medida que a Associação crescia para abranger o que um médico chamou de "um corpo tão disperso" (Monro, em "Report of the Annual Meeting, 1864", p.449), certas tensões geográficas começaram a aparecer, todavia, e particularmente, membros da Escócia, Irlanda e condados mais longínquos da Inglaterra começavam a pensar "que a sociedade estava se transformando numa sociedade estritamente metropolitana" (Stewart, em "Report of the Annual Meeting, 1864", p.451). Este receio não era infundado, visto que nos primeiros anos da década de 1860 interesses poderosos dentro da Associação estavam pressionando por "um prédio que seja só nosso" ou "amplas salas" em Londres a fim de proporcionar à sua sociedade "uma existência mais sólida do que a atual" (Monro, em "Report of the Annual Meeting, 1864", p.449). Ademais, o Dr. Henry Monro — o presidente da Associação em 1864-5 — declarou que a sociedade *não* deveria nomear para o cargo de presidente os que eram superintendentes de asilos no interior porque eles "moravam longe demais":

> tendo em vista que eles residem em diferentes partes do país e longe de Londres, não creio que sejam exatamente as pessoas a serem eleitas para preencher o cargo de presidente da Associação... Acho [que o presidente] deve ser um cavalheiro que more em Londres (Monro, em "Report of the Annual Meeting, 1863", p.424-5).

Tudo isso era bastante conveniente para Monro, que era médico visitante no St. Luke's Hospital em Londres, mas não era uma recomendação que agradasse uniformemente ao quadro de sócios. Por exemplo, o Dr. Thomas Harrington Tuke respondeu explicando a "grande vantagem" que havia sido encontrada na nomeação de médicos de diferentes regiões do país (Tuke, em "Report of the Annual Meeting, 1863", p.426), enquanto que o sucessor de Monro na presidência — o Dr. William Wood, ele mesmo um médico visitante do St. Luke's — admitia, após ter sido eleito, que teria sido mais apropriado caso "algum cavalheiro ligado às regiões do interior tivesse assumido o próximo período" (Wood, em "Report of the Annual Meeting, 1864", p.454).

Um indicador ainda melhor dessa tensão entre simpatias metropolitanas e não-metropolitanas seria encontrada nas acerbas discussões que surgiram em torno do que Wood descreveu "um assunto de tão grande importância para a Associação" (ibid., p.452): a saber, a escolha do local para o encontro anual da Associação. Inicialmente a sociedade fora afortunadamente "peripatética" nas escolhas de seus locais de encontro, visto que na reunião de Gloucester em 1841 havia sido acordado que os encontros deveriam coincidir com "visitas [a] serem feitas anualmente a um ou mais dos hospitais para insanos no Reino Unido" (citado em diversas publicações, inclusive Outterson Wood, 1896, p.244; ver também o debate em Walk, 1978, p. 536). Após o "renascimento" da Associação no início da década de 1850 — e apesar de uma infinidade de intrigas e contendas sobre esta questão —, a tendência fixou-se definitivamente em favor de realizar o encontro anual em Londres, e por ocasião da assembléia de 1851 foi resolvido que "o encontro anual... seja no futuro realizado em Londres, no segundo sábado de julho de cada ano, na Freemason's Tavern (citado em Outterson Wood, 1896, p.256). É verdade que em 1855 a Associação aceitara que o encontro poderia realizar-se fora de Londres "em algum município ou cidade onde haja um asilo público ou onde algum outro fato possa atrair os membros" (Regra XII, acordada no Encontro Anual de 1855, como relatado em Anon., "Amended Rules", 1855, p.222), mas esperava-se que a maioria dos encontros ocorresse na Freemason's Tavern, em Londres. No entanto, esta tendência em centralizar as atividades da Associação não deixou de ser desafiada, e este foi notadamente o caso em 1860, quando sustentou-se que um encontro em Dublin aumentaria a participação irlandesa na Associação e elevaria o status (e com isso estenderia a prática) da "medicina psicológica" por toda a Irlanda (Flynn e Stewart, em "Report of the Annual Meeting, 1860", p.27-8):

> vocês nos promoveriam, vocês elevariam aquele ramo de sua sociedade que vive na Irlanda, fariam um imenso bem para os pobres lunáticos ao fazer com que fôssemos reconhecidos como funcionários da medicina, e vocês evitariam o que tem ocorrido algumas vezes — o governador de condado nomeando coletores de impostos da baronia, pessoas destituídas de qualquer status (Flynn, em "Report of the Annual Meeting, 1860", p.29).

Argumentos semelhantes foram mobilizados quatro anos mais tarde quando oradores se digladiavam para que Edinburgo sediasse um encontro, mas é evidente que os pedidos formulados aqui para estender a "esfera de ação" da Associação estavam travando uma batalha inglória contra as reivindicações propostas para uma reunião habitual em Londres.

O argumento *a favor* de Londres tinha duas motivações básicas, e a primeira delas refletia a realidade de Londres ser a cidade mais central e acessível do reino, e o único lugar que poderia acomodar, de uma só vez, um grande número de membros. Oradores como o Dr. C. Mountford Burnett e William Ley demonstraram ser excelentes "analistas locacionais" ao salientar as qualidades de Londres como um "ponto apropriado", "um grande ponto central", uma "posição central", e até "o lugar em que as grandes estradas de ferro se encontram em maior número do que em qualquer outro lugar" (Burnett e Ley, em "Report of the Annual Meeting, 1860", p.26-8). Por outro lado, outras localizações foram criticadas por sua falta de centralidade e facilidade de acesso, e tanto o Dr. Robertson como o Dr. Edgar Sheppard se referiram à "deplorável reunião" realizada em Liverpool em 1859 como exemplo da "extrema dificuldade em organizar um encontro interiorano ao passo que todo mundo vai a Londres" (Robertson, em "Report of the Annual Meeting, 1862", p.326; Sheppard, em "Report of the Annual Meeting, 1864, p.452). A segunda série de razões para encontrar-se em Londres refletia um desejo de se estar perto das "alavancas do poder": um desejo de ser reconhecido como uma organização grande e capaz pelos burocratas e políticos mais influentes do país, e um desejo de usar esta circunstância como um instrumento para determinar mudanças na legislação e o incremento de atividades rotineiras por parte do estado no campo da demência. Em 1858, por exemplo, o Dr. Henry Stevens afirmava que:

> Ainda há muito a ser feito para alterar as leis que dizem respeito aos insanos, e (isto só pode) ser feito a contento na metrópole onde se reúnem os homens da lei. O encontro em Edinburgo foi muito agradável, e nos encontrarmos em Dublin também o seria, sem dúvida; mas esses encontros não levaram, em comparação, a nenhuma finalidade prática (Stevens, em "Report of the Annual Meeting, 1858", p.68).

Dois anos depois, Burnett salientava que "todas as grandes associações se reúnem na metrópole", e deduziu que "deveríamos fazer o mesmo se quisermos ser grandes" (Burnett, em "Report of the Annual Meeting, 1860", p.27-8), enquanto quatro anos mais tarde o Dr. T. Kirkman recordava o papel vivificador que Londres havia desempenhado para a Associação "quando os esforços esporádicos e mais débeis nos condados haviam sido reforçados pela conexão elétrica do grande centro de comunicação e reconhecimento" (Kirkman, 1862, p.4).

O que tudo isto mostra pois é que a Associação em questão — um fenômeno obviamente importante para a história da loucura, mas *não* um fenômeno que seria habitualmente estudado pelos geógrafos — possuía na realidade uma geografia algo complexa. Com efeito, e espero tê-lo demonstrado, os aspectos geográficos aparentemente "simples" documentados acima — a dispersão e o isolamento dos membros da Associação, a circulação do *Asylum Journal*, a dual "ampliação" e "aprofundamento" da "área" da Associação, o uso de lugares como nodos dos quais difundir influência ou onde cultivar influência — estavam todos inextricavelmente associados com as origens, o funcionamento e o empenho da sociedade relacionando-se tanto com o ramo do *conhecimento* especializado (o da "medicina psicológica") como a uma variedade particular de *poder* (o da "pressão de grupo" profissional). Devemos admitir que abordamos aqui apenas um pequeno capítulo da vasta e freqüentemente trágica história da loucura, mas o trecho a respeito dos médicos de loucos continua sendo vital e merece (afinal de contas) a atenção do "historiador geográfico".

Michel Foucault e a espacialização da história

> Uma descrição total congrega todos os fenômenos em torno de um único centro — um princípio, um significado, uma mentalidade, uma visão de mundo, uma configuração global: uma história geral, ao contrário, exibiria o espaço de uma dispersão (Foucault, 1972, p.10).

Vários geógrafos começaram a determinar as implicações do pensamento de Michel Foucault para a reelaboração tanto da geografia acadêmica propriamente dita como para a teoria social de um modo mais geral (Driver, 1985; Philo, 1986, 1992b; Soja, 1989, especialmente p.16-21), e um aspecto-chave do que Foucault tem a oferecer aqui envolve sua prática do que poderia ser descrito como uma história "espacializada" ou até (com alguma reserva) como uma "história geográfica". Minha base inicial para esta afirmação deriva da introdução à obra *A arqueologia do saber* (1972), em que Foucault faz uma série de observações sobre a composição da história acadêmica que (assim sustentaria eu) envolve um "tato" para investigação histórica que deveria revelar-se agradável para os geógrafos. Seus comentários nesse sentido são talvez um tanto polêmicos e exagerados, e é óbvio que alguns historiadores (curiosamente os mais limitados e paroquiais dentre eles) não garantem os violentos golpes desferidos, mas mesmo assim ainda é esclarecedor apreciar o ataque que ele arma ao que denomina de *história total* e examinar também a alternativa a que ele se refere como *história geral*.

No que diz respeito a Foucault:

> O projeto de uma história total é um projeto que busca reconstituir a forma global de uma civilização, o princípio — material e espiritual — de uma sociedade, a importância de uma época, a lei responsável por sua coesão — o que metaforicamente é chamado a "face" de uma época... [E] supõe-se que entre todos os eventos de uma área espaço-temporal bem definida, entre todos os fenômenos

dos quais se acharam traços, se possa estabelecer um sistema de relações homogêneas (Foucault, 1972, p.9).

Este trecho é, claramente, um trecho difícil, mas a sua mensagem básica é simples: afirma que uma grande quantidade de ensaios históricos traçam, efetivamente, uma nítida linha em torno de uma determinada época e de um determinado lugar (a bem-definida área "espaço-temporal"), e depois julgam que de alguma forma todos os eventos e fenômenos encontrados no interior deste espaço se relacionam uns com os outros (através de um hipotético "sistema de relações homogêneas") ou estão de alguma maneira ligados por "forma", "princípio", "importância" ou "lei" comum a todos. Tome, por exemplo, uma exposição marxista não refinada na qual se afirma que (digamos) a Europa do século XIII estava sob controle de um modo feudal de produção cuja lógica político-econômica determinava tudo que se passava naquela sociedade (desde o que os camponeses comiam até as complexidades da teologia medieval): ou tome o tosco relato "Whiggish" no qual se conclui que (digamos) a Inglaterra vitoriana foi energizada em cada um de seus poros por um zelo científico e humanitário destinado a eliminar todos os remansos de ignorância e pobreza. As observações próprias de Foucault lançam alusões válidas para uma série de possíveis abordagens históricas (marxista, "Whiggish", positivista, idealista, estruturalista), mas em cada caso ele assevera que o historiador procede postulando um "núcleo central" para o período e o lugar sob exame — um núcleo que poderia envolver as realizações de uma "grande" figura histórica, as tradições de uma cultura, as políticas de um estado, ou algo parecido — para, depois de conjecturar sobre determinados efeitos e influências que emanam deste núcleo, dar ordem e coerência a todas as coisas contidas dentro de um determinado período e lugar.

Este projeto de história total é quase um anátema para Foucault, visto que os objetivos e estratégias da mesma estão em franca oposição à sua própria crença de que "nada é fundamental: é isto que é interessante na análise da sociedade" (Foucault, 1982, p.18). Com isso, ele desaprova a maneira pela qual os historiadores tão freqüentemente suavizam o caos e as "arestas" recortadas da história ao fazer com que as coisas pareçam nitidamente ordenadas e coerentes, e ele desaprova a maneira como eles patinam sobre as minúcias de pequenos detalhes da pequena escala e do dia-a-dia que podem parecer confusos vistos de uma certa distância (do ponto de vista desinteressado do pesquisador) mas que eram a verdadeira substância das práticas, lutas, esperanças e receios das pessoas no passado. Sua própria alternativa é, portanto, exigir uma "nova história" — um novo modo de pensar a ser chamado "história geral" — que aparentemente:

> fale de séries, divisões, limites, diferenças de nível, desvios, especificidades cronológicas, formas particulares de remanejamento, possíveis tipos de relações (Foucault, 1972, p.10).

Não é fácil deduzir dessas observações exatamente como ele pretende impedir os historiadores de "deixar que a animada, frágil e palpitante 'história' escape por entre seus dedos", mas o propósito de se falar em "séries, divisões, limites, diferenças" é provavelmente insistir na aceitação das numerosas linhas que efetivamente separam muitos dos eventos e fenômenos tão freqüentemente vistos pelos historiadores como indivisivos (como elementos não-diferenciados de um conjunto mais amplo e homogêneo). E assim, dá-se proeminência a um sentido de caos e "arestas denteadas", de confusão e diversidade.

A imagem que Foucault mobiliza para captar o caráter da história geral gira em torno de "desenrolar o espaço de uma dispersão" (ibid., p.10), e o que ele imediatamente transmite por meio desta imagem espacial não é um "núcleo central" irradiando efeitos e influências (a imagem sugerida pela história total) mas uma planície imaginária sobre a qual as coisas (eventos e fenômenos) estão dispersos. É neste momento, pois, que a história de Foucault se torna "espacializada", visto que, a fim de salientar a diversidade da história, ele se volta para uma imagem espacial explícita em que a desigualdade e o esparramar de uma "dispersão" são "desenrolados" de uma forma bastante deliberada. Considero esta específica tática de Foucault altamente sugestiva, e da mesma maneira acho esclarecedor que o historiador Roy Porter escreva sobre o "mapa dos manicômios" — e ao fazê-lo sinaliza tanto a "cobertura fragmentada" como "a dissipação desigual" das instituições — quando insiste que a diversidade, mais do que um sistema coerente, era a "essência" das condições dos asilos nos séculos XVIII e XIX (ver acima). A menção das importantes investigações de Porter levanta inevitavelmente a questão de Foucault estar atento ou não à dispersão espacial (à diferenciação geográfica ou de área) em seus próprios e substanciais estudos sobre desvio de conduta, doença e loucura, e — embora em uma entrevista, ele, com efeito, admite a necessidade de "dar precisão ao espaço em questão" — a resposta a esta questão deve permanecer amplamente na negativa. Na verdade, Porter realmente critica Foucault pela *in*sensibilidade demonstrada em *História da loucura* com respeito às diferenças de como as pessoas dementes eram tratadas em diferentes partes da Europa pré-moderna (Porter, 1987, p.9).

Dito isto, creio que existe de fato uma dimensão na "espacialização" da história de Foucault que vai um tanto além do que o simples uso de uma imagem, e eu diria que suas observações abstratas acerca "do espaço de uma dispersão" se conectam diretamente com uma preocupação mais concreta por relacionamentos espaciais. Ao afirmar isto é necessário observar que, enquanto sua exposição sobre dispersão visa principalmente enfatizar a diversidade da história, trata-se também de que ele vê nesta dispersão mais do que um simples caos resistente a todos os esforços de compreensão. O que ele vê, na verdade, são os relacionamentos espaciais que aparecem na dispersão — embora momentaneamente — entre coisas (eventos e fenômenos) conforme eles ocorrem ou não próximos uns dos outros no espaço ou se eles se juntam uns aos outros de algum modo, ou não, através do espaço. E isto é talvez por que ele dá a entender que vivemos agora na "era do espaço", visto que, para entender o mundo social à nossa volta, devemos pensar espacialmente:

> Nós nos encontramos na era da simultaneidade: estamos na era da justaposição, a era do perto e do longe, do lado-a-lado, do disperso. Estamos num momento, creio eu, em que a nossa experiência do mundo é menos a de uma longa vida que evolui através do tempo [a compreensão temporal ou historicista das coisas] do que a de uma rede que une pontos (Foucault, 1986, p.22).

Essas insinuações ainda poderiam ser interpretadas como pouco mais do que uma metáfora sinalizando um estilo particular de "fazer" pesquisa social, é claro, mas a possibilidade de que a insistência de Foucault na "era do espaço" signifique mais do que uma metáfora está indicado por suas idéias quanto ao "problema de situar ou localizar" (o enganosamente simples problema de *onde* as criações humanas estão situadas no espaço uma em relação a outra):

> Esta questão do sítio humano ou do espaço de vivência não reside simplesmente em saber se haverá ou não espaço suficiente [para os humanos] no mundo — um problema que certamente é bastante importante — mas também de saber que relações de proximidade, que tipos de armazenagem, circulação, marcação e classificação dos elementos humanos deverão ser adotados em uma determinada situação a fim de atingir um determinado objetivo. Nossa época é aquela em que o espaço toma para nós a forma de relações entre sítios (ibid., p.23).

Portanto, a partir de sua imagem abstrata de "o espaço de uma dispersão" passando por suas observações mais concretas acerca de "relações entre locais" no funcionamento do mundo social, Foucault oferece, de fato, um "tato" por história que agrada aos geógrafos.

Além do mais, até mesmo uma eventual olhada em muitas das substanciais investigações históricas de Foucault sobre fenômenos complexos e freqüentemente intangíveis como loucura e razão, doença e medicina, desvio de comportamento e disciplina mostra que ele atribui aos relacionamentos espaciais — a distribuição e arranjo de pessoas, idéias, atividades, instituições e edificações no espaço — um papel central nos processos históricos sob exame. Em *História da loucura*, ele tira várias conclusões do que ele denomina "a geografia de lugares mal-assombrados" (Foucault, 1967, p.57), como brevemente indicado anteriormente, e em *O nascimento da clínica* (1976) ele trata de três formas diferentes de "espacialização" envolvidas em nosologias de doença, nas práticas de investigação patológica e na disponibilidade de instalações médicas ou "centros de cura" (e é fascinante especular com que se pareceria uma geografia médica informada por este texto). Enquanto isso, em *Vigiar e punir,* ele investiga a noção de que "disciplina provém da distribuição de indivíduos no espaço" (Foucault, 1977, p.141), e também examina detalhadamente o controle físico e psicológico sobre os seres humanos levado a cabo pela manipulação de relacionamentos espaciais no famigerado "Panopticon" de Jeremy Bentham (uma instituição disciplinar do tipo ideal dos últimos anos do século XVIII que teve grande influência no projeto de subseqüentes prisões, casas de correção e asilos). A primorosa dissecação de Foucault das estratégias espaciais empregadas por administradores de instituições para isolar, maximizar a visibilidade e tratar de modo uniforme as vidas dos internos já interessou vários geógrafos (ver Dear, 1981; Driver, 1985, 1993a, 1993b; Philo, 1989), mas menos atenção foi dedicada até o momento à sua exposição das (por exemplo) estratégias espaciais empregadas na transferência de leprosos, lunáticos e outros indesejáveis para casas situadas além dos portões da cidade ou em "abrir" corpos a um olhar médico atento, no início do século XIX. Não posso evidentemente fazer aqui mais do que indicar rapidamente os conteúdos dos textos de Foucault, mas gostaria de acrescentar que (até onde Foucault especifica "princípios" mais amplos que organizam suas histórias) ele avalia serem os relacionamentos espaciais que expõe — as inúmeras interações e movimentos de pessoas, idéias, atividades e assim por diante — na essência relacionamentos de conhecimento e poder: relacionamentos envolvidos na produção e na subseqüente difusão de conhecimento a respeito de determinados assuntos, e ao mesmo tempo relacionamentos constitutivos de poder pelos quais grupos sociais específicos impõem sua vontade a outros ou (menos declaradamente mas talvez até mais significativamente) pelos quais uma "visão" geral de ordem é transmitida e inculcada nos membros de uma população. É este cuidado para com os relacionamentos espaciais construídos no conhecimento e no poder que informou meu estudo acima sobre os médicos de loucos, visto que meu propósito era mostrar como os médicos de loucos moldavam a sua própria geografia a fim de alimentar a ciência mental e exercer influência profissional sobre uma esfera problemática da realidade social (perturbação mental e suas tendências desagregadoras).

Não quero concluir dando a impressão que a obra de Foucault se constitui na última palavra sobre o que uma história "espacializada" pode trazer, em parte porque seus esforços em tratar de espaço e lugar não são de modo algum consistentes ou sistemáticos. Além disso, poder-se-ia objetar que ele não pesa suas observações quanto a espaço de forma similar à sua aguda percepção do lugar, no que — para dar um exemplo — ele poder ser sensível à "geometria" no interior de um asilo (à configuração de quartos, corredores, escadas e janelas), e ainda assim continuar insensível à "geografia" externa do asilo (à sua situação em meio de campos ou fábricas; à sua localização ser mais em uma determinada parte do mundo do que em outra). Essas objeções não têm por objetivo, porém, diminuir o brilho dos *insights* de Foucault, nem o das várias possibilidades que ele abre para uma forma "espacializada" de investigação histórica ciente do que relacionamentos espaciais (se não tanto associados com lugar) *realmente fazem na história*. Se estou certo em minha avaliação geral de que os esforços das geografias históricas de hoje em dia estão mais próximos do espírito do que uma vez se chamou de "história geográfica" do que propriamente de uma geografia histórica limitadamente concebida, e se isto significa que estamos agora colocando questões acerca da influência da geografia em toda a sua "riqueza" (em sua infinidade de aspectos de espaço, lugar, ambiente, localização, região, distribuição, dispersão), sobre toda sorte de importantes mas não imediatamente tangíveis processos históricos, então os geógrafos históricos terão tanto algo a aprender com os escritos históricos de pessoas como Foucault, como algo a ensinar-lhes também.

Agradecimentos

Escrever este capítulo não foi tarefa fácil, e devo agradecer a ajuda, estímulo e crítica de diversas pessoas: Alan Baker, Sarah Byrt, Felix

Driver, Derek Gregory, Ron Martin, Miles Ogborn, Jenny Robinson e Graham Smith. Gostaria de agradecer também a Maureen Hunwicks e Caron McKee por terem datilografado as minutas deste capítulo e a Miles Edwards pela preparação dos mapas.

Referências bibliográficas

Anon. (1855) 'Prospectus', *Asylum Journal*, vol.I, p.1-7.

Anon. (1855) 'Amended Rules of the Association', *Asylum Journal*, vol.I, p.222.

Beaujeu-Garnier, J. (1952) 'The Contribution of Geography', (discurso publicado, Ibadan, Nigéria: Ibadan University Press).

Bucknill, J.C. (1861) 'President's Address, 1860', *Journal of Mental Science*, vol.VII, p.1-23.

Cosgrove, D. (1984) *Social Formation and Symbolic Landscape* (Londres: Croom Helm).

Daniels, S. (1993) *Fields of Vision: Landscape and National Identity in England and the United States* (Oxford: Polity Press).

Darby, H.C. (1953/1957) 'The Relations of Geography and History', *Transactions of the Institute of British Geographers*, vol.19, (1953), p.l-11; reimpresso com alterações em G. Taylor (org.), *Geography in the Twentieth Century* (Londres: Methuen, 1957, 3ª ed.), p.640-52.

Darby, H.C. (1989) 'Address, 1989', *Historical Geography Research Group Newsletter* (verão).

Dear, M.J. (1981) 'Social and Spatial Reproduction of the Mentally Ill', em M.J. Dear e A.J. Scott (orgs.), *Urbanisation and Urban Planning in Capitalist Society* (Londres: Methuen), p.481-7.

Dennis, R.J. (1984) *English Industrial Cities in the Nineteenth Century: A Social Geography* (Cambridge University Press).

Dodgson, R.A. (1987) *The European Past: Social Evolution and Spatial Order* (Londres: Macmillan).

Driver, F. (1985) 'Power, Space and the Body: A Critical Assessment of Foucault's *Discipline and Punish*', *Environment and Planning D: Society and Space*, vol.3, p.425-46.

Driver, F. (1988) 'The Historicity of Human Geography', *Progress in Human Geography*, vol.12, p.497-506.

Driver, F. (1993a) *Power and Pauperism: The Workhouse System, 1834-1884* (Cambridge University Press).

Driver, F. (1993b) 'Bodies in Space: Foucault's Account of Disciplinary Power', em C. Jones e R.Porter (orgs.), *Reassessing Foucault* (Londres: Routledge), a ser publicado.

Dunford, M. e D. Perrons (1983) *The Arena of Capital* (Londres: Macmillan).

East, G. (1938) *The Geography Behind History* (Londres: Thomas Nelson).

Febvre, L. (1932) *A Geographical Introduction to History* (Londres: Kegan Paul Trench Trubner).

Foucault, M. (1967) *Madness and Civilization: A History of Insanity in the Age of Reason* (Londres: Tavistock).

Foucault, M. (1970) *The Order of Things: An Archaeology of the Human Sciences* (Londres: Tavistock).

Foucault, M. (1972) *The Archaeology of Knowledge* (Londres: Tavistock).

Foucault, M. (1976) *The Birth of the Clinic: An Archaeology of Medical Perception* (Londres: Tavistock).

Foucault, M. (1977) *Discipline and Punish: The Birth of the Prison* (Londres: Allen Lane).

Foucault, M. (1980) 'Questions on Geography: Interview with the Editors of *Hérodote'*, em C. Gordon (org.), *Power/Knowledge: Selected Interviews and Other Writings, 1972-1977, by Michel Foucault* (Brighton: Harvester), p.63-77.

Foucault, M. (1982) 'Interview with Michel Foucault on Space, Knowledege and Power', *Skyline (Março)*, p.17-20.

Foucault, M. (1986) 'Of Other Spaces', *Diacritics*, verão, p.22-7.

Geographical Association/Historical Association (1932) 'What is Historical Geography? (Account of a Joint Meeting, 1932)', *Geography* vol.17, p.39-45.

George, H.B. (1901) *The Relations of Geography and History* (Oxford: Clarendon Press).

Gregory, D. (1982) *Regional Transformation and Industrial Revolution: a Geography of the Yorkshire Woollen Industry* (Londres: Macmillan).

Guelke, L. (1982) *Historical Understanding in Geography: An Idealist Approach* (Cambridge University Press).

Hack Tuke, D. (1879) 'Historical Sketch of the Association', em G.F. Blandford (org.), *General Index to the First Twenty-Four Volumes of the Journal of Mental Science* (Londres: Churchill), p.iii-viii.

Hartshorne, R. (1939) *The Nature of Geography: A Critical Survey of Current Thought in the Light of the Past* (Lancaster, Pa: Association of American Geographers).

Harvey, D. (1985) 'Paris, 1850-1870', Ch. 3 em D. Harvey, *Consciousness and the Urban Experience: Studies in the History and Theory of Capitalist Urbanisation*, Vol.1 (Oxford: Basil Blackwell), p.63-22.

Hervey, N. (1985) 'A Slavish Bowing Down: The Lunacy Commission and the Psychiatric Profession, 1845-1860', em W.F. Bynum, R. Porter e M. Shepherd (orgs.), *The Anatomy of Madness: Essays in the History of Psychiatry, Volume II, Institutions and Society* (Londres: Tavistock), p.98-131.

Kirkman, T. (1862) 'An Address Delivered at the Royal College of Physicians in London, Before the Association of Medical Officers of the Insane' (discurso publicado, Woodridge: Loder).

Kirkman, W.P. (1863) 'President's Address, 1862', *Journal of Mental Science*, vol.VIII, p.311-21.

Langton, J. e R.J. Morris (orgs.) (1986) *Atlas of Industrialising Britain, 1780-1914* (Londres: Methuen).

Mackenzie, S. (1989) *Visible Histories: Women and Environments in a Post-War British City* (Montreal: McGill-Queen's University Press).

Mitchell, J.B. (1954) *Historical Geography* (Londres: English Universities Press).

Monkhouse, F.J. (1955) 'The Concept and Content of Modern Geography' (discurso inaugural publicado: University of Southampton).

Outterson Wood, T. (1896) 'The Early History of the Medico-Psychological Association', *Journal of Mental Science*, vol.XLII, p.241-60.

Philo, C. (1986) 'The Same and the Other': On Geographies, Madness and Outsiders', Occasional paper nº 11, Loughborough University of Technology, Department of Geography.

Philo, C. (1987) '"Fit Localities for an Asylum": The Historical Geography of the Nineteenth-Century "Mad-Business" in England as Viewed through the Pages of the *Asylum Journal, Journal of Historial Geography*, vol.13, p.398-415.

Philo, C. (1989) '"Enough to Drive One Mad": The Organisation of Space in Nineteenth-Century Lunatic Asylums', em J. Wolch e M.J. Dear (orgs.), *The Power of Geography: How Territory Shapes Social Life* (Hyman Unwin: Londres), p.258-90.

Philo, C. (1991) 'Brief Thoughts on Older Words and Older Worlds; em C. Philo (comp.), *New Words, New Worlds: Reconceptualising Social and Cultural Geography* (Lampeter: St. David's University College, Social and Cultural Geography Study Group of the Institute of British Geographers), p.1-13.

Philo, C. (1992a) *The Space Reserved for Insanity: Studies in the Historical Geography of the Mad-Business in England and Wales* (Tese de doutorado não publicada, University of Cambridge, Department of Geography).

Philo, C. (1992b) 'Foucault's Geography', *Environment and Planning D: Society and Space*, vol.10, p.137-61.

Porter, R. (1987) *Mind-Forg'd Manacles: A History of Madness from the Restoration to the Regency* (Londres: Athlone).

'Report of the Annual Meeting' 1856' (1857) *Asylum Journal of Mental Science*, vol.III, p.1-14.

'Report of the Annual Meeting, 1857', (1858) *Journal of Mental Science*, vol. IV, p.1-42.

'Report of the Annual Meeting, 1858' (1859) *Journal of Mental Science*, vol. V, p.56-102.

'Report of the Annual Meeting, 1859' (1860) *Journal of Mental Science*, vol.VI, p.1-38.

'Report of the Annual Meeting, 1860' (1862) *Journal of Mental Science*, vol.VII, p.23-59.

'Report of the Annual Meeting, 1861' (1862) *Journal of Mental Science*, vol.VII, p.309-38.

'Report of the Annual Meeting, 1862' (1863) *Journal of Mental Science*, vol.VIII, p.309-54.

'Report of the Annual Meeting, 1863' (1864) *Journal of Mental Science*, vol.IX, p.421-42.

'Report of the Annual Meeting, 1864' (1865) *Journal of Mental Science*, vol.X, p.448-68.

'Report of the Special General Meeting, 1862' (1863) *Journal of Mental Science*, vol.VIII, p.444-58.

Robertson, C.L. (1863) 'Notes', *Journal of Mental Science*, vol.VIII, p.461-4.

Rose, G. (1988) 'Locality, Politics and Culture: Popular in the 1920s, *Environment and Planning D: Society and Space*, vol.6, p.151-68.

Russell, R. (1988) 'The Lunacy Commission and its Staff in the Second Half of the Nineteenth Century, With Special Reference to the West Riding Lunatic Asylum', em W.F. Bynum, R. Porter e M. Sheperd (orgs.), *The Anatomy of Madness: Essays in the History of Psychiatry*, vol.III, *The Asylum and its Psychiatry* (Londres: Tavistock), p.297-315.

Sauer, C. (1941) 'Foreword to Historical Geography', *Annals of the Association of American Geographers*, vol.XXXI, p.1-24.

Showalter, E. (1985) *The Female Malady: Women, Madness and English Culture, 1830-1980* (Londres: Virago).

Smith, C.J. e J.A. Giggs (1988) 'Preface', em C.J. Smith e J.A. Giggs (orgs.), *Location and Stigma: Contemporary Perspectives on Mental Health Care* (Boston: Unwin Hyman), p.vii-viii.

Soja, E.J. (1989) *Postmodern Geographies: The Reassertion of Space in Critical Social Theory* (Londres: Verso).

Walk, A. (1953) 'The Centenary of the *Journal of Mental Science*', *Journal of Mental Science*, vol.99, p.633-7.

Walk, A. (1978) '"Forty Years of Wandering": The Medico-Psychological Association', *British Journal of Psychiatry*, vol.132, p.530-47.

Walk, A. e D.L. Walker (1961) 'Gloucester and the Beginnings of the R.M.P.A.', *Journal of Mental Science*, vol.107, p.603-32.

Williams, D. (1959) 'Chartism in Wales', em A. Briggs (org.), *Chartist Studies* (Londres: Macmillan), p.220-48.

Williams, M. (1983) '"The Apple of My Eye": Carl Sauer and Historical Geography', *Journal of Historical Geography*, vol.9, p.1-28.

Wreford Watson, J. (1957) 'Sociological Aspects of Geography', em G. Taylor (org.), *Geography in the Twentieth Century* (Londres: Methuen, 3ª ed.), p.463-99.

Índice remissivo

Nota: este índice se encontra em ordem alfabética; referências a páginas em *itálico* indicam tabelas ou figuras; títulos dos artigos são mostrados em **negrito**.

Este livro foi composto pela TopTextos Edições Gráficas Ltda., em Times New Roman, e impresso por Tavares e Tristão Ltda., em julho de 1996.